国家自然科学基金"南疆西部持续性暴雨水汽输送及辐合机制研究"(41965002)

国家重点研发计划项目"中亚极端降水演变特征及预报方法研究"(2018YFC1507103、2018YFC1507102)　资助

新疆维吾尔自治区自然基金"南疆极端暴雨天气形成机理及预报指标研究"(2019D01A75)

新 疆 暴 雨

（1961—2018）

主　编：张云惠　胡顺起

副主编：王　勇　于碧馨

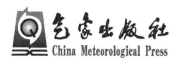

气象出版社

China Meteorological Press

内 容 简 介

本书分为四个部分，第 1 章为新疆降雨等级地方标准及新疆暴雨定义，按照新疆地域特点，给出了新疆降雨等级的划分，分别定义了新疆局地暴雨、区域性暴雨及系统性暴雨过程，并利用 1961—2018 年 5—9 月新疆 105 个国家基本气象站逐日降水资料，筛选各站暴雨。第 2 章为区域性暴雨过程，共统计了 157 次。第 3 章为系统性暴雨过程，共统计了 75 次，均简要描述了每次暴雨过程的暴雨实况、高低空形势特点，并给出高低空环流形势图及过程累计降水量图。同时，统计了 1984—2018 年出现的暴雨灾情并进行描述。第 4 章为局地暴雨，共统计出 743 次，对出现暴雨的站点及降水量进行了描述。

本书比较全面地反映和记录了 1961—2018 年新疆暴雨状况，既可为新疆气象部门开展暴雨的监测、预报、科技攻关、灾害评估、重大暴雨过程的预报技术总结等提供基础检索资料，也可供新疆和其他省（自治区、直辖市）从事气象、水文、水利、农业、生态及环境等方面的科研业务、教育培训、决策管理及相关人员参考。

图书在版编目(CIP)数据

新疆暴雨 ：1961—2018 / 张云惠，胡顺起主编. —
北京 ：气象出版社，2020.4
　　ISBN 978-7-5029-7175-5

　　Ⅰ.①新⋯　Ⅱ.①张⋯　②胡⋯　Ⅲ.①暴雨-新疆-
1961—2018　Ⅳ.①P426.62

中国版本图书馆 CIP 数据核字(2020)第 026106 号

审图号 ：新 S(2019)188

新疆暴雨(1961—2018)

Xinjiang Baoyu (1961—2018)

出版发行 ：气象出版社			
地　　址 ：北京市海淀区中关村南大街 46 号		**邮政编码** ：100081
电　　话 ：010-68407112(总编室)　010-68408042(发行部)		
网　　址 ：http://www.qxcbs.com		**E-mail** ：qxcbs@cma.gov.cn
责任编辑 ：王萃萃		**终　　审** ：吴晓鹏
责任校对 ：王丽梅		**责任技编** ：赵相宁
封面设计 ：博雅锦		
印　　刷 ：北京中石油彩色印刷有限责任公司		
开　　本 ：889 mm×1194 mm　1/16		**印　　张** ：17.375
字　　数 ：580 千字		
版　　次 ：2020 年 4 月第 1 版		**印　　次** ：2020 年 4 月第 1 次印刷
定　　价 ：88.00 元		

本书编委会

主　　编：张云惠　胡顺起

副 主 编：王　勇　于碧馨

参编人员：杨　霞　李海花　吐莉尼沙　王智楷

　　　　　赵勇军　黄　艳　玛依热·艾海提

　　　　　曹张驰　张　鑫　苗运玲　胡素琴

　　　　　洪　月　张金霞　芒苏尔·艾热提

前　言

　　新疆维吾尔自治区虽然为干旱、半干旱区，但每年夏季均会出现暴雨，由于三山夹两盆的特殊地理地形，降水分布也异常不均。同时，天气系统受地形影响显著，一次暴雨过程甚至能改变其气候值，加之生态环境的脆弱，暴雨引发的洪水、泥石流等对农牧业生产、居民生活、道路交通、水利设施等造成的损失严重，是夏季政府和公众最关心的灾害性天气之一，也是天气预报的重点和难点。

　　多年来，新疆气象科研及业务人员针对部分区域的暴雨过程进行分析和研究，个例选择有限。随着国家"一带一路"倡议的提出，人们对新疆及中亚地区的关注度提高，为了让广大气象和相关行业科研及业务人员对新疆暴雨发生时段及影响区域有清晰而全面的认识，更好地了解新疆暴雨天气特点及规律，本书编写人员统计并梳理了1961—2018年所有的暴雨站点及暴雨过程，并对新疆局地暴雨、区域性暴雨及系统性暴雨过程进行了客观定义。《新疆暴雨（1961—2018）》将为新疆乃至全国的科研业务、教育培训提供参考，也可为暴雨监测、预报、防灾减灾、决策管理等提供服务。

　　《新疆暴雨1961—2018》包含四章内容。

　　第1章为新疆降雨等级地方标准及新疆暴雨定义，按照新疆地域特点，给出了新疆降雨等级的划分，分别定义了新疆局地暴雨、区域性暴雨及系统性暴雨过程，并利用1961—2018年5—9月新疆105个国家基本气象站逐日降水资料，筛选各站暴雨。

　　第2章为区域性暴雨过程，共统计出157次，简要描述了每次暴雨过程的逐24小时暴雨实况、高低空形势特点，并给出高低空环流形势图及过程累计降水量图，同时，统计了1984—2018年出现的暴雨灾情并进行描述。

　　第3章为系统性暴雨过程，共统计出75次，描述了每次系统性暴雨过程的逐24小时暴雨实况、高低空形势特点，并给出高低空环流形势图及过程累计降水量图，同时，对1984—2018年出现的暴雨灾情进行统计描述。

　　第4章为局地暴雨，共统计出743次，对出现暴雨的站点及降水量进行了描述。

　　本书是在新疆维吾尔自治区气象局和喀什地区气象局的大力支持下，由新疆维吾尔自治区气象台负责本书撰写工作，并由新疆维吾尔自治区气象台承担的国家自然科学基金"南疆西部持续性暴雨水汽输送及辐合机制研究"（41965002）、国家重点研发计划项目"中亚极端降水演变特征及预报方法研究"（2018YFC1507103、2018YFC1507102）和新疆维吾尔自治区自然基金"南疆极端暴雨天气形成机理及预报指标研究"（2019D01A75）资助完成。新疆维吾尔自治区气象台领导、首席预报员陈春艳、张俊兰及同事们在本书撰写过程中给予了热情支持和帮助，气象出版社对本书的编写和出版提出了诸多建议和支持。在此，对以上单位和同仁致以衷心的感谢！

由于我们水平有限，编写时间仓促，书中不妥之处在所难免，敬请读者批评和指正。

作者

2019 年 11 月

目　录

第 1 章　新疆降雨等级地方标准及新疆暴雨定义

1.1　新疆降雨等级地方标准

新疆属于干旱、半干旱气候区,根据新疆气候特点和业务需求,通过统计分析确定了新疆降雨等级地方标准(见表 1-1)。

表 1-1　新疆降雨等级地方标准(单位:毫米)

降雨量级	12 小时	24 小时
微雨	0.0～0.1	0.0～0.2
小雨	0.2～5.0	0.3～6.0
小到中雨	3.1～7.5	4.5～9.0
中雨	5.1～10.0	6.1～12.0
中到大雨	7.6～15.0	9.1～18.0
大雨	10.1～20.0	12.1～24.0
大到暴雨	15.1～30.0	18.1～36.0
暴雨	20.1～40.0	24.1～48.0
大暴雨	40.1～80.0	48.1～96.0
特大暴雨	＞80.0	＞96.0

1.2　新疆暴雨定义

由于新疆地域辽阔,按照新疆降雨等级地方标准及预报业务规定,对新疆暴雨定义如下。

(1)暴雨定义:某测站日降水量 $R＞24$ 毫米为暴雨,$R＞48$ 毫米为大暴雨,$R＞96$ 毫米为特大暴雨。

(2)局地暴雨定义:1 天 1 个地区有 1 站出现暴雨,或两个地区及以上各有 1 站出现暴雨。

(3)区域性暴雨过程定义:满足以下条件之一:

①1 天 1 个地区有 2 站或以上出现暴雨;

②全疆范围内,相邻 2～3 个地区 1 天有 3～4 站出现暴雨,或 2 天有 4 站及以上出现暴雨。

(4)系统性暴雨过程:相邻 2～3 个地区 1 天有 5 站或以上出现暴雨。

1.3　资料选取及日降水量确定

利用 1961—2018 年 5—9 月新疆 105 个国家基本气象站逐日降水资料(日界界定:前一日 20 时至当日 20 时(北京时,下同),例如:2 日降水量为 1 日 20 时至 2 日 20 时的累计值);高低空环流形势图均为 NCEP 2.5°×2.5°再分析资料。

1.4 暴雨灾情

通过中国气象局灾情直报系统、新疆气象台气象灾情汇总等,收集整理了1984—2018年新疆暴雨灾害情况。

1.5 天气图及地图说明

文中有关新疆地图边界的图通过了新疆维吾尔自治区自然资源厅审核,审图号:新 S(2019)188 号。

第 2 章　区域性暴雨过程

2.1　1961 年 7 月 20—21 日昌吉回族自治州(简称"昌吉州",下同)东部、巴音郭楞蒙古自治州(简称"巴州",下同)北部山区暴雨

【降雨实况】1961 年 7 月 20—21 日(图 2-1a):20 日巴州巴音布鲁克站日降水量 29.1 毫米;21 日昌吉州天池站日降水量 30.0 毫米,北塔山站日降水量 66.9 毫米。

【天气形势】1961 年 7 月 20 日 20 时,100 百帕南亚高压呈带状分布,且西部高压脊偏强,长波槽位于北疆中东部;200 百帕北疆处于低槽前偏西急流中(图 2-1b)。500 百帕欧亚范围为两脊一槽的经向环流,伊朗副热带高压与里海至东欧的高压脊叠加向北发展,经向度较大,北疆受较平直的中亚低槽前偏西气流影响,新疆东部至蒙古为浅高压脊(图 2-1c)。700 百帕北疆东部为低涡,中天山受槽后西北气流影响,有弱的水汽通量散度辐合(图 2-1d)。

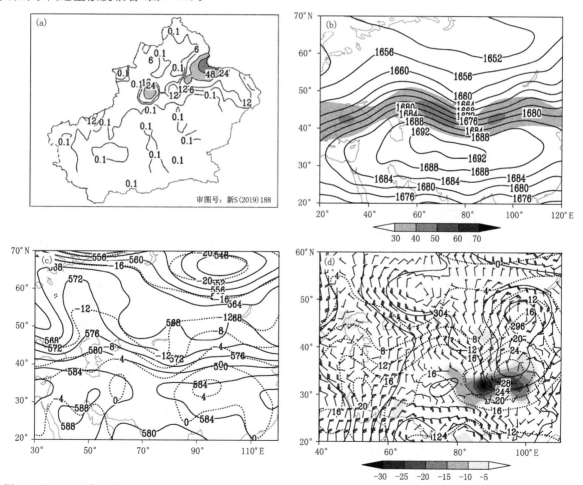

图 2-1　(a)1961 年 7 月 19 日 20 时至 21 日 20 时过程累计降水量(单位:毫米);以及 20 日 20 时(b)100 百帕高度场(实线,单位:位势什米),阴影(单位:米/秒)表示风速≥30 米/秒的 200 百帕急流;(c)500 百帕高度场(实线,单位:位势什米),温度场(虚线,单位:℃);(d)700 百帕高度场(实线,单位:位势什米),温度场(虚线,单位:℃),风场(单位:米/秒),水汽通量散度场(阴影,单位:10⁻⁶克/(厘米²·百帕·秒))

　　此次暴雨中高层北疆受较平直偏西气流影响,低层北疆为偏北气流,东部风速辐合明显,遇到天山及阿勒泰山时,地形动力强迫抬升增强,同时,低层湿度增大,有利于天山山区及北疆东部产生暴雨。

2.2　1961年8月20—21日昌吉州东部暴雨

　　【降雨实况】1961年8月20—21日(图2-2a):20日昌吉州天池站日降水量33.4毫米;21日昌吉州东部北塔山站、木垒站日降水量分别为31.4毫米、30.2毫米。

　　【天气形势】1961年8月20日20时,100百帕南亚高压呈双体型,且西部高压脊偏强经向度大,长波槽位于新疆上空,槽底南伸至30°N附近;200百帕新疆处于低槽前西南急流中(图2-2b)。500百帕欧亚范围为两脊一槽的经向环流,伊朗副热带高压与乌拉尔山高压脊叠加向北经向发展,新疆西部高、中、低纬均为低槽活动,北疆受中亚低槽前西南气流影响,新疆东部至蒙古为浅高压脊(图2-2c)。700百帕北疆东部为西北气流(图2-2d)。

　　此次暴雨中高层北疆受低槽前西南气流影响,低层西北气流遇到地形风速辐合明显,也增强了地形动力强迫抬升,有利于昌吉州东部产生暴雨。

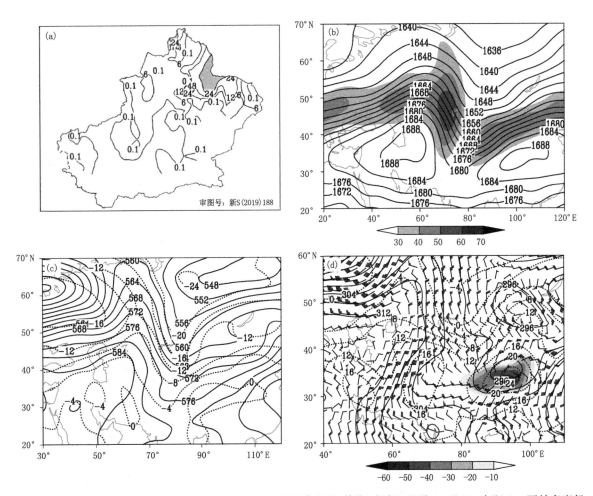

图 2-2　(a)1961年8月19日20时至21日20时过程累计降水量(单位:毫米);以及20日20时(b)100百帕高度场(实线,单位:位势什米),阴影(单位:米/秒)表示风速≥30米/秒的200百帕急流;(c)500百帕高度场(实线,单位:位势什米),温度场(虚线,单位:℃);(d)700百帕高度场(实线,单位:位势什米),温度场(虚线,单位:℃),风场(单位:米/秒),水汽通量散度场(阴影,单位:10⁻⁶克/(厘米²·百帕·秒))

2.3　1962 年 9 月 25—26 日昌吉州山区、巴州北部、和田地区东部暴雨

【降雨实况】1962 年 9 月 25—26 日(图 2-3a)：25 日昌吉州天池站日降水量 24.6 毫米，巴州焉耆站、和硕站日降水量分别为 37.4 毫米、39.1 毫米；26 日和田地区民丰站日降水量 26.9 毫米。

【天气形势】1962 年 9 月 24 日 20 时，100 百帕南亚高压呈带状分布，且西部高压脊偏强经向度大，长波槽位于巴尔喀什湖及以南的中亚地区，槽底南伸至 35°N 附近；200 百帕新疆处于低槽前西南急流中(图 2-3b)。500 百帕欧亚范围为两脊一槽的经向环流，伊朗副热带高压与里海高压脊叠加向北经向发展，中亚低槽在巴尔喀什湖切涡，配合 −28℃ 的冷中心，低槽南伸至 30°N，新疆受低槽前西南气流影响，蒙古至贝加尔湖为高压脊(图 2-3c)。700 百帕北疆处于弱西北气流中，巴州北部有弱的西北风与西风切变，和田地区东部有西北风与西南风的切变，对应有 $−15×10^{−6}$ 克/(厘米^2·百帕·秒)的水汽通量散度辐合中心(图 2-3d)。

此次暴雨中高层环流经向度较大，新疆受中亚低槽前西南气流影响，低层北疆西北气流携带冷空气遇到天山地形强迫抬升，与中高层西南气流叠加，有利于垂直上升运动，造成天山山区局部暴雨；同时，冷空气分别自南疆西部、中天山翻山进入南疆塔里木盆地，冷暖交汇及低层风切变，使得巴州北部、和田地区东部产生暴雨。

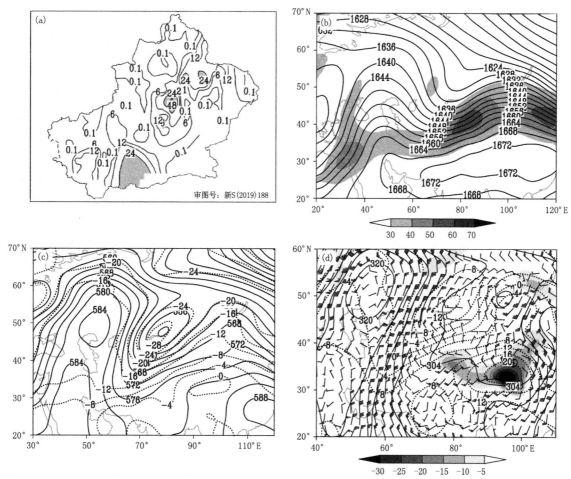

图 2-3　(a)1962 年 9 月 24 日 20 时至 26 日 20 时过程累计降水量(单位：毫米)；以及 24 日 20 时(b)100 百帕高度场(实线，单位：位势什米)，阴影(单位：米/秒)表示风速≥30 米/秒的 200 百帕急流；(c)500 百帕高度场(实线，单位：位势什米)，温度场(虚线，单位：℃)；(d)700 百帕高度场(实线，单位：位势什米)，温度场(虚线，单位：℃)，风场(单位：米/秒)，水汽通量散度场(阴影，单位：$10^{−6}$ 克/(厘米^2·百帕·秒))

2.4 1963年6月2—4日伊犁哈萨克自治州(简称"伊犁州",下同)东南部山区、乌鲁木齐市南部山区、昌吉州山区暴雨

【降雨实况】1963年6月2—4日(图2-4a):2日伊犁州昭苏站、乌鲁木齐市小渠子站日降水量分别为30.5毫米、36.9毫米;3日伊犁州新源站日降水量27.1毫米;4日乌鲁木齐市小渠子站、昌吉州天池站日降水量分别为24.9毫米、32.9毫米。

【天气形势】1963年6月1日20时,100百帕南亚高压呈单体型北抬明显,高压主体位于新疆西部;200百帕新疆处于偏西急流中(图2-4b)。500百帕欧亚范围为两槽一脊的纬向环流,伊朗副热带高压发展北抬至新疆西部,北疆受高压脊前西北气流控制,乌拉尔山中部至东欧为低槽活动区,但位置偏北,下游甘肃附近低槽偏东(图2-4c)。700百帕北疆处于高压脊前10~16米/秒的西北气流中,伊犁州东南部山区有-10×10^{-6}克/(厘米^2·百帕·秒)的水汽通量散度辐合,中天山北坡有12~16米/秒西北风(图2-4d)。

此次暴雨北疆整层受高压脊前西北气流影响,低层西北气流携带冷空气遇到伊犁河谷和天山地形时强迫抬升,冷暖交汇剧烈,有利于对流触发,造成山区暴雨。

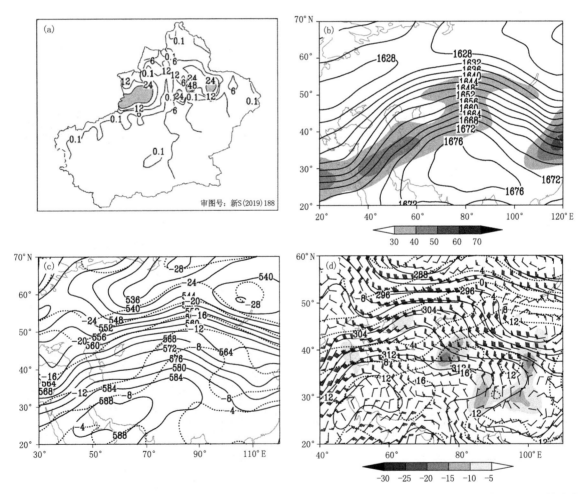

图2-4 (a)1963年6月1日20时至4日20时过程累计降水量(单位:毫米);以及6月1日20时(b)100百帕高度场(实线,单位:位势什米),阴影(单位:米/秒)表示风速≥30米/秒的200百帕急流;(c)500百帕高度场(实线,单位:位势什米),温度场(虚线,单位:℃);(d)700百帕高度场(实线,单位:位势什米),温度场(虚线,单位:℃),风场(单位:米/秒),水汽通量散度场(阴影,单位:10^{-6}克/(厘米^2·百帕·秒))

2.5 1963 年 6 月 30 日昌吉州东部暴雨

【降雨实况】1963 年 6 月 30 日(图 2-5a),昌吉州东部天池站、木垒站日降水量均为 31.2 毫米。

【天气形势】1963 年 6 月 29 日 20 时,100 百帕南亚高压呈带状分布且西部脊偏强,长波槽位于西西伯利亚至中亚地区;200 百帕新疆处于低槽前偏西急流中(图 2-5b)。500 百帕欧亚范围为一脊一槽的纬向环流,伊朗副热带高压发展向北发展至黑海,西伯利亚至巴尔喀什湖为低槽活动区,北疆受槽底偏西气流影响(图 2-5c)。700 百帕北疆中天山北坡有风速的辐合(图 2-5d)。

此次暴雨中高层北疆受槽底偏西气流影响,低层西北气流携带冷空气遇到天山地形时强迫抬升,冷暖交汇剧烈,造成昌吉州东部暴雨。

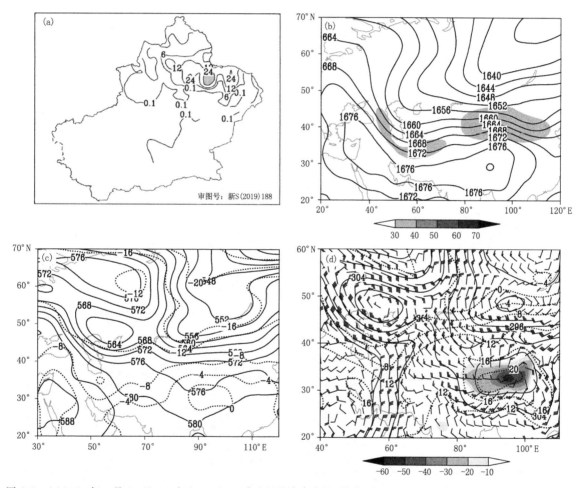

图 2-5 (a)1963 年 6 月 29 日 20 时至 30 日 20 时过程累计降水量(单位:毫米);以及 29 日 20 时(b)100 百帕高度场(实线,单位:位势什米),阴影(单位:米/秒)表示风速≥30 米/秒的 200 百帕急流;(c)500 百帕高度场(实线,单位:位势什米),温度场(虚线,单位:℃);(d)700 百帕高度场(实线,单位:位势什米),温度场(虚线,单位:℃),风场(单位:米/秒),水汽通量散度场(阴影,单位:10^{-6}克/(厘米²·百帕·秒))

2.6 1964年5月23—24日喀什地区、克孜勒苏柯尔克孜自治州(简称"克州",下同)山区暴雨

【降雨实况】1964年5月23—24日(图2-6a):23日喀什地区喀什站、叶城站、泽普站日降水量分别为26.3毫米、36.0毫米、25.5毫米;24日喀什地区喀什站、克州乌恰站日降水量分别为25.4毫米、26.7毫米。

【天气形势】1964年5月22日20时,100百帕南亚高压呈带状分布且东部脊偏强,长波槽位于新疆,槽底南伸至30°N附近;200百帕新疆处于低槽前西南急流中(图2-6b)。500百帕欧亚范围为两脊一槽的经向环流,伊朗至咸海及西伯利亚的高压脊强烈发展,经向度较大,新疆西部及其以南为低涡活动区,下游蒙古为高压脊,南疆西部受低槽前西南气流影响(图2-6c)。700百帕南疆西部有气旋性风场的辐合及切变,配合有-15×10^{-6}克/(厘米^2·百帕·秒)的水汽通量散度辐合中心(图2-6d)。

此次暴雨中高层南疆西部受中亚偏南低槽前西南气流影响,低层南疆盆地东北气流遇到昆仑山地形时强迫抬升,冷暖交汇剧烈,有利于对流触发,造成南疆西部暴雨。

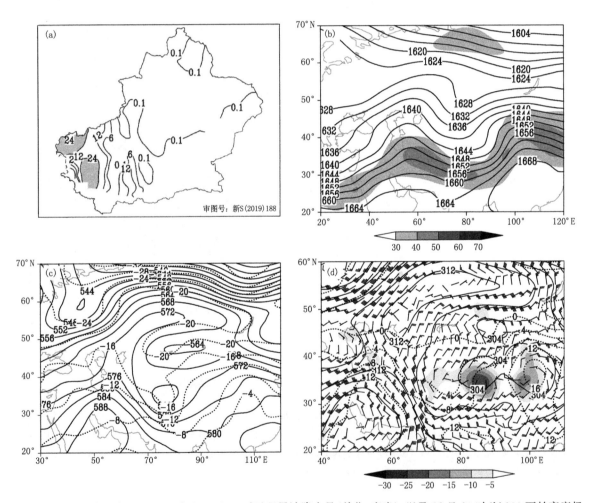

图2-6 (a)1964年5月22日20时至24日20时过程累计降水量(单位:毫米);以及22日20时(b)100百帕高度场(实线,单位:位势什米),阴影(单位:米/秒)表示风速≥30米/秒的200百帕急流;(c)500百帕高度场(实线,单位:位势什米),温度场(虚线,单位:℃);(d)700百帕高度场(实线,单位:位势什米),温度场(虚线,单位:℃),风场(单位:米/秒),水汽通量散度场(阴影,单位:10^{-6}克/(厘米^2·百帕·秒))

2.7 1965 年 5 月 10 日昌吉州东部暴雨

【降雨实况】1965 年 5 月 10 日（图 2-7a）：昌吉州东部天池站、木垒站日降水量分别为 27.6 毫米、28.0 毫米。

【天气形势】1965 年 5 月 9 日 20 时，100 百帕南亚高压呈带状分布且位置偏南，长波槽位于中亚偏南地区，槽底南伸至 20°N 附近；200 百帕低槽前西南急流位置偏南，北疆处于中纬度偏西气流中（图 2-7b）。500 百帕欧亚范围中高纬为两脊一槽两支锋区的环流形势，伊朗副热带高压与里海至咸海的高压脊叠加向北发展，经向度较大，北疆受北支锋区低槽前西南气流影响，下游贝加尔湖为高压脊，而南支槽在中亚地区南部 30°N 以南（图 2-7c）。700 百帕昌吉州东部受槽底偏西气流影响，有风速辐合（图 2-7d）。

此次暴雨特点是受 500 百帕北支锋区低槽前西南气流影响，低层昌吉州东部有偏西（西北）风的风速辐合，遇天山地形时强迫抬升，有利于辐合上升运动，产生暴雨。

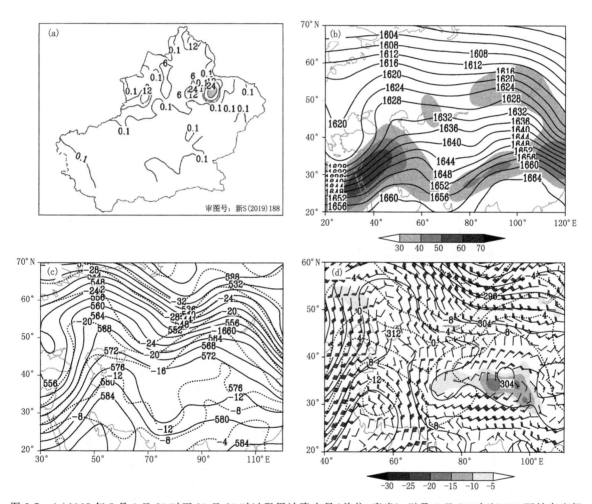

图 2-7　(a)1965 年 5 月 9 日 20 时至 10 日 20 时过程累计降水量（单位：毫米）；以及 9 日 20 时(b)100 百帕高度场（实线，单位：位势什米），阴影（单位：米/秒）表示风速≥30 米/秒的 200 百帕急流；(c)500 百帕高度场（实线，单位：位势什米），温度场（虚线，单位：℃）；(d)700 百帕高度场（实线，单位：位势什米），温度场（虚线，单位：℃），风场（单位：米/秒），水汽通量散度场（阴影，单位：10^{-6} 克/（厘米²·百帕·秒））

2.8 1965年7月6—7日伊犁州东南部山区、塔城地区北部、乌鲁木齐市山区、巴州北部暴雨

【降雨实况】1965年7月6—7日（图2-8a）：6日伊犁州新源站、昭苏站日降水量分别为26.3毫米、30.4毫米，乌鲁木齐市大西沟站日降水量31.2毫米；7日塔城地区和布克赛尔站日降水量41.3毫米，巴州焉耆站、和硕站、库尔勒站日降水量分别为39.4毫米、29.5毫米、25.3毫米。

【天气形势】1965年7月6日20时，100百帕南亚高压呈单体型主体位于青藏高原，长波脊位于乌拉尔山附近，长波槽位于贝加尔湖东南部；200百帕北疆处于脊前西北急流中（图2-8b）。500百帕欧亚范围中高纬为一脊一槽的经向环流，东欧到西伯利亚为宽广的高压脊区，贝加尔湖为低涡，北疆受西风带短波槽影响（图2-8c）。700百帕伊犁州和北疆东部为偏北气流配合有温度槽，北疆偏西及中天山有风速的辐合及切变（图2-8d）。

此次暴雨特点是中层北疆受西风带短波影响，低层北疆有弱的气旋性风场辐合及切变，比湿较大，地形影响下的风场辐合及切变明显，使得暴雨落区分散。

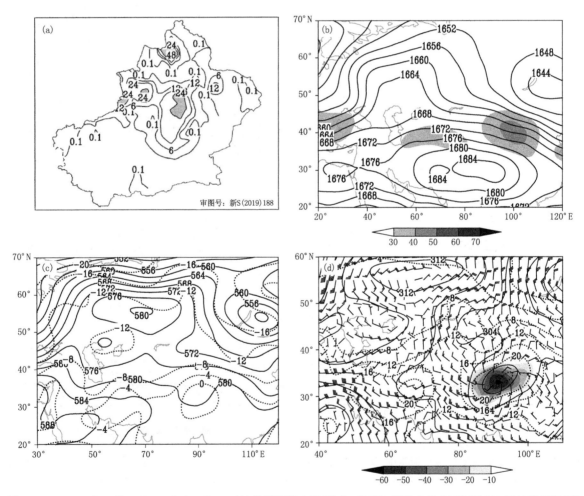

图2-8 （a）1965年7月5日20时至7日20时过程累计降水量（单位：毫米）；以及6日20时（b）100百帕高度场（实线，单位：位势什米），阴影（单位：米/秒）表示风速≥30米/秒的200百帕急流；（c）500百帕高度场（实线，单位：位势什米），温度场（虚线，单位：℃）；（d）700百帕高度场（实线，单位：位势什米），温度场（虚线，单位：℃），风场（单位：米/秒），水汽通量散度场（阴影，单位：10^{-6}克/（厘米²·百帕·秒））

2.9　1965 年 8 月 24 日伊犁州南部山区、乌鲁木齐市南部山区、昌吉州山区暴雨

【降雨实况】1965 年 8 月 24 日(图 2-9a):伊犁州南部山区特克斯站、乌鲁木齐市南部山区小渠子站、昌吉州山区天池站日降水量分别为 30.1 毫米、24.8 毫米、30.7 毫米。

【天气形势】1965 年 8 月 23 日 20 时,100 百帕南亚高压呈带状分布且东部脊偏强,长波槽位于西西伯利亚至中亚地区;200 百帕北疆处于低槽前西南急流中(图 2-9b)。500 百帕欧亚范围为两脊一槽的纬向环流,东欧和贝加尔湖为高压脊区,西西伯利亚至中亚地区为低槽区,北疆受低槽前西南气流影响(图 2-9c)。700 百帕伊犁州受槽底偏西气流影响,有风速的辐合及弱的水汽通量散度辐合,北疆受低槽前西南气流影响(图 2-9d)。

此次暴雨特点是北疆中高层受中亚低槽前西南气流影响,低层伊犁州偏西气流,天山北坡西北气流,地形影响下的风场辐合及切变明显,配合一定的比湿区,造成暴雨。

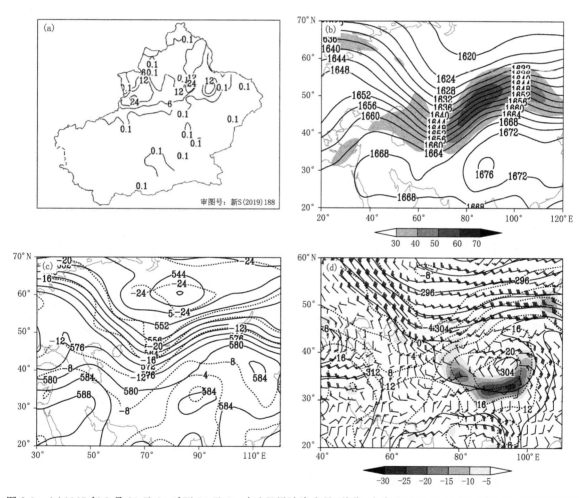

图 2-9　(a)1965 年 8 月 23 日 20 时至 24 日 20 时过程累计降水量(单位:毫米);以及 23 日 20 时(b)100 百帕高度场(实线,单位:位势什米),阴影(单位:米/秒)表示风速≥30 米/秒的 200 百帕急流;(c)500 百帕高度场(实线,单位:位势什米),温度场(虚线,单位:℃);(d)700 百帕高度场(实线,单位:位势什米),温度场(虚线,单位:℃),风场(单位:米/秒),水汽通量散度场(阴影,单位:10⁻⁶克/(厘米²·百帕·秒))

2.10 1966年7月14日伊犁州平原局部暴雨

【降雨实况】1966年7月14日(图2-10a):伊犁州霍城站、伊宁站日降水量分别为29.6毫米、41.6毫米。

【天气形势】1966年7月13日20时,100百帕南亚高压呈双体型且西部脊偏强,长波槽位于西伯利亚至巴尔喀什湖附近;200百帕北疆西部处于槽底偏西气流中(图2-10b)。500百帕欧亚范围为两脊一槽的经向环流,乌拉尔山为经向度较大的高压脊,西伯利亚至中亚地区为低槽,河西走廊及以南为高压脊,伊犁州受槽底偏西气流影响(图2-10c)。700百帕伊犁州为偏西气流,风速辐合明显,且有偏西风和西南风的切变(图2-10d)。

此次暴雨特点是中高层伊犁州受槽底偏西气流影响,低层偏西气流,风切变及风速辐合明显,配合较大比湿区,造成伊犁州局部区域暴雨。

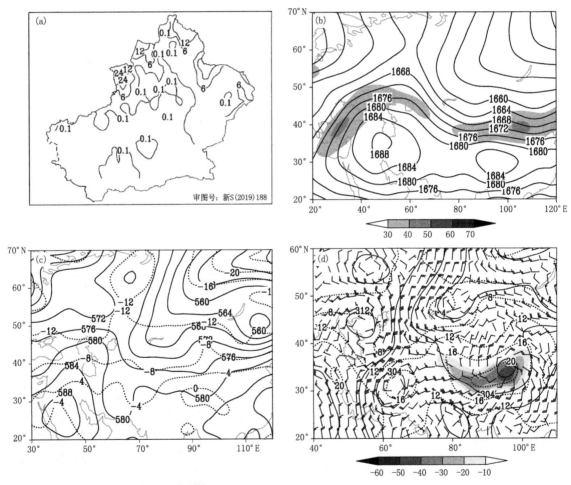

图2-10　(a)1966年7月13日20时至14日20时过程累计降水量(单位:毫米);以及13日20时(b)100百帕高度场(实线,单位:位势什米),阴影(单位:米/秒)表示风速≥30米/秒的200百帕急流;(c)500百帕高度场(实线,单位:位势什米),温度场(虚线,单位:℃);(d)700百帕高度场(实线,单位:位势什米),温度场(虚线,单位:℃),风场(单位:米/秒),水汽通量散度场(阴影,单位:10⁻⁶克/(厘米²·百帕·秒))

2.11　1967 年 5 月 11—12 日乌鲁木齐市北部、昌吉州东部暴雨

【降雨实况】1967 年 5 月 11—12 日（图 2-11a）：11 日昌吉州天池站日降水量 26.0 毫米；12 日乌鲁木齐市米东站、昌吉州阜康站日降水量分别为 36.2 毫米、39.6 毫米。

【天气形势】1967 年 5 月 11 日 20 时，100 百帕南亚高压呈带状分布，高压主体在 20°N 以南，长波槽位于巴尔喀什湖附近（图 2-11b）；200 百帕北疆处于低槽前西南气流中。500 百帕欧亚范围为两脊一槽的经向环流，里海至咸海和蒙古为高压脊，巴尔喀什湖及其以南为低槽区，新疆受低槽前西南气流影响（图 2-11c）。700 百帕北疆为东北气流（图 2-11d）。

此次暴雨特点是中高层北疆受中亚低槽前西南气流影响，700 百帕北疆东北风、低层偏北气流遇天山地形增强了动力抬升及辐合，造成中天山北坡暴雨。

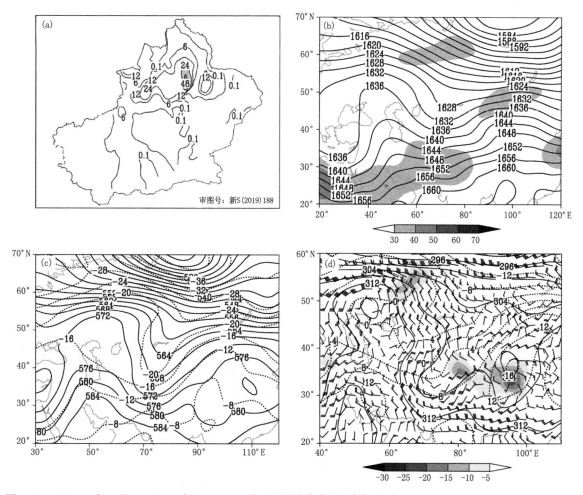

图 2-11　(a)1967 年 5 月 10 日 20 时至 12 日 20 时过程累计降水量（单位：毫米）；以及 11 日 20 时(b)100 百帕高度场（实线，单位：位势什米），阴影（单位：米/秒）表示风速≥30 米/秒的 200 百帕急流；(c)500 百帕高度场（实线，单位：位势什米），温度场（虚线，单位：℃）；(d)700 百帕高度场（实线，单位：位势什米），温度场（虚线，单位：℃），风场（单位：米/秒），水汽通量散度场（阴影，单位：10^{-6} 克/（厘米^2·百帕·秒））

2.12　1967年9月27日喀什地区北部山区、克州山区暴雨

【降雨实况】1967年9月27日(图2-12a):喀什地区北部山区托云站、克州山区乌恰站、阿合奇站日降水量分别为24.3毫米、40.7毫米、27.4毫米。

【天气形势】1967年9月26日20时,100百帕南亚高压呈单体型,高压中心位于青藏高原东部,低槽位于30°—40°N的中亚地区;200百帕南疆西部处于低槽前偏西南急流中(图2-12b)。500百帕欧亚范围为两脊两槽的经向环流,乌拉尔山高压脊向北发展,经向度较大,咸海至巴尔喀什湖南部40°N附近为低涡,南疆西部受低涡前西南气流影响,新疆东南部为高压脊(图2-12c)。700百帕在南疆西部有偏北风与偏西风的切变(图2-12d)。

此次暴雨500百帕南疆西部受中亚低涡分裂波动影响,700百帕有明显风切变,低层南疆盆地东北气流(急流)遇昆仑山地形强迫抬升,有利于辐合上升运动,造成南疆西部山区暴雨。

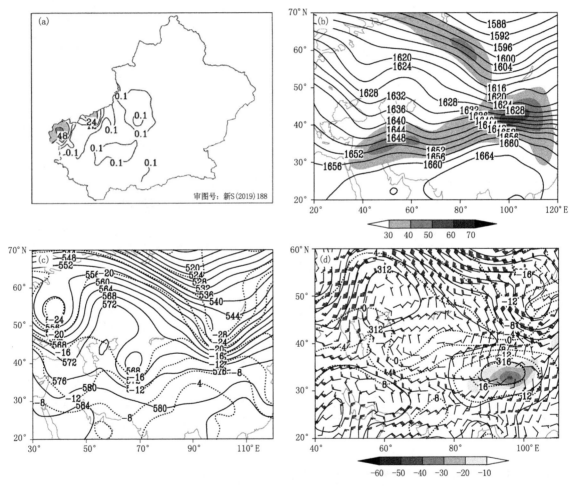

图2-12　(a)1967年9月26日20时至27日20时过程累计降水量(单位:毫米);以及26日20时(b)100百帕高度场(实线,单位:位势什米),阴影(单位:米/秒)表示风速≥30米/秒的200百帕急流;(c)500百帕高度场(实线,单位:位势什米),温度场(虚线,单位:℃);(d)700百帕高度场(实线,单位:位势什米),温度场(虚线,单位:℃),风场(单位:米/秒),水汽通量散度场(阴影,单位:10⁻⁶克/(厘米²·百帕·秒))

2.13　1968年6月29—30日和田地区西部、巴州北部暴雨

【降雨实况】1968年6月29—30日(图2-13a):29日和田地区和田站、洛浦站日降水量分别为26.6毫米、37.8毫米;30日巴州巴音布鲁克站、轮台站日降水量分别为24.7毫米、27.9毫米。

【天气形势】1968年6月28日20时,100百帕南亚高压呈带状分布,低槽较平直位于40°N附近的中亚地区;200百帕南疆西部处于低槽前偏西南急流中(图2-13b)。500百帕欧亚范围为两支锋区型,北支锋区偏北,45°N以南的中纬度锋区较弱,且多短波活动,南疆盆地受中纬度短波东移影响(图2-13c)。700百帕在南疆西部有偏北风与偏西风的切变,南疆盆地中东部为东北气流(图2-13d)。

此次暴雨500百帕南疆盆地受中纬短波槽东移影响,700百帕南疆西部有明显风切变,低层南疆盆地东北气流携带冷空气遇昆仑山及天山地形强迫抬升,有利于辐合上升运动,造成南疆西部、巴州北部暴雨。

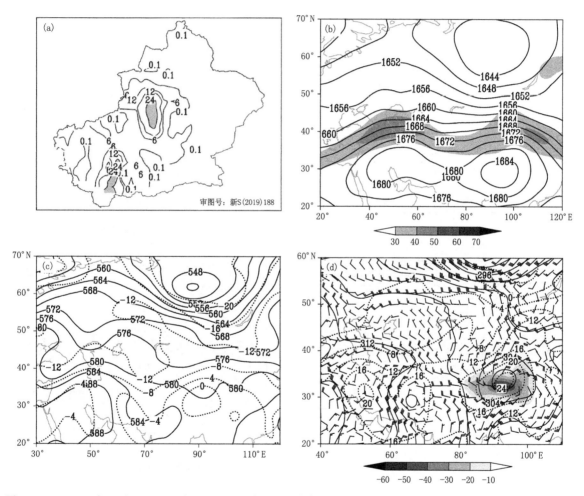

图2-13　(a)1968年6月28日20时至30日20时过程累计降水量(单位:毫米);以及28日20时(b)100百帕高度场(实线,单位:位势什米),阴影(单位:米/秒)表示风速≥30米/秒的200百帕急流;(c)500百帕高度场(实线,单位:位势什米),温度场(虚线,单位:℃);(d)700百帕高度场(实线,单位:位势什米),温度场(虚线,单位:℃),风场(单位:米/秒),水汽通量散度场(阴影,单位:10⁻⁶克/(厘米²·百帕·秒))

2.14 1968 年 7 月 8 日塔城地区北部暴雨

【降雨实况】1968 年 7 月 8 日(图 2-14a):塔城地区北部额敏站、托里站日降水量分别为 31.6 毫米、28.5 毫米。

【天气形势】1968 年 7 月 7 日 20 时,100 百帕南亚高压呈单体型,主体位于伊朗高原北部,咸海至巴尔喀什湖为低槽;200 百帕北疆处于低槽前西南急流中(图 2-14b)。500 百帕伊朗副热带高压向北发展至 40°N 附近,中高纬为两脊一槽的纬向环流,欧洲和贝加尔湖为高压脊区,巴尔喀什湖附近为低槽,北疆偏西地区受低槽前西南气流影响(图 2-14c)。700 百帕北疆偏西偏北地区受槽前较强西南急流影响,并配合有 -15×10^{-6} 克/(厘米^2·百帕·秒)的水汽通量散度辐合中心(图 2-14d)。

此次暴雨环流特点是中高层北疆偏西偏北地区受低槽前西南气流影响,低层北疆北部西风风速辐合明显并配合有温度脊,表现出明显的暖区降水特点。

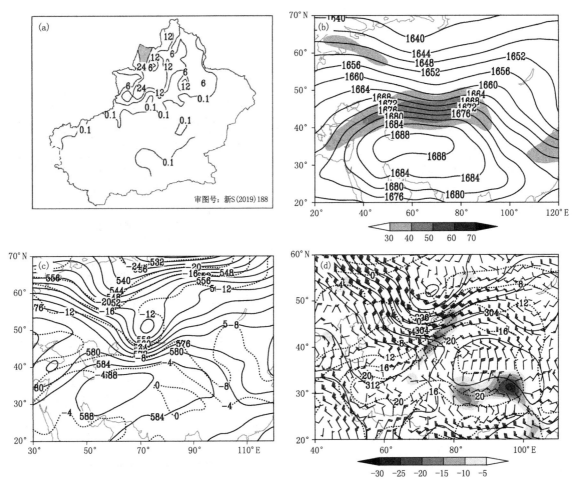

图 2-14 (a)1968 年 7 月 7 日 20 时至 8 日 20 时过程累计降水量(单位:毫米);以及 7 日 20 时(b)100 百帕高度场(实线,单位:位势什米),阴影(单位:米/秒)表示风速≥30 米/秒的 200 百帕急流;(c)500 百帕高度场(实线,单位:位势什米),温度场(虚线,单位:℃);(d)700 百帕高度场(实线,单位:位势什米),温度场(虚线,单位:℃),风场(单位:米/秒),水汽通量散度场(阴影,单位:10^{-6}克/(厘米^2·百帕·秒))

2.15　1968 年 9 月 5 日伊犁州南部山区暴雨

【降雨实况】1968 年 9 月 5 日(图 2-15a):伊犁州南部山区昭苏站、特克斯站日降水量分别为 24.9 毫米、35.0 毫米。

【天气形势】1968 年 9 月 4 日 20 时,100 百帕南亚高压呈单体型且中心偏东,长波槽位于西伯利亚至巴尔喀什湖附近;200 百帕北疆西部处于槽底偏西急流中(图 2-15b)。500 百帕欧亚范围为两脊一槽的经向环流,欧洲为高压脊,西伯利亚至中亚地区为低压槽,伊朗和河西走廊以南为高压脊区,伊犁州受槽底偏西气流影响(图 2-15c)。700 百帕伊犁州偏西气流有风速辐合,其南部山区为弱西北气流(图 2-15d)。

此次暴雨特点是中高层伊犁州受槽底偏西气流影响,700 百帕西风风速辐合明显,低层西北气流遇地形风场辐合及切变明显,造成伊犁州南部山区暴雨。

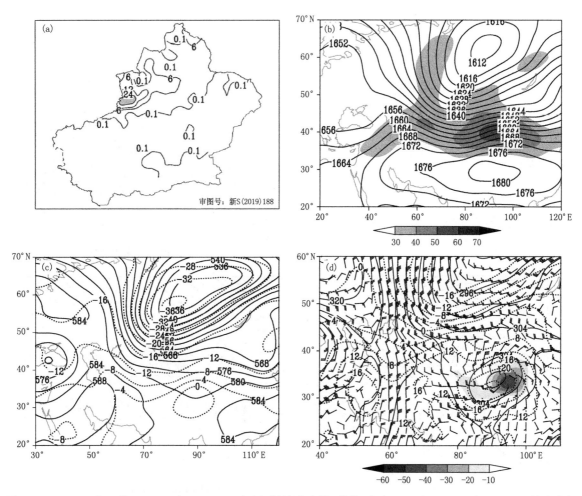

图 2-15　(a)1968 年 9 月 4 日 20 时至 5 日 20 时过程累计降水量(单位:毫米);以及 4 日 20 时(b)100 百帕高度场(实线,单位:位势什米),阴影(单位:米/秒)表示风速≥30 米/秒的 200 百帕急流;(c)500 百帕高度场(实线,单位:位势什米),温度场(虚线,单位:℃);(d)700 百帕高度场(实线,单位:位势什米),温度场(虚线,单位:℃),风场(单位:米/秒),水汽通量散度场(阴影,单位:10^{-6} 克/(厘米^2·百帕·秒))

2.16 1969年6月6—7日乌鲁木齐市南部山区、昌吉州东部、哈密市北部暴雨

【降雨实况】1969年6月6—7日(图2-16a):6日乌鲁木齐市小渠子站日降水量36.7毫米;7日乌鲁木齐市小渠子站、昌吉州木垒站、哈密市巴里坤站日降水量分别为27.7毫米、25.7毫米、44.3毫米。

【天气形势】1969年6月6日20时,100百帕南亚高压呈单体型且中心位于青藏高原东侧,长波槽位于巴尔喀什湖附近;200百帕北疆处于槽底偏西急流中(图2-16b)。500百帕欧亚范围为两脊一槽的经向环流,里海至咸海高压脊向北经向发展,蒙古为高压脊,巴尔喀什湖附近为低槽区,北疆受低槽前西南气流影响(图2-16c)。700百帕北疆为西北气流,有风速辐合(图2-16d)。

此次暴雨特点是中高层北疆受中亚低槽前偏西南气流影响,低层北疆西北气流遇天山地形增强了动力抬升及辐合,造成中天山及以东暴雨。

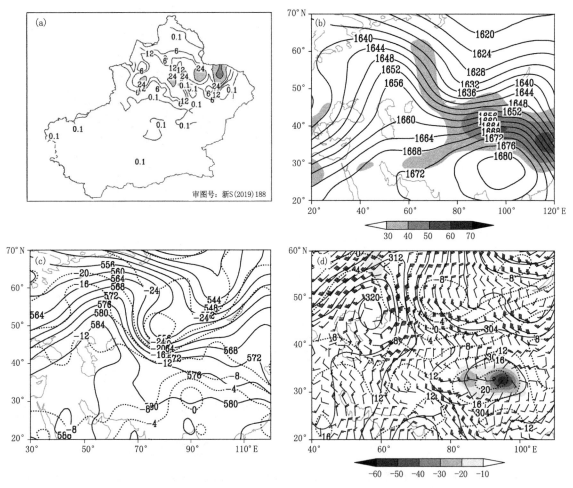

图2-16 (a)1969年6月5日20时至7日20时过程累计降水量(单位:毫米);以及6日20时(b)100百帕高度场(实线,单位:位势什米),阴影(单位:米/秒)表示风速≥30米/秒的200百帕急流;(c)500百帕高度场(实线,单位:位势什米),温度场(虚线,单位:℃);(d)700百帕高度场(实线,单位:位势什米),温度场(虚线,单位:℃),风场(单位:米/秒),水汽通量散度场(阴影,单位:10⁻⁶克/(厘米²·百帕·秒))

2.17 1969 年 6 月 28 日乌鲁木齐市北部、昌吉州山区暴雨

【降雨实况】1969 年 6 月 28 日(图 2-17a),乌鲁木齐市北部米东站、昌吉州山区天池站日降水量分别为 29.0 毫米、26.4 毫米。

【天气形势】1969 年 6 月 27 日 20 时,100 百帕南亚高压呈单体型主体偏东经向发展较大,长波槽位于咸海至巴尔喀什湖附近;200 百帕北疆处于槽底偏西气流中(图 2-17b)。500 百帕欧亚范围为两槽一脊的经向环流,中亚南部至新疆为经向度较大的高压脊,乌拉尔山中部和蒙古为低压槽区,北支锋区位置偏北,巴尔喀什湖附近有弱短波,北疆中部处于高压脊前偏北气流中(图 2-17c)。700 百帕北疆为 10～12 米/秒的偏北气流,中天山及以东风速辐合明显(图 2-17d)。

此次暴雨特点是北疆中高层受高压脊前偏北气流影响,低层北疆西北气流遇天山地形增强了动力抬升及辐合,造成中天山及以东暴雨。

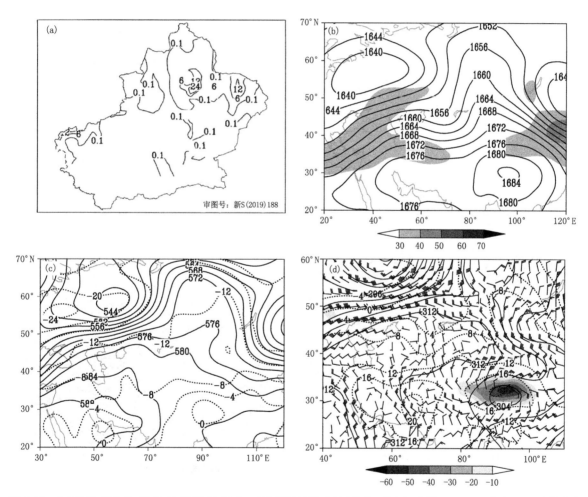

图 2-17 (a)1969 年 6 月 27 日 20 时至 28 日 20 时过程累计降水量(单位:毫米);以及 27 日 20 时(b)100 百帕高度场(实线,单位:位势什米),阴影(单位:米/秒)表示风速≥30 米/秒的 200 百帕急流;(c)500 百帕高度场(实线,单位:位势什米),温度场(虚线,单位:℃);(d)700 百帕高度场(实线,单位:位势什米),温度场(虚线,单位:℃),风场(单位:米/秒),水汽通量散度场(阴影,单位:10⁻⁶克/(厘米²·百帕·秒))

2.18 1969年7月30日乌鲁木齐市南部山区暴雨

【降雨实况】1969年7月30日(图2-18a):乌鲁木齐市南部山区小渠子站、大西沟站日降水量分别为25.7毫米、28.2毫米。

【天气形势】1969年7月29日20时,100百帕南亚高压呈双体型且东部脊略偏强,长波槽位于巴尔喀什湖及以南38°N附近;200百帕北疆处于低槽前西南气流中(图2-18b)。500百帕欧亚范围中高纬为两脊一槽的经向环流,欧洲和新疆东部至贝加尔湖为高压脊,乌拉尔山至巴尔喀什湖以南中亚地区为低槽活动区,北疆受低槽前西南气流影响(图2-18c)。700百帕北疆有弱的偏北风与偏南风的切变,而天山北坡为偏东气流(图2-18d)。

此次暴雨特点是北疆中高层受中亚低槽前西南气流影响,700百帕天山北坡为偏东气流,低层北疆为偏北气流,遇天山地形增强了动力抬升及辐合,造成乌鲁木齐市南部山区暴雨。

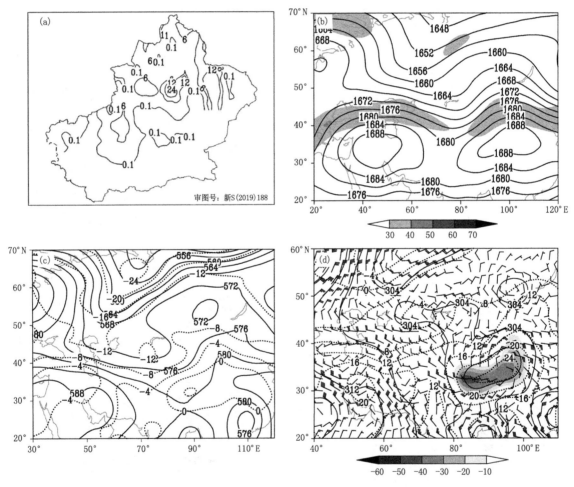

图2-18 (a)1969年7月29日20时至30日20时过程累计降水量(单位:毫米);以及29日20时(b)100百帕高度场(实线,单位:位势什米),阴影(单位:米/秒)表示风速≥30米/秒的200百帕急流;(c)500百帕高度场(实线,单位:位势什米),温度场(虚线,单位:℃);(d)700百帕高度场(实线,单位:位势什米),温度场(虚线,单位:℃),风场(单位:米/秒),水汽通量散度场(阴影,单位:10⁻⁶克/(厘米²·百帕·秒))

2.19 1970 年 8 月 16 日博尔塔拉蒙古自治州(简称"博州")、乌鲁木齐市南部山区、巴州北部山区暴雨

【降雨实况】1970 年 8 月 16 日(图 2-19a):博州博乐站、乌鲁木齐市南部山区小渠子站、巴州北部山区巴仑台站日降水量分别为 27.7 毫米、24.1 毫米、45.3 毫米。

【天气形势】1970 年 8 月 15 日 20 时,100 百帕南亚高压呈带状分布且东部脊略偏强,长波槽位于中西伯利亚至巴尔喀什湖附近;200 百帕北疆处于低槽前西南急流中(图 2-19b)。500 百帕欧亚范围为两脊一槽,中高纬环流经向度较大,乌拉尔山和贝加尔湖以东为高压脊,中西伯利亚至巴尔喀什湖以南 40°N 附近为低槽活动区,北疆受低槽前西南气流影响(图 2-19c)。700 百帕北疆偏西地区受低槽前偏西气流影响,有风速的辐合,而北疆中东部为西北气流,风速辐合明显(图 2-19d)。

此次暴雨特点是北疆中高层受中亚低槽前西南气流影响,低层北疆为西北气流,风速辐合明显,在中天山附近转偏北风遇天山地形增强了动力抬升及辐合,造成暴雨。

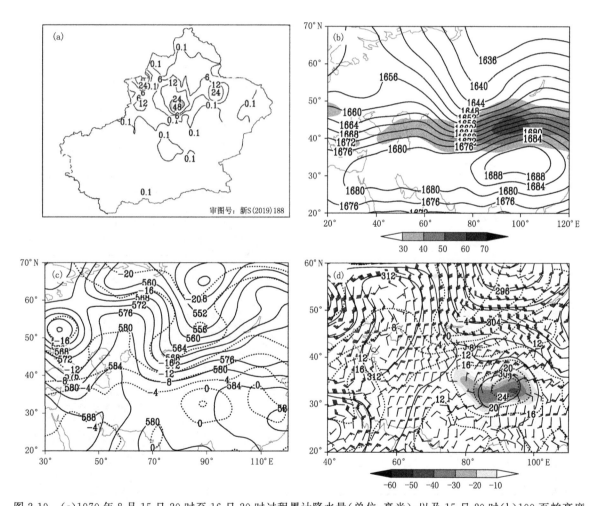

图 2-19 (a)1970 年 8 月 15 日 20 时至 16 日 20 时过程累计降水量(单位:毫米);以及 15 日 20 时(b)100 百帕高度场(实线,单位:位势什米),阴影(单位:米/秒)表示风速≥30 米/秒的 200 百帕急流;(c)500 百帕高度场(实线,单位:位势什米),温度场(虚线,单位:℃);(d)700 百帕高度场(实线,单位:位势什米),温度场(虚线,单位:℃),风场(单位:米/秒),水汽通量散度场(阴影,单位:10⁻⁶克/(厘米²·百帕·秒))

2.20　1971年5月1—2日喀什地区北部、克州山区暴雨

【降雨实况】1971年5月1—2日(图2-20a):1日喀什地区伽师站、克州乌恰站日降水量分别为24.8毫米、37.7毫米;2日喀什地区伽师站、岳普湖站、英吉沙站日降水量分别为27.5毫米、27.8毫米、26.0毫米。

【天气形势】1971年5月1日20时,100百帕南亚高压呈单体型,长波脊向北发展明显,高压中心位于青藏高原上空,长波槽位于黑海和里海南部;200百帕南疆西部处于高压脊顶偏西气流中(图2-20b)。500百帕欧亚范围为一脊一槽,中高纬环流经向度较大,中亚至中西伯利亚高压脊经向发展,新疆东部为低槽区,上游中亚地区有弱的波动东移影响南疆西部(图2-20c)。700百帕巴尔喀什湖南部的中亚地区有气旋性风场的切变和辐合,南疆盆地为偏东急流西伸至南疆西部,与西部形成偏西风与偏东风的切变,配合有$-10×10^{-6}$克/(厘米^2·百帕·秒)的水汽通量散度辐合(图2-20d)。

此次暴雨特点是500百帕南疆西部受弱短波影响,与新疆东部低槽东灌的冷空气配合,低层有明显东风与西风切变,南疆盆地偏东气流(急流)遇到三面环山地形时强迫抬升,有利于辐合上升运动,造成南疆西部暴雨。

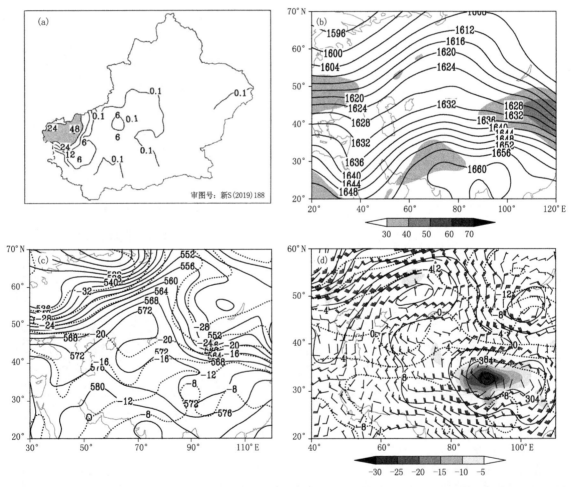

图2-20　(a)1971年4月30日20时至2日20时过程累计降水量(单位:毫米);以及1日20时(b)100百帕高度场(实线,单位:位势什米),阴影(单位:米/秒)表示风速≥30米/秒的200百帕急流;(c)500百帕高度场(实线,单位:位势什米),温度场(虚线,单位:℃);(d)700百帕高度场(实线,单位:位势什米),温度场(虚线,单位:℃),风场(单位:米/秒),水汽通量散度场(阴影,单位:10^{-6}克/(厘米^2·百帕·秒))

2.21　1971 年 7 月 5—8 日伊犁州南部山区、昌吉州东部、克州山区、阿克苏地区暴雨

【降雨实况】1971 年 7 月 5—8 日(图 2-21a):5 日克州阿合奇站日降水量 28.3 毫米;6 日阿克苏地区阿克苏站、温宿站、柯坪站日降水量分别为 35.8 毫米、29.8 毫米、28.1 毫米;7 日伊犁州昭苏站日降水量 24.5 毫米,阿克苏地区阿克苏站、温宿站日降水量分别为 29.6 毫米、39.2 毫米;8 日昌吉州天池站、北塔山站、奇台站、木垒站日降水量分别为 73.0 毫米、28.8 毫米、25.6 毫米、25.2 毫米。

【天气形势】1971 年 7 月 7 日 20 时,100 百帕南亚高压呈带状分布,长波脊向北发展明显,长波槽位于新疆西部;200 百帕新疆处于低槽前西南急流中(图 2-21b)。500 百帕欧亚范围为两脊两槽纬向环流,伊朗至西西伯利亚的高压脊经向发展,新疆东部为高压脊,南欧和新疆为低槽活动区(图 2-21c)。700 百帕克州、阿克苏西部有西北风与偏东风的切变,而昌吉州东部有东北风与西南风的切变与辐合,南疆盆地为偏东气流西伸至南疆西部(图 2-21d)。

此次暴雨特点是新疆中高层受中亚低槽前西南气流影响,700 百帕伊犁州南部山区地形强迫抬升明显,南疆西部、昌吉州有明显的风切变与辐合,南疆盆地东北气流遇三面环山地形强迫抬升,有利于辐合上升运动,产生暴雨。

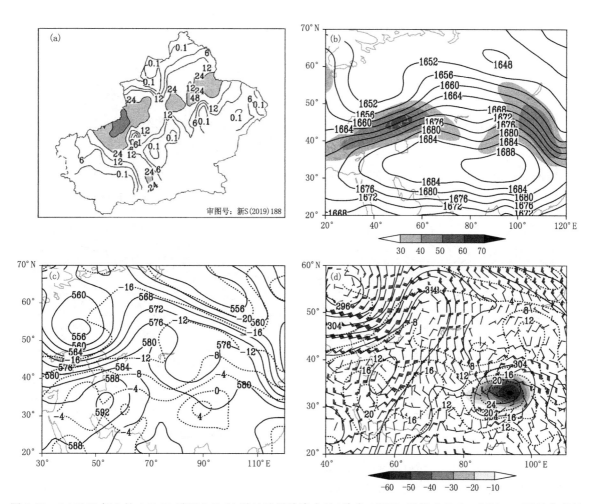

图 2-21　(a)1971 年 7 月 4 日 20 时至 8 日 20 时过程累计降水量(单位:毫米);以及 7 日 20 时(b)100 百帕高度场(实线,单位:位势什米),阴影(单位:米/秒)表示风速≥30 米/秒的 200 百帕急流;(c)500 百帕高度场(实线,单位:位势什米),温度场(虚线,单位:℃);(d)700 百帕高度场(实线,单位:位势什米),温度场(虚线,单位:℃),风场(单位:米/秒),水汽通量散度场(阴影,单位:10⁻⁶克/(厘米²·百帕·秒))

2.22　1972年5月25日阿克苏地区暴雨

【降雨实况】1972年5月25日(图2-22a):阿克苏地区阿克苏站、阿瓦提站日降水量分别为28.3毫米、33.7毫米。

【天气形势】1972年5月24日20时,100百帕南亚高压呈单体东部型,长波脊向北发展明显,长波槽位于咸海至巴尔喀什湖南部的中亚地区;200百帕新疆处于低槽前西南急流中(图2-22b)。500百帕欧亚范围为两脊一槽的纬向环流,里海和新疆东部为高压脊,中亚低槽位置偏南,低槽南伸至咸海与巴尔喀什湖南部30°N附近的中亚地区,南疆西部受低槽前西南气流影响(图2-22c)。700百帕阿克苏地区为偏北风与偏南风的切变及辐合,并配合有-15×10^{-6}克/(厘米^2·百帕·秒)水汽通量散度辐合中心(图2-22d)。

此次暴雨特点中高层南疆西部受中亚偏南低槽前西南气流影响,锋区较强,冷暖交汇明显,低层阿克苏地区风切变及辐合,南疆盆地东北气流遇三面环山地形强迫抬升有利于辐合上升运动,造成阿克苏地区局部暴雨。

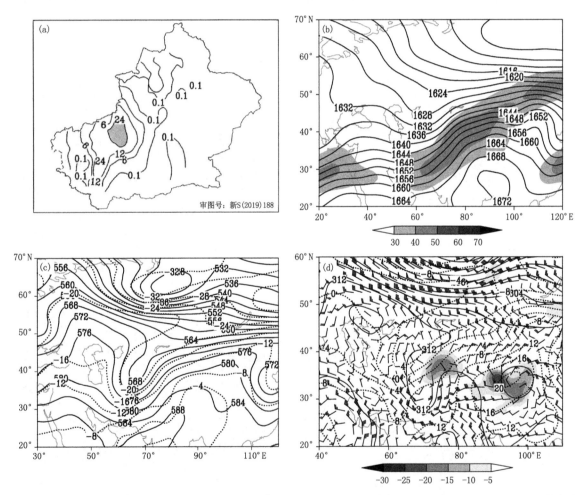

图2-22　(a)1972年5月24日20时至25日20时过程累计降水量(单位:毫米);以及24日20时(b)100百帕高度场(实线,单位:位势什米),阴影(单位:米/秒)表示风速≥30米/秒的200百帕急流;(c)500百帕高度场(实线,单位:位势什米),温度场(虚线,单位:℃);(d)700百帕高度场(实线,单位:位势什米),温度场(虚线,单位:℃),风场(单位:米/秒),水汽通量散度场(阴影,单位:10^{-6}克/(厘米^2·百帕·秒))

2.23 1972 年 6 月 19—20 日乌鲁木齐市南部山区、昌吉州东部、和田地区西部暴雨

【降雨实况】1972 年 6 月 19—20 日(图 2-23a):19 日乌鲁木齐市小渠子站日降水量 31.8 毫米,昌吉州天池站、木垒站日降水量分别为 42.1 毫米、27.8 毫米,和田地区洛浦站日降水量 26.0 毫米;20 日昌吉州天池站日降水量 24.7 毫米。

【天气形势】1972 年 6 月 18 日 20 时,100 百帕南亚高压呈带状分布,且西部脊偏强,长波槽位于巴尔喀什湖及其以南地区;200 百帕新疆处于低槽前西南急流中(图 2-23b)。500 百帕欧亚范围为两脊一槽的经向环流,伊朗至里海与咸海的高压脊向北发展,新疆东部至贝加尔湖为经向度较大的高压脊,巴尔喀什湖附近为低涡,新疆受低涡前西南气流影响(图 2-23c)。700 百帕北疆受低槽前弱扰动影响,天山北坡为偏北气流,和田地区有气旋性风场切变及辐合,并配合有 -10×10^{-6} 克/(厘米^2·百帕·秒)水汽通量散度辐合中心(图 2-23d)。

此次暴雨特点是中高层北疆受中亚低涡前西南气流影响,低层天山北坡和南疆西部为偏北气流,遇地形增强了动力抬升及辐合,造成中天山以东及和田地区局地暴雨。

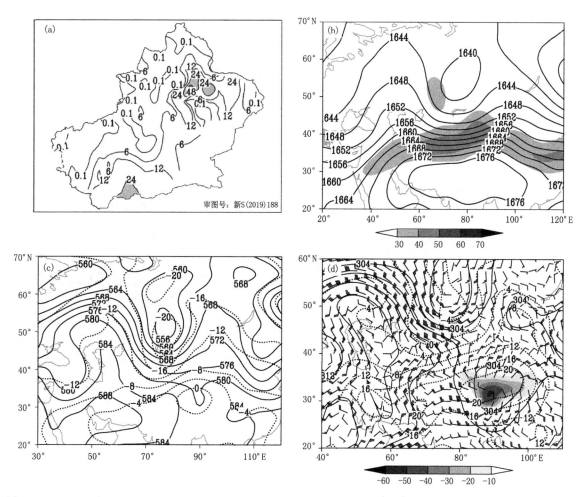

图 2-23　(a)1972 年 6 月 18 日 20 时至 20 日 20 时过程累计降水量(单位:毫米);以及 18 日 20 时(b)100 百帕高度场(实线,单位:位势什米),阴影(单位:米/秒)表示风速≥30 米/秒的 200 百帕急流;(c)500 百帕高度场(实线,单位:位势什米),温度场(虚线,单位:℃);(d)700 百帕高度场(实线,单位:位势什米),温度场(虚线,单位:℃),风场(单位:米/秒),水汽通量散度场(阴影,单位:10^{-6}克/(厘米^2·百帕·秒))

2.24 1973年6月27—29日伊犁州北部、乌鲁木齐市南部山区、昌吉州山区、巴州北部暴雨

【降雨实况】1973年6月27—29日(图2-24a):27日伊犁州霍尔果斯站、霍城站、伊宁县站日降水量分别为30.8毫米、24.6毫米、37.3毫米,乌鲁木齐市小渠子站日降水量37.3毫米,昌吉州天池站日降水量26.1毫米;28日巴州库尔勒站日降水量27.6毫米;29日巴州尉犁站日降水量24.2毫米。

【天气形势】1973年6月26日20时,100百帕南亚高压呈单体型,其北部咸海至巴尔喀什湖的低槽较平直;200百帕新疆处于偏西急流中(图2-24b)。500百帕欧亚范围为两脊一槽,中高纬环流经向度较大,伊朗副热带高压脊向北发展到里海至咸海一带,其北部乌拉尔山高压脊向东北发展,经向度较大,巴尔喀什湖北部55°N附近为低涡,锋区较强,新疆受低涡前西南气流影响,新疆东部至贝加尔湖为高压脊(图2-24c)。700百帕北疆受弱扰动影响,伊犁至天山北坡为偏北气流(图2-24d)。

此次暴雨特点是中高层北疆受中亚低涡前西南气流影响,低层伊犁州为偏西气流,天山北坡为偏北气流,遇地形增强了动力抬升及辐合,造成暴雨。

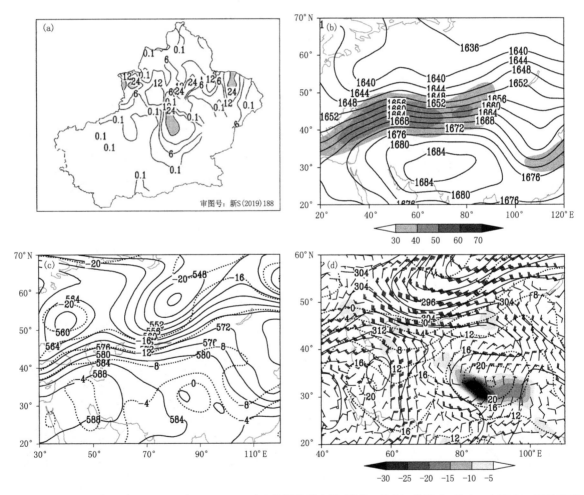

图2-24 (a)1973年6月26日20时至29日20时过程累计降水量(单位:毫米);以及26日20时(b)100百帕高度场(实线,单位:位势什米),阴影(单位:米/秒)表示风速≥30米/秒的200百帕急流;(c)500百帕高度场(实线,单位:位势什米),温度场(虚线,单位:℃);(d)700百帕高度场(实线,单位:位势什米),温度场(虚线,单位:℃),风场(单位:米/秒),水汽通量散度场(阴影,单位:10⁻⁶克/(厘米²·百帕·秒))

2.25　1973 年 8 月 14 日阿勒泰地区暴雨

【降雨实况】1973 年 8 月 14 日(图 2-25a):阿勒泰地区哈巴河站、阿克达拉站、福海站、阿勒泰站日降水量分别为 27.0 毫米、27.7 毫米、33.2 毫米、28.4 毫米。

【天气形势】1973 年 8 月 13 日 20 时,100 百帕南亚高压呈带状分布且西部偏强,巴尔喀什湖附近的低槽较平直;200 百帕新疆处于偏西急流中(图 2-25b)。500 百帕欧亚范围为两槽一脊呈 Ω 型,中高纬环流经向度较大,咸海至乌拉尔山的高压脊经向发展,东欧和巴尔喀什湖附近为低涡,新疆处于巴尔喀什湖低涡前西南气流上,并分裂波动影响北疆(图 2-25c)。700 百帕巴尔喀什湖附近为气旋性风场,阿勒泰地区有西南风与偏东风的切变,有暖平流(图 2-25d)。

此次暴雨特点是 500 百帕北疆受中亚低涡前西南气流影响,低层阿勒泰地区为气旋性风场配合暖平流,属于暖区暴雨。

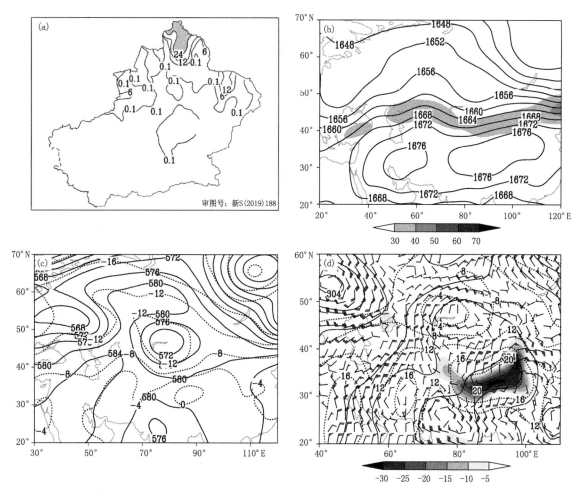

图 2-25　(a)1973 年 8 月 13 日 20 时至 14 日 20 时过程累计降水量(单位:毫米);以及 13 日 20 时(b)100 百帕高度场(实线,单位:位势什米),阴影(单位:米/秒)表示风速≥30 米/秒的 200 百帕急流;(c)500 百帕高度场(实线,单位:位势什米),温度场(虚线,单位:℃);(d)700 百帕高度场(实线,单位:位势什米),温度场(虚线,单位:℃),风场(单位:米/秒),水汽通量散度场(阴影,单位:10⁻⁶克/(厘米²·百帕·秒))

2.26 1974年5月16日昌吉州东部暴雨

【降雨实况】1974年5月16日(图2-26a):昌吉州东部天池站、木垒站日降水量分别为54.7毫米、45.1毫米。

【天气形势】1974年5月15日20时,100百帕南亚高压呈单体型,长波槽在55°N以北的西伯利亚地区,位置偏北;200百帕北疆处于低槽后西北急流中(图2-26b)。500百帕欧亚范围为两槽一脊,里海与咸海为高压脊,南欧和西伯利亚为低压槽区,北疆受西伯利亚低槽底后部西北气流影响,锋区较强(图2-26c)。700百帕北疆为西北急流,冷平流较强,昌吉州东部配合有-10×10^{-6}克/(厘米^2·百帕·秒)的水汽通量散度辐合中心(图2-26d)。

此次暴雨特点是北疆整层受低槽后西北急流影响,遇天山地形增强了动力抬升及风速辐合,造成昌吉州东部暴雨。

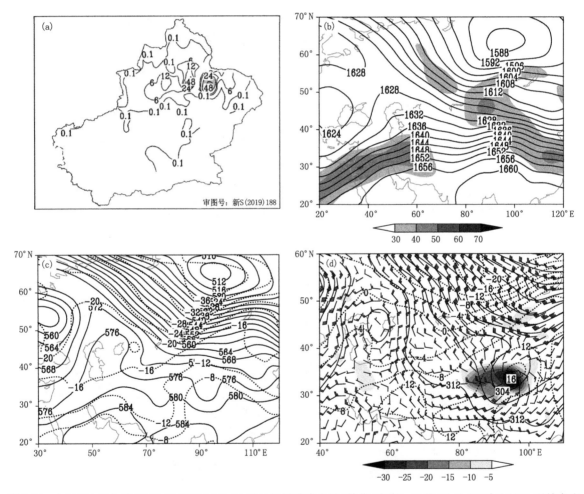

图2-26 (a)1974年5月15日20时至16日20时过程累计降水量(单位:毫米);以及15日20时(b)100百帕高度场(实线,单位:位势什米),阴影(单位:米/秒)表示风速≥30米/秒的200百帕急流;(c)500百帕高度场(实线,单位:位势什米),温度场(虚线,单位:℃);(d)700百帕高度场(实线,单位:位势什米),温度场(虚线,单位:℃),风场(单位:米/秒),水汽通量散度场(阴影,单位:10^{-6}克/(厘米^2·百帕·秒))

2.27 1974年7月25—26日乌鲁木齐市南部山区、巴州暴雨

【降雨实况】1974年7月25—26日(图2-27a):25日乌鲁木齐市大西沟站、巴州巴仑台站日降水量分别为38.1毫米、43.2毫米;26日巴州铁干里克站日降水量27.5毫米。

【天气形势】1974年7月24日20时,100百帕南亚高压呈带状分布且西部脊经向发展较强,西伯利亚至巴尔喀什湖为低压槽区;200百帕新疆处于槽底偏西急流中(图2-27b)。500百帕欧亚范围为两脊一槽,中高纬环流经向度较大,伊朗至咸海高压脊向北发展与乌拉尔山高压脊叠加,经向度较大,贝加尔湖以东为高压脊,西伯利亚至巴尔喀什湖为低压槽区,北疆受低槽前西南气流影响(图2-27c)。700百帕北疆有弱的风场扰动,天山两侧为偏北风,南疆盆地为东北气流(图2-27d)。

此次暴雨特点是中高层新疆受中亚低槽前西南气流影响,低层天山两侧为偏北风,遇地形增强了动力抬升及辐合,造成山区暴雨;而中高层南疆西南气流与低层东北气流,在盆地东部交汇,产生暴雨。

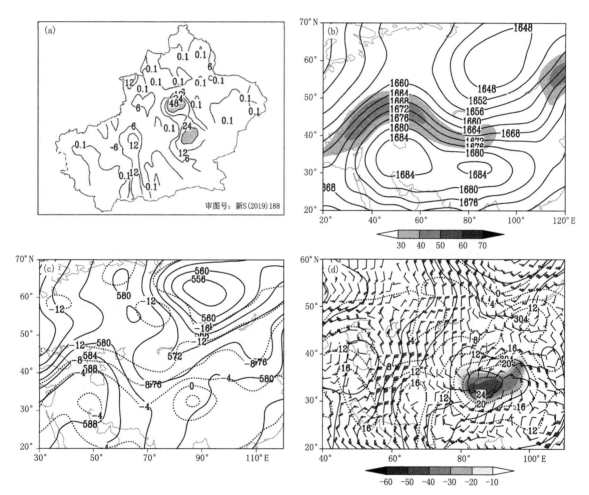

图2-27 (a)1974年7月24日20时至26日20时过程累计降水量(单位:毫米);以及24日20时(b)100百帕高度场(实线,单位:位势什米),阴影(单位:米/秒)表示风速≥30米/秒的200百帕急流;(c)500百帕高度场(实线,单位:位势什米),温度场(虚线,单位:℃);(d)700百帕高度场(实线,单位:位势什米),温度场(虚线,单位:℃),风场(单位:米/秒),水汽通量散度场(阴影,单位:10^{-6}克/(厘米²·百帕·秒))

2.28 1974 年 8 月 28 日昌吉州东部暴雨

【降雨实况】1974 年 8 月 28 日(图 2-28a):昌吉州东部天池站、木垒站日降水量分别为 36.0 毫米、35.2 毫米。

【天气形势】1974 年 8 月 27 日 20 时,100 百帕南亚高压呈单体型,长波槽位于西西伯利亚至巴尔喀什湖附近;200 百帕北疆处于槽底偏西急流中(图 2-28b)。500 百帕欧亚范围为两脊一槽,欧洲和贝加尔湖以东为高压脊,乌拉尔山至巴尔喀什湖为低槽活动区,北疆受巴尔喀什湖低槽前西南气流影响,锋区较强(图 2-28c)。700 百帕北疆风场呈气旋性环流,中天山附近有偏西风与西南风的切变(图 2-28d)。

此次暴雨特点是中高层北疆受中亚低槽前西南气流影响,低层北疆较强西北气流遇天山地形增强了动力抬升及风速辐合,造成昌吉州东部暴雨。

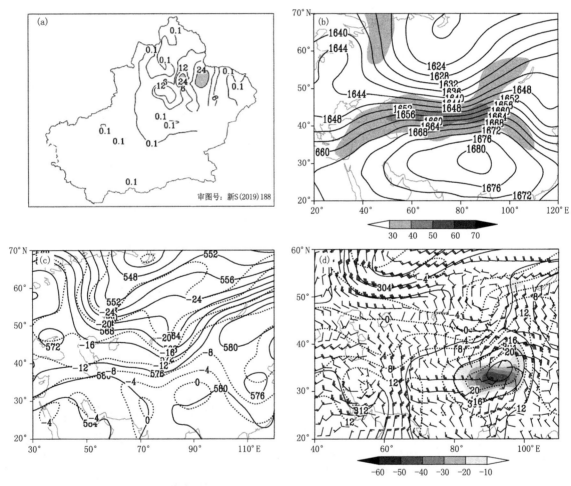

图 2-28 (a)1974 年 8 月 27 日 20 时至 28 日 20 时过程累计降水量(单位:毫米);以及 27 日 20 时(b)100 百帕高度场(实线,单位:位势什米),阴影(单位:米/秒)表示风速≥30 米/秒的 200 百帕急流;(c)500 百帕高度场(实线,单位:位势什米),温度场(虚线,单位:℃);(d)700 百帕高度场(实线,单位:位势什米),温度场(虚线,单位:℃),风场(单位:米/秒),水汽通量散度场(阴影,单位:10⁻⁶克/(厘米²·百帕·秒))

2.29　1975 年 7 月 16—17 日伊犁州东部山区、乌鲁木齐市南部山区、昌吉州东部、巴州北部山区暴雨

【降雨实况】1975 年 7 月 16—17 日(图 2-29a):16 日伊犁州新源站日降水量 33.2 毫米,乌鲁木齐市小渠子站、大西沟站日降水量分别为 25.5 毫米、30.8 毫米,巴州巴音布鲁克站日降水量 35.9 毫米;17 日昌吉州北塔山、巴州巴仑台站日降水量分别为 33.8 毫米、28.4 毫米。

【天气形势】1975 年 7 月 15 日 20 时,100 百帕南亚高压呈带状分布,长波槽位于咸海与巴尔喀什湖之间;200 百帕北疆处于低槽前西南急流中(图 2-29b)。500 百帕欧亚范围 40°N 以南为高压脊区,40°N 以北西伯利亚和巴尔喀什湖附近为低涡活动,北疆受巴尔喀什湖低涡前偏西南气流影响(图 2-29c)。700 百帕伊犁州有气旋性风场切变及辐合,北疆至天山北坡为西北气流,有风速辐合(图 2-29d)。

此次暴雨特点是中高层北疆受中亚低涡前西南气流影响,低层伊犁州有气旋性风场切变及辐合,北疆至天山北坡为西北气流遇地形增强了动力抬升及辐合,造成暴雨。

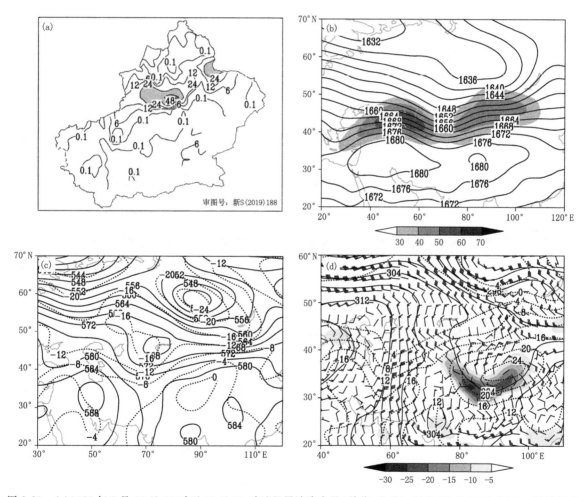

图 2-29　(a)1975 年 7 月 15 日 20 时至 17 日 20 时过程累计降水量(单位:毫米);以及 15 日 20 时(b)100 百帕高度场(实线,单位:位势什米),阴影(单位:米/秒)表示风速≥30 米/秒的 200 百帕急流;(c)500 百帕高度场(实线,单位:位势什米),温度场(虚线,单位:℃);(d)700 百帕高度场(实线,单位:位势什米),温度场(虚线,单位:℃),风场(单位:米/秒),水汽通量散度场(阴影,单位:10⁻⁶克/(厘米²·百帕·秒))

2.30 1975年8月4日乌鲁木齐市南部山区、昌吉州山区、巴州北部山区暴雨

【降雨实况】1975年8月4日(图2-30a):乌鲁木齐市小渠子站、大西沟站日降水量分别为36.0毫米、26.6毫米,昌吉州天池站日降水量35.0毫米,巴州巴仑台站日降水量28.4毫米。

【天气形势】1975年8月3日20时,100百帕南亚高压呈带状分布且西部脊偏强,长波槽位于巴尔喀什湖附近;200百帕北疆处于低槽前西南气流中(图2-30b)。500百帕欧亚范围为两脊一槽,中高纬经向度较大,里海至咸海的高压脊向北经向发展,贝加尔湖附近为高压脊,西伯利亚至巴尔喀什湖附近为低槽,北疆受低槽前西南气流影响(图2-30c)。700百帕北疆受低槽前弱西南气流影响,有-5×10^{-6}克/(厘米^2·百帕·秒)的水汽通量散度辐合中心(图2-30d)。

此次暴雨特点是中高层北疆受中亚低槽前西南气流影响,低层天山北坡为偏西风风速辐合,造成山区暴雨。

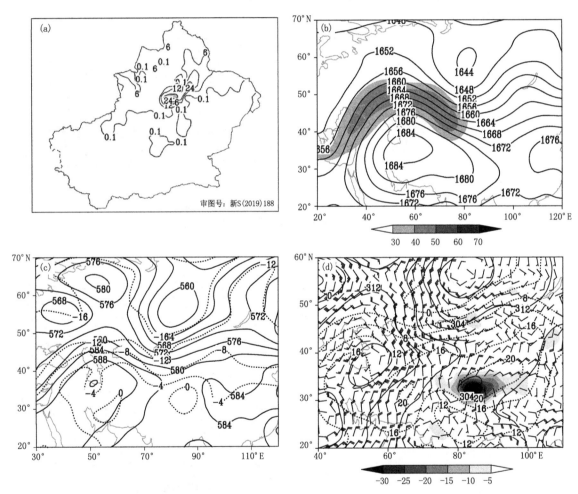

图2-30 (a)1975年8月3日20时至4日20时过程累计降水量(单位:毫米);以及3日20时(b)100百帕高度场(实线,单位:位势什米),阴影(单位:米/秒)表示风速≥30米/秒的200百帕急流;(c)500百帕高度场(实线,单位:位势什米),温度场(虚线,单位:℃);(d)700百帕高度场(实线,单位:位势什米),温度场(虚线,单位:℃),风场(单位:米/秒),水汽通量散度场(阴影,单位:10^{-6}克/(厘米^2·百帕·秒))

2.31　1976 年 6 月 24—25 日乌鲁木齐市南部山区、昌吉州山区、巴州北部山区暴雨

【降雨实况】1976 年 6 月 24—25 日(图 2-31a):24 日巴州巴音布鲁克站日降水量 26.7 毫米;25 日乌鲁木齐市大西沟站、昌吉州天池站、巴州巴仑台站日降水量分别为 29.0 毫米、29.5 毫米、30.8 毫米。

【天气形势】1976 年 6 月 24 日 20 时,100 百帕南亚高压呈单体型,长波脊明显向北发展,巴尔喀什湖附近为较平直的低槽;200 百帕北疆处于低槽前偏西南急流中(图 2-31b)。500 百帕欧亚范围为两脊一槽纬向环流,伊朗至里海与咸海及贝加尔湖及其以南为高压脊,巴尔喀什湖以南的中亚地区为低槽,北疆受低槽前西南气流影响(图 2-31c)。700 百帕北疆为偏北气流(图 2-31d)。

此次暴雨特点是中高层北疆受中亚低槽前西南气流影响,低层天山北坡偏北风遇天山地形风速辐合及强迫抬升明显,造成山区暴雨。

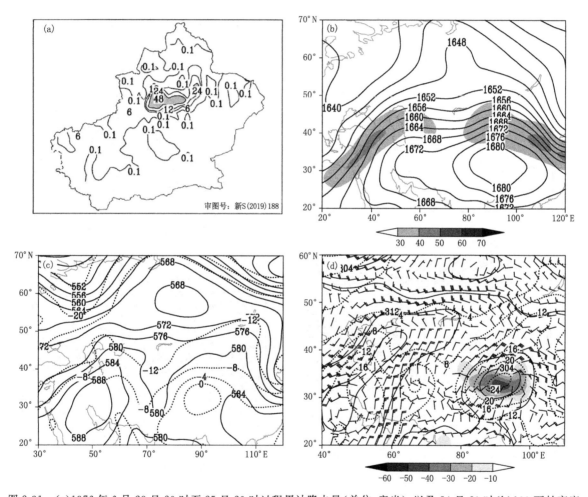

图 2-31　(a)1976 年 6 月 23 日 20 时至 25 日 20 时过程累计降水量(单位:毫米);以及 24 日 20 时(b)100 百帕高度场(实线,单位:位势什米),阴影(单位:米/秒)表示风速≥30 米/秒的 200 百帕急流;(c)500 百帕高度场(实线,单位:位势什米),温度场(虚线,单位:℃);(d)700 百帕高度场(实线,单位:位势什米),温度场(虚线,单位:℃),风场(单位:米/秒),水汽通量散度场(阴影,单位:10⁻⁶克/(厘米²·百帕·秒))

2.32 1977年5月20日昌吉州东部暴雨

【降雨实况】1977年5月20日(图2-32a),昌吉州东部阜康站、天池站日降水量分别为28.8毫米、33.6毫米。

【天气形势】1977年5月19日20时,100百帕南亚高压呈单体型,高压主体在30°N以南,西伯利亚和里海与咸海南部为长波槽区;200百帕北疆处于西伯利亚低槽底后部西北急流中(图2-32b)。500百帕欧亚范围为两支锋区型,槽脊系统呈反位相叠加,北支乌拉尔山高压脊较宽广,北疆受低槽前偏西气流影响;而南支里海与黑海南部为低涡,伊朗副热带高压北抬至40°N附近(图2-32c)。700百帕北疆上空为横槽,锋区压至天山北坡,并有西北风与西南风的切变(图2-32d)。

此次暴雨特点是中高层北疆受低槽前西南气流影响,低层天山北坡有风切变及风速辐合,造成昌吉州东部暴雨。

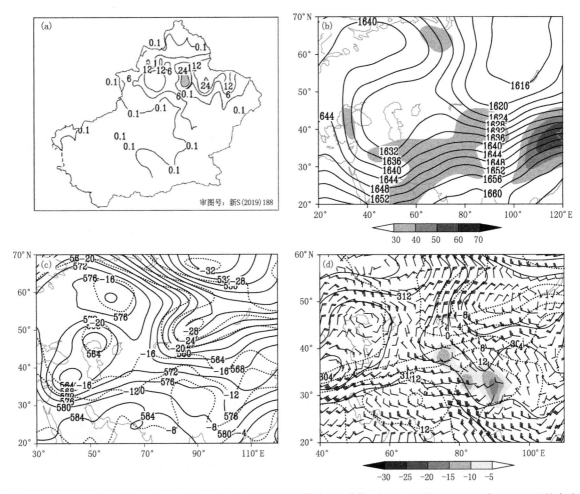

图2-32 (a)1977年5月19日20时至20日20时过程累计降水量(单位:毫米);以及19日20时(b)100百帕高度场(实线,单位:位势什米),阴影(单位:米/秒)表示风速≥30米/秒的200百帕急流;(c)500百帕高度场(实线,单位:位势什米),温度场(虚线,单位:℃);(d)700百帕高度场(实线,单位:位势什米),温度场(虚线,单位:℃),风场(单位:米/秒),水汽通量散度场(阴影,单位:10⁻⁶克/(厘米²·百帕·秒))

2.33 1977年9月2日伊犁州东南部山区暴雨

【降雨实况】1977年9月2日(图2-33a):伊犁州东南部山区新源站、特克斯站日降水量分别为24.1毫米、43.3毫米。

【天气形势】1977年9月1日20时,100百帕南亚高压呈单体型,高压主体在35°N、100°E附近,位置偏东,西西伯利亚至中亚为长波槽区;200百帕北疆处于低槽前西南急流中(图2-33b)。500百帕欧亚范围为两脊一槽,欧洲和新疆东部为高压脊,西西伯利亚至中亚为低槽,北疆西部受低槽前西南气流影响(图2-33c)。700百帕伊犁州有西风与北风的切变(图2-33s)。

此次暴雨特点是中高层北疆西部受中亚低槽前西南气流影响,低层伊犁州有风切变及风速辐合,造成伊犁州山区暴雨。

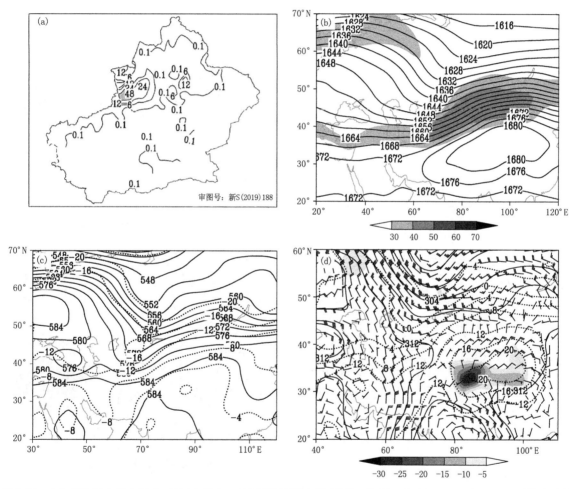

图2-33 (a)1977年9月1日20时至2日20时过程累计降水量(单位:毫米);以及1日20时(b)100百帕高度场(实线,单位:位势什米),阴影(单位:米/秒)表示风速≥30米/秒的200百帕急流;(c)500百帕高度场(实线,单位:位势什米),温度场(虚线,单位:℃);(d)700百帕高度场(实线,单位:位势什米),温度场(虚线,单位:℃),风场(单位:米/秒),水汽通量散度场(阴影,单位:10⁻⁶克/(厘米²·百帕·秒))

2.34　1977年9月14日塔城地区北部、阿勒泰地区东部暴雨

【降雨实况】1977年9月14日(图2-34a):塔城地区额敏站、托里站日降水量分别为30.0毫米、26.5毫米,阿勒泰地区青河站日降水量49.5毫米。

【天气形势】1977年9月13日20时,100百帕南亚高压呈带状分布,长波槽位于巴尔喀什湖及以南地区;200百帕北疆处于低槽前西南急流中(图2-34b)。500百帕欧亚范围呈北脊南涡型,西伯利亚为宽广的高压脊,其南部巴尔喀什湖为低涡,北疆受低涡前西南气流影响(图2-34c)。700百帕北疆偏北地区受低涡前气旋性风场影响,有偏南风与偏东风的切变,伊犁州有西风与北风的切变(图2-34d)。

此次暴雨特点是中高层北疆北部受中亚低涡前西南气流影响,低层北疆北部有气旋性风切变及风速辐合,造成塔城地区北部、阿勒泰地区东部暴雨。

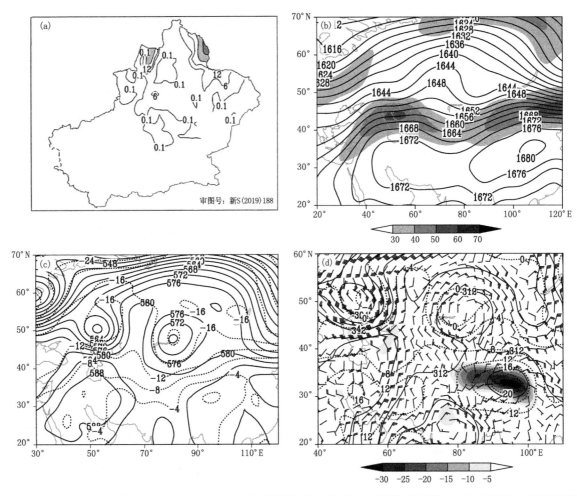

图2-34　(a)1977年9月13日20时至14日20时过程累计降水量(单位:毫米);以及13日20时(b)100百帕高度场(实线,单位:位势什米),阴影(单位:米/秒)表示风速≥30米/秒的200百帕急流;(c)500百帕高度场(实线,单位:位势什米),温度场(虚线,单位:℃);(d)700百帕高度场(实线,单位:位势什米),温度场(虚线,单位:℃),风场(单位:米/秒),水汽通量散度场(阴影,单位:10^{-6}克/(厘米^2·百帕·秒))

2.35　1979 年 6 月 1 日昌吉州东部、巴州北部山区暴雨

【降雨实况】1979 年 6 月 1 日(图 2-35a)：昌吉州阜康站、天池站日降水量分别为 27.2 毫米、24.4 毫米，巴州巴仑台站日降水量 25.7 毫米。

【天气形势】1979 年 5 月 31 日 20 时，100 百帕南亚高压呈带状分布且东部脊偏强，长波槽位于西西伯利亚至中亚地区，槽底南伸至 30°N 附近；200 百帕新疆处于低槽前西南急流中(图 2-35b)。500 百帕欧亚范围为两脊一槽，乌拉尔山和贝加尔湖及以南为高压脊，巴尔喀什湖及以南 40°N 附近为低槽，新疆受低槽前西南气流影响(图 2-35c)。700 百帕北疆受低槽前偏西气流影响，冷平流明显(图 2-35d)。

此次暴雨特点是中高层新疆受中亚低槽前西南气流影响，低层天山北坡偏西气流风速辐合，同时，遇天山地形强迫抬升，造成中天山山区暴雨。

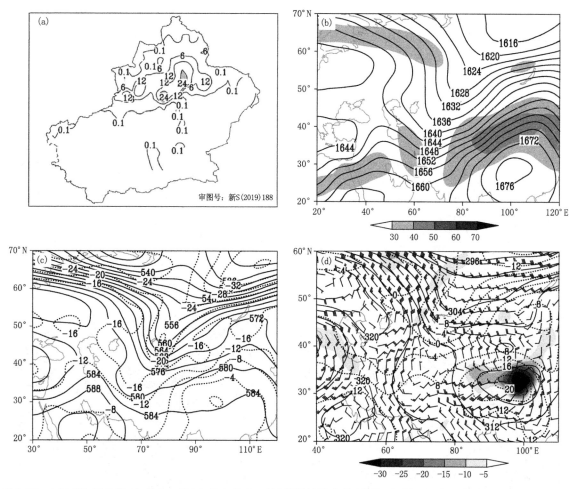

图 2-35　(a)1979 年 5 月 31 日 20 时至 6 月 1 日 20 时过程累计降水量(单位：毫米)；以及 5 月 31 日 20 时(b)100 百帕高度场(实线，单位：位势什米)，阴影(单位：米/秒)表示风速≥30 米/秒的 200 百帕急流；(c)500 百帕高度场(实线，单位：位势什米)，温度场(虚线，单位：℃)；(d)700 百帕高度场(实线，单位：位势什米)，温度场(虚线，单位：℃)，风场(单位：米/秒)，水汽通量散度场(阴影，单位：10⁻⁶克/(厘米²·百帕·秒))

2.36 1979年6月28—29日伊犁州南部山区、乌鲁木齐市、昌吉州山区、和田地区东部、巴州北部山区暴雨

【降雨实况】1979年6月28—29日(图2-36a):28日伊犁州特克斯站、乌鲁木齐市小渠子站、巴州巴仑台站日降水量分别为27.5毫米、25.9毫米、33.0毫米;29日乌鲁木齐市达坂城站、昌吉州天池站、和田地区民丰站日降水量分别为24.9毫米、26.5毫米、37.6毫米。

【天气形势】1979年6月27日20时,100百帕南亚高压呈单体型且高压脊主体偏东经向发展,长波槽位于乌拉尔山附近;200百帕北疆处于槽底偏西急流中(图2-36b)。500百帕欧亚范围中高纬为两脊一槽,欧洲和贝加尔湖为高压脊,且贝加尔湖高压脊经向度较大,乌拉尔山至咸海与巴尔喀什湖为低槽,南支伊朗副热带高压(简称"副高")北抬至40°N附近,新疆西部受槽底偏西气流影响(图2-36c)。700百帕低槽位于巴尔喀什湖北部,伊犁州有 $-5×10^{-6}$ 克/(厘米^2·百帕·秒)的水汽通量散度辐合(图2-36d)。

此次暴雨特点是中高层新疆受槽底偏西气流影响,低层伊犁州为偏西气流,风速辐合明显,北疆为西北(偏北)气流,而南疆盆地中西部为东北气流遇天山、昆仑山地形增强动力抬升,造成暴雨。

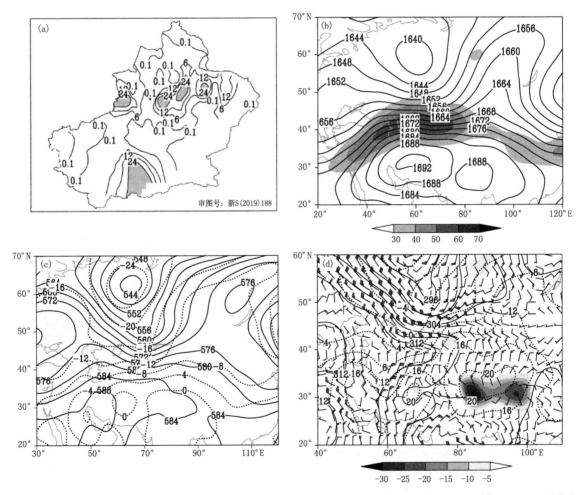

图2-36 (a)1979年6月27日20时至29日20时过程累计降水量(单位:毫米);以及27日20时(b)100百帕高度场(实线,单位:位势什米),阴影(单位:米/秒)表示风速≥30米/秒的200百帕急流;(c)500百帕高度场(实线,单位:位势什米),温度场(虚线,单位:℃);(d)700百帕高度场(实线,单位:位势什米),温度场(虚线,单位:℃),风场(单位:米/秒),水汽通量散度场(阴影,单位:10^{-6}克/(厘米^2·百帕·秒))

2.37　1979 年 7 月 13 日昌吉州东部暴雨

【降雨实况】1979 年 7 月 13 日(图 2-37a):昌吉州东部北塔山站、天池站日降水量分别为 24.1 毫米、42.2 毫米。

【天气形势】1979 年 7 月 12 日 20 时,100 百帕南亚高压呈带状分布且西部脊偏强,较平直的长波槽位于西伯利亚至北疆;200 百帕北疆处于槽底偏西急流中(图 2-37b)。500 百帕欧亚范围为一脊一槽,伊朗至里海与咸海的高压脊向北发展,西伯利亚低槽较宽广但主体偏北,北疆受其外围西北气流上分裂波动影响(图 2-37c)。700 百帕北疆为西北气流(图 2-37d)。

此次暴雨特点是中高层新疆受槽底偏西北气流影响,低层天山北坡西北气流有风速辐合,遇天山地形强迫抬升,造成暴雨。

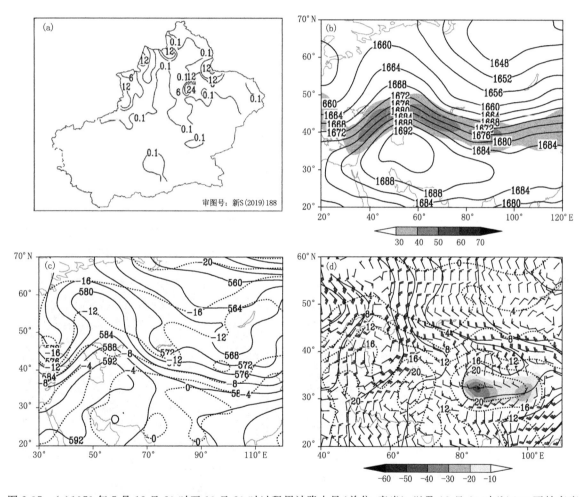

图 2-37　(a)1979 年 7 月 12 日 20 时至 13 日 20 时过程累计降水量(单位:毫米);以及 12 日 20 时(b)100 百帕高度场(实线,单位:位势什米),阴影(单位:米/秒)表示风速≥30 米/秒的 200 百帕急流;(c)500 百帕高度场(实线,单位:位势什米),温度场(虚线,单位:℃);(d)700 百帕高度场(实线,单位:位势什米),温度场(虚线,单位:℃),风场(单位:米/秒),水汽通量散度场(阴影,单位:10⁻⁶克/(厘米²·百帕·秒))

2.38 1980年5月28日伊犁州山区、昌吉州山区暴雨

【降雨实况】1980年5月28日(图2-38a):伊犁州尼勒克站、新源站日降水量分别为24.2毫米、27.0毫米,昌吉州天池站日降水量41.8毫米。

【天气形势】1980年5月27日20时,100百帕南亚高压呈单体型,主体偏西且向北发展为较宽广的高压脊;200百帕北疆处于脊前西北气流中(图2-38b)。500百帕欧亚范围为一脊一槽经向环流,伊朗至里海与咸海的高压脊向北发展,西伯利亚低槽主体偏北,在巴尔喀什湖附近有脊前西北气流上分裂的短波槽,北疆受槽前西南气流影响(图2-38c)。700百帕伊犁州受槽底偏西气流影响,风速辐合明显,北疆为西北气流(图2-38d)。

此次暴雨特点是北疆中高层受脊前西北气流影响,低层受短波槽影响,伊犁州为偏西气流,风速辐合明显,天山北坡西北气流遇天山地形强迫抬升,造成暴雨。

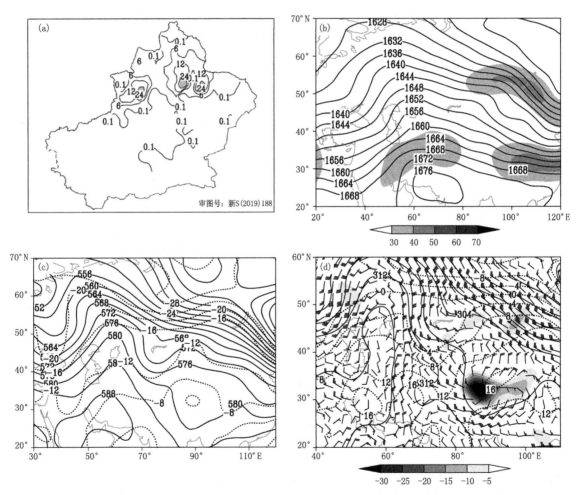

图2-38 (a)1980年5月27日20时至28日20时过程累计降水量(单位:毫米);以及27日20时(b)100百帕高度场(实线,单位:位势什米),阴影(单位:米/秒)表示风速≥30米/秒的200百帕急流;(c)500百帕高度场(实线,单位:位势什米),温度场(虚线,单位:℃);(d)700百帕高度场(实线,单位:位势什米),温度场(虚线,单位:℃),风场(单位:米/秒),水汽通量散度场(阴影,单位:10⁻⁶克/(厘米²·百帕·秒))

2.39　1980 年 9 月 11—13 日乌鲁木齐市南部山区、昌吉州山区、巴州北部山区暴雨

【降雨实况】1980 年 9 月 11—13 日(图 2-39a):11 日巴州巴音布鲁克站日降水量 26.6 毫米;12 日乌鲁木齐市小渠子站、昌吉州天池站日降水量分别为 30.8 毫米、31.2 毫米;13 日昌吉州天池站日降水量 28.2 毫米。

【天气形势】1980 年 9 月 11 日 20 时,100 百帕南亚高压呈带状分布,长波槽位于西伯利亚至巴尔喀什湖附近;200 百帕北疆处于低槽前西南急流中(图 2-39b)。500 百帕欧亚范围为两脊一槽,伊朗至里海与咸海的高压脊向北发展,贝加尔湖及以南为高压脊,西伯利亚至巴尔喀什湖附近为低槽,北疆受低槽前西南气流影响(图 2-39c)。700 百帕北疆均为弱的西北气流,冷平流明显(图 2-39d)。

此次暴雨特点是北疆中高层受低槽前西南气流影响,低层天山北坡西北气流携带冷空气,遇天山地形增强动力抬升,造成暴雨。

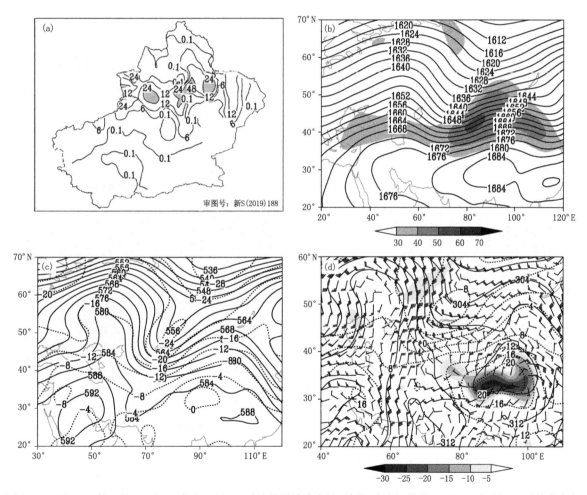

图 2-39　(a)1980 年 9 月 10 日 20 时至 13 日 20 时过程累计降水量(单位:毫米);以及 11 日 20 时(b)100 百帕高度场(实线,单位:位势什米),阴影(单位:米/秒)表示风速≥30 米/秒的 200 百帕急流;(c)500 百帕高度场(实线,单位:位势什米),温度场(虚线,单位:℃);(d)700 百帕高度场(实线,单位:位势什米),温度场(虚线,单位:℃),风场(单位:米/秒),水汽通量散度场(阴影,单位:10⁻⁶克/(厘米²·百帕·秒))

2.40　1981年6月13日昌吉州东部暴雨

【降雨实况】1981年6月13日(图2-40a)：昌吉州东部吉木萨尔站、天池站日降水量分别为27.9毫米、39.7毫米。

【天气形势】1981年6月12日20时，100百帕南亚高压呈单体型，主体偏东高压脊向北发展，咸海附近为低涡；200百帕北疆处于低涡前西南急流中(图2-40b)。500百帕欧亚范围为两脊一槽，东欧高压脊向北发展，贝加尔湖及以南为高压脊，咸海附近为较深厚的低涡，并不断分裂短波槽东移，北疆受低槽前西南气流影响(图2-40c)。700百帕北疆受短波影响有西北风与西南风的切变(图2-40d)。

此次暴雨特点是中高层北疆受低涡前西南气流影响，低层北疆有风切变，天山北坡西北气流遇地形增强动力抬升，造成暴雨。

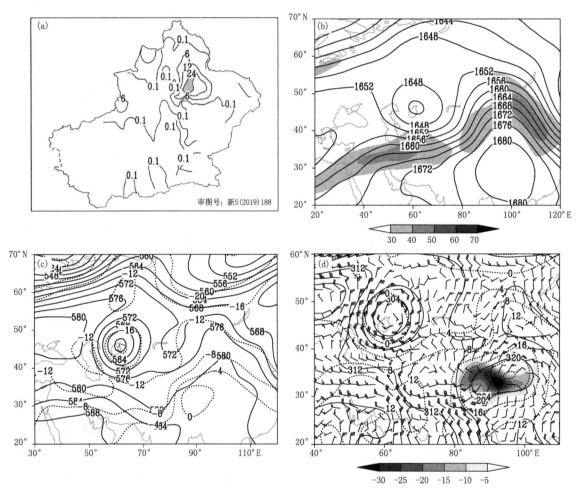

图2-40　(a)1981年6月12日20时至13日20时过程累计降水量(单位：毫米)；以及12日20时(b)100百帕高度场(实线，单位：位势什米)，阴影(单位：米/秒)表示风速≥30米/秒的200百帕急流；(c)500百帕高度场(实线，单位：位势什米)，温度场(虚线，单位：℃)；(d)700百帕高度场(实线，单位：位势什米)，温度场(虚线，单位：℃)，风场(单位：米/秒)，水汽通量散度场(阴影，单位：10^{-6}克/(厘米^2·百帕·秒))

2.41 1981 年 7 月 31 日昌吉州山区、巴州北部暴雨

【降雨实况】1981 年 7 月 31 日(图 2-41a):昌吉州天池站日降水量 28.3 毫米,巴州巴仑台站、焉耆站、库尔勒站日降水量分别为 30.0 毫米、25.3 毫米、25.7 毫米。

【天气形势】1981 年 7 月 30 日 20 时,100 百帕南亚高压呈双体型且西部脊偏强经向度大,西伯利亚至中亚为长波槽;200 百帕北疆处于低槽前西南急流中(图 2-41b)。500 百帕欧亚范围为两脊一槽,伊朗至黑海与里海的高压脊向北经向发展,蒙古为高压脊,西伯利亚至巴尔喀什湖附近为低槽活动区,北疆受低槽前西南气流影响(图 2-41c)。700 百帕北疆为弱的西北气流(图 2-41d)。

此次暴雨特点是中高层北疆受低槽前西南气流影响,低层天山北坡西北气流遇地形增强动力抬升,造成暴雨。

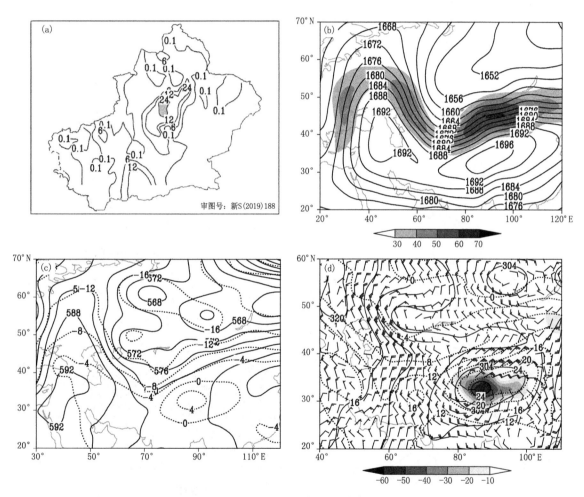

图 2-41 (a)1981 年 7 月 30 日 20 时至 31 日 20 时过程累计降水量(单位:毫米);以及 30 日 20 时(b)100 百帕高度场(实线,单位:位势什米),阴影(单位:米/秒)表示风速≥30 米/秒的 200 百帕急流;(c)500 百帕高度场(实线,单位:位势什米),温度场(虚线,单位:℃);(d)700 百帕高度场(实线,单位:位势什米),温度场(虚线,单位:℃),风场(单位:米/秒),水汽通量散度场(阴影,单位:10^{-6} 克/(厘米² · 百帕 · 秒))

2.42 1981 年 8 月 2 日喀什地区北部暴雨

【降雨实况】1981 年 8 月 2 日(图 2-42a):喀什地区北部伽师站、岳普湖站日降水量分别为 26.0 毫米、35.8 毫米。

【天气形势】1981 年 8 月 1 日 20 时,100 百帕南亚高压呈双体型且西部脊偏强,经向度大,西伯利亚至中亚为长波槽,槽底南伸至 36°N 附近;200 百帕南疆西部处于低槽前西南急流中(图 2-42b)。500 百帕欧亚范围为两脊一槽,伊朗至黑海与里海的高压脊向北经向发展,蒙古为高压脊,西伯利亚至中亚为低槽活动区,在咸海与巴尔喀什湖间为低涡,其槽底南伸至 35°N 附近,南疆西部受低槽前西南气流影响(图 2-42c)。700 百帕南疆盆地为偏东气流(图 2-42d)。

此次暴雨特点是中高层南疆西部受中亚低槽前西南气流影响,低层南疆盆地为偏东气流,形成"东西夹攻"形势,造成喀什地区北部暴雨。

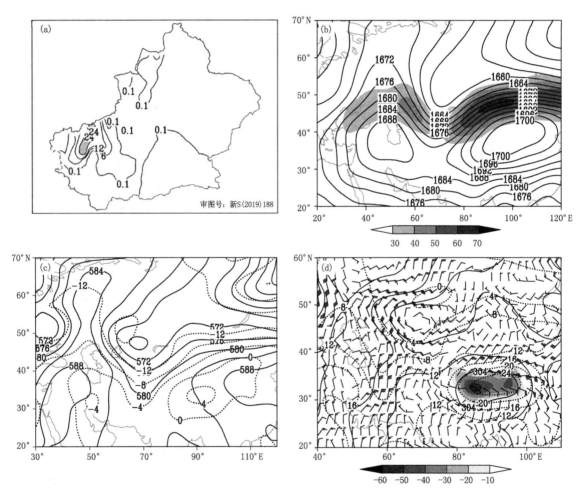

图 2-42 (a)1981 年 8 月 1 日 20 时至 2 日 20 时过程累计降水量(单位:毫米);以及 1 日 20 时(b)100 百帕高度场(实线,单位:位势什米),阴影(单位:米/秒)表示风速≥30 米/秒的 200 百帕急流;(c)500 百帕高度场(实线,单位:位势什米),温度场(虚线,单位:℃);(d)700 百帕高度场(实线,单位:位势什米),温度场(虚线,单位:℃),风场(单位:米/秒),水汽通量散度场(阴影,单位:10⁻⁶克/(厘米²·百帕·秒))

2.43　1981 年 8 月 31 日巴州北部暴雨

【降雨实况】1981 年 8 月 31 日（图 2-43a）：巴州北部焉耆站、和硕站日降水量分别为 28.1 毫米、25.8 毫米。

【天气形势】1981 年 8 月 30 日 20 时，100 百帕南亚高压呈带状分布且西部脊偏强经向度大，西伯利亚至中亚为横槽；200 百帕新疆处于槽底偏西急流中（图 2-43b）。500 百帕欧亚范围为两槽一脊，伊朗至里海与咸海的高压脊向北经向发展，欧洲和西伯利亚至中亚为低涡活动区，西伯利亚低涡不断分裂波动影响新疆，新疆处于低涡底部偏西气流中（图 2-43c）。700 百帕巴州北部为偏北气流（图 2-43d）。

此次暴雨特点是中高层巴州北部受西伯利亚低涡底部偏西气流上分裂波动影响，低层为偏北气流，地形影响下动力辐合明显，造成巴州北部暴雨。

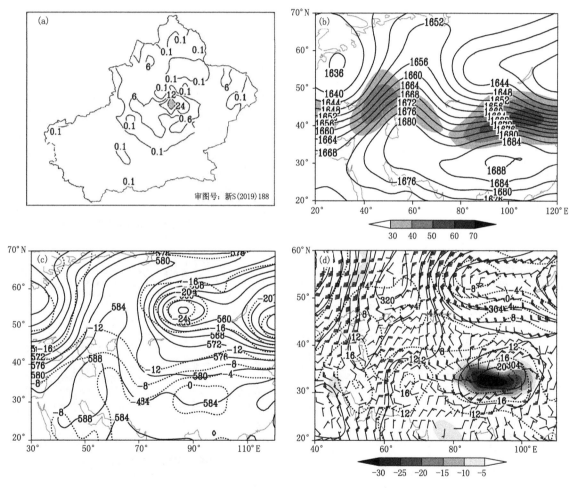

图 2-43　（a）1981 年 8 月 30 日 20 时至 31 日 20 时过程累计降水量（单位：毫米）；以及 30 日 20 时（b）100 百帕高度场（实线，单位：位势什米），阴影（单位：米/秒）表示风速≥30 米/秒的 200 百帕急流；（c）500 百帕高度场（实线，单位：位势什米），温度场（虚线，单位：℃）；（d）700 百帕高度场（实线，单位：位势什米），温度场（虚线，单位：℃），风场（单位：米/秒），水汽通量散度场（阴影，单位：10^{-6} 克/（厘米^2·百帕·秒））

2.44 1982年5月6—7日石河子市、乌鲁木齐市南部山区、昌吉州山区暴雨

【降雨实况】1982年5月6—7日(图2-44a):6日石河子市莫索湾站、乌鲁木齐市小渠子站、昌吉州天池站日降水量分别为28.6毫米、29.6毫米、32.0毫米;7日乌鲁木齐市牧试站站日降水量26.0毫米。

【天气形势】1982年5月5日20时,100百帕南亚高压呈单体型,主体在中亚南部且高压脊向北经向发展较强,长波槽位置偏东位于贝加尔湖以东;200百帕新疆处于脊前西北急流中(图2-44b)。500百帕欧亚范围为两槽一脊型,伊朗至里海与咸海的高压脊向北经向发展,南欧和东西伯利亚至巴尔喀什湖为低涡活动区,北疆受巴尔喀什湖附近低槽前偏西气流影响(图2-44c)。700百帕天山北坡为偏西气流,有风速的辐合,配合有弱的水汽通量散度辐合(图2-44d)。

此次暴雨特点是北疆整层受低槽前偏西气流影响,有风速的辐合,同时,受天山地形影响造成暴雨。

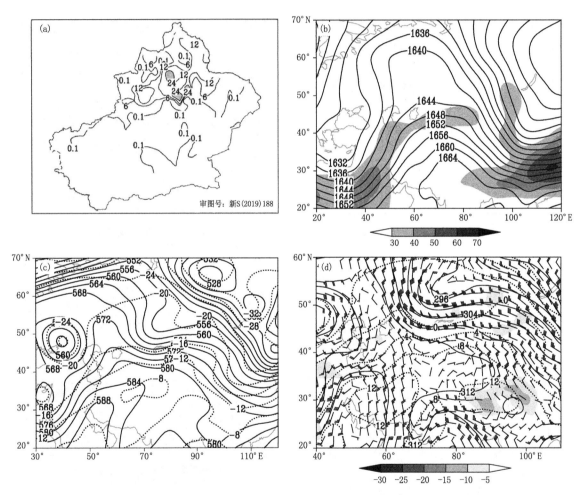

图2-44 (a)1982年5月5日20时至7日20时过程累计降水量(单位:毫米);以及5日20时(b)100百帕高度场(实线,单位:位势什米),阴影(单位:米/秒)表示风速≥30米/秒的200百帕急流;(c)500百帕高度场(实线,单位:位势什米),温度场(虚线,单位:℃);(d)700百帕高度场(实线,单位:位势什米),温度场(虚线,单位:℃),风场(单位:米/秒),水汽通量散度场(阴影,单位:10^{-6}克/(厘米²·百帕·秒))

2.45 1982 年 5 月 29—30 日克州山区、阿克苏地区西部山区暴雨

【降雨实况】1982 年 5 月 29—30 日（图 2-45a）：29 日克州乌恰站日降水量 34.1 毫米；30 日克州阿合奇站、阿克苏地区西部乌什站日降水量分别为 57.2 毫米、28.4 毫米。

【天气形势】1982 年 5 月 29 日 20 时，100 百帕南亚高压呈单体型且主体偏东经向发展，乌拉尔山为长波槽，槽底南伸至 35°N 附近；200 百帕新疆西部处于低槽前西南气流中（图 2-45b）。500 百帕欧亚范围中高纬为两脊一槽，欧洲和西伯利亚为高压脊，乌拉尔山附近为低涡，其南部中亚地区有弱波动，南疆西部受低槽前西南气流影响（图 2-45c）。700 百帕南疆盆地为东北气流（图 2-45d）。

此次暴雨特点是南疆西部中高层受中亚短波槽前西南气流影响，低层南疆盆地东北气流遇三面环山地形强迫抬升有利于辐合上升运动，造成南疆西部山区暴雨。

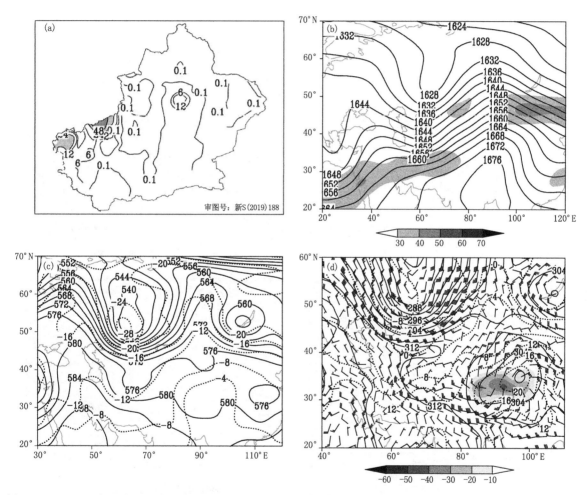

图 2-45 （a）1982 年 5 月 28 日 20 时至 30 日 20 时过程累计降水量（单位：毫米）；以及 29 日 20 时（b）100 百帕高度场（实线，单位：位势什米），阴影（单位：米/秒）表示风速≥30 米/秒的 200 百帕急流；（c）500 百帕高度场（实线，单位：位势什米），温度场（虚线，单位：℃）；（d）700 百帕高度场（实线，单位：位势什米），温度场（虚线，单位：℃），风场（单位：米/秒），水汽通量散度场（阴影，单位：10⁻⁶ 克/（厘米² · 百帕 · 秒））

2.46 1982年6月1日乌鲁木齐市、巴州北部暴雨

【降雨实况】1982年6月1日(图2-46a):乌鲁木齐市米东站、大西沟站日降水量分别为24.6毫米、24.8毫米,巴州巴仑台站、轮台站日降水量分别为45.1毫米、39.5毫米。

【天气形势】1982年5月31日20时,100百帕南亚高压呈单体型,高压脊主体偏东向北发展,西西伯利亚至中亚低槽波长短较平直;200百帕新疆处于低槽前西南急流中(图2-46b)。500百帕欧亚范围中高纬为两脊一槽纬向环流,乌拉尔山和贝加尔湖为高压脊,西西伯利亚至巴尔喀什湖为低槽活动区,北疆受低槽前西南气流影响(图2-46c)。700百帕天山北坡受低槽分裂短波影响,有偏北风与偏南风的切变,在河西走廊有10～14米/秒的偏东急流(图2-46d)。

此次暴雨特点是中高层中天山附近受低槽前西南气流影响,低层风切变及冷暖交汇明显,加之天山地形影响,造成暴雨。

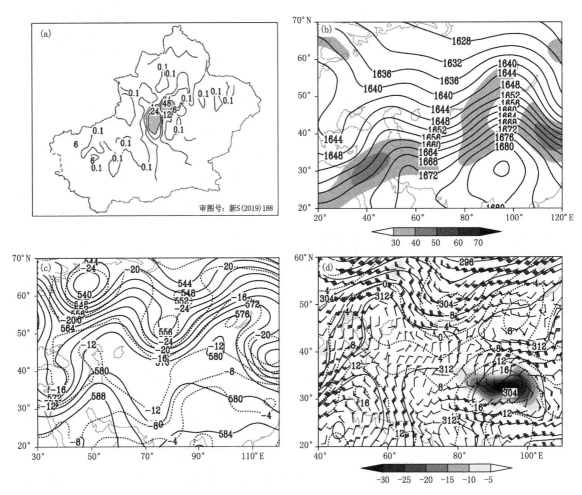

图2-46 (a)1982年5月31日20时至6月1日20时过程累计降水量(单位:毫米);以及5月31日20时(b)100百帕高度场(实线,单位:位势什米),阴影(单位:米/秒)表示风速≥30米/秒的200百帕急流;(c)500百帕高度场(实线,单位:位势什米),温度场(虚线,单位:℃);(d)700百帕高度场(实线,单位:位势什米),温度场(虚线,单位:℃),风场(单位:米/秒),水汽通量散度场(阴影,单位:10^{-6}克/(厘米^2·百帕·秒))

2.47　1982 年 6 月 8 日乌鲁木齐市南部山区、昌吉州东部暴雨

【降雨实况】1982 年 6 月 8 日(图 2-47a):乌鲁木齐市小渠子站、昌吉州天池站、木垒站日降水量分别为 28.5 毫米、52.7 毫米、28.1 毫米。

【天气形势】1982 年 6 月 7 日 20 时,100 百帕南亚高压呈单体型,高压中心位于 30°N、60°E 附近,巴尔喀什湖附近为低槽;200 百帕新疆处于低槽前西南气流中(图 2-47b)。500 百帕欧亚范围为两脊一槽的经向环流,伊朗副热带高压向北发展与里海至咸海的高压脊叠加经向度大,西西伯利亚至巴尔喀什湖为低涡,新疆受低槽前西南气流影响,下游贝加尔湖为高压脊(图 2-47c)。700 百帕北疆受低涡底部偏西气流影响,冷平流明显,天山北坡转为西北气流,有风速辐合(图 2-47d)。

此次暴雨中高层受巴尔喀什湖低涡前西南气流影响,低层北疆西北气流在天山北坡有风速的辐合,其携带冷空气遇到天山地形时强迫抬升,冷暖气流交汇有利于中天山及以东暴雨。

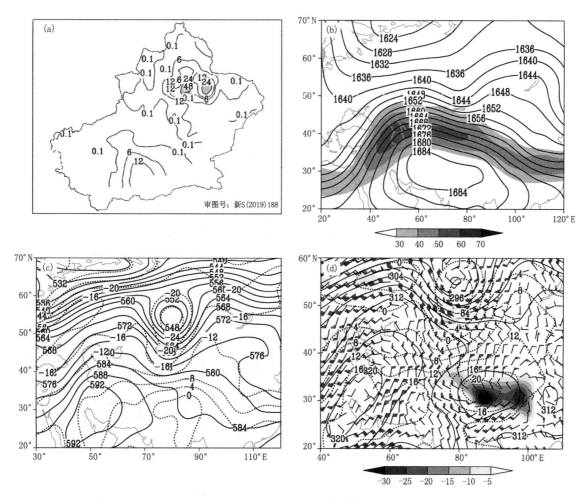

图 2-47　(a)1982 年 6 月 7 日 20 时至 8 日 20 时过程累计降水量(单位:毫米);以及 7 日 20 时(b)100 百帕高度场(实线,单位:位势什米),阴影(单位:米/秒)表示风速≥30 米/秒的 200 百帕急流;(c)500 百帕高度场(实线,单位:位势什米),温度场(虚线,单位:℃);(d)700 百帕高度场(实线,单位:位势什米),温度场(虚线,单位:℃),风场(单位:米/秒),水汽通量散度场(阴影,单位:10^{-6} 克/(厘米^2·百帕·秒))

2.48 1982年6月15—16日伊犁州、塔城地区北部暴雨

【降雨实况】1982年6月15—16日(图2-48a):15日伊犁州昭苏站日降水量31.2毫米;16日伊犁州巩留站日降水量27.2毫米,塔城地区塔城站、额敏站、托里站日降水量分别为26.2毫米、25.0毫米、25.6毫米。

【天气形势】1982年6月15日20时,100百帕南亚高压呈双体型,长波槽位于巴尔喀什湖附近;200百帕北疆西部处于低槽前西南气流中(图2-48b)。500百帕欧亚范围中高纬为两脊一槽的经向环流,乌拉尔山为经向度较大的高压脊,巴尔喀什湖为低涡,北疆西部受低涡前西南气流影响,下游新疆中东部为高压脊(图2-48c)。700百帕北疆西部受巴尔喀什湖低涡气旋性风场影响,有明显的风切变及辐合(图2-48d)。

此次暴雨特点是中高层北疆受中亚低涡前西南气流影响,700百帕北疆西部有气旋性风场辐合及切变,比湿较大,遇地形增强了垂直上升运动,产生暴雨。

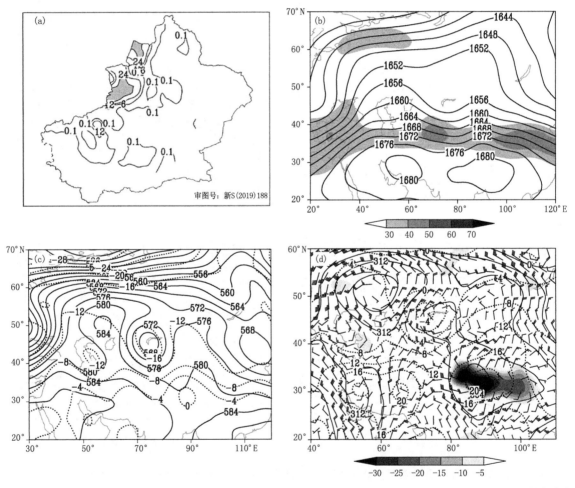

图2-48 (a)1982年6月14日20时至16日20时过程累计降水量(单位:毫米);以及15日20时(b)100百帕高度场(实线,单位:位势什米),阴影(单位:米/秒)表示风速≥30米/秒的200百帕急流;(c)500百帕高度场(实线,单位:位势什米),温度场(虚线,单位:℃);(d)700百帕高度场(实线,单位:位势什米),温度场(虚线,单位:℃),风场(单位:米/秒),水汽通量散度场(阴影,单位:10^{-6}克/(厘米^2·百帕·秒))

2.49　1982 年 8 月 24 日乌鲁木齐市南部山区、昌吉州山区暴雨

【降雨实况】1982 年 8 月 24 日（图 2-49a）：乌鲁木齐市小渠子站、大西沟站、牧试站站日降水量分别为 30.8 毫米、29.3 毫米、26.0 毫米，昌吉州天池站日降水量 34.2 毫米。

【天气形势】1982 年 8 月 23 日 20 时，100 百帕南亚高压呈带状分布，长波槽位于西伯利亚至中亚地区，槽底南伸至 35°N 附近；200 百帕北疆处于低槽前西南急流中（图 2-49b）。500 百帕欧亚范围为两脊一槽的经向环流，伊朗副热带高压与里海至咸海的高压脊叠加向北发展，经向度较大，西伯利亚至中亚为较深厚的低槽，北疆受中亚低槽前西南气流影响，下游贝加尔湖以东为高压脊（图 2-49c）。700 百帕北疆受中亚低槽前偏西气流影响，有风速的辐合及切变，冷平流明显（图 2-49d）。

此次暴雨特点是中高层北疆受中亚低槽前西南气流影响，低层北疆偏西（西北）气流的风速辐合明显，遇到天山地形时强迫抬升，有利于辐合上升运动，产生暴雨。

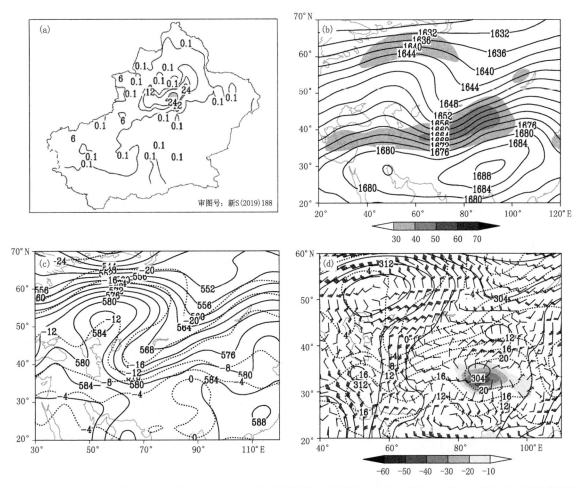

图 2-49　(a)1982 年 8 月 23 日 20 时至 24 日 20 时过程累计降水量（单位：毫米）；以及 23 日 20 时(b)100 百帕高度场（实线，单位：位势什米），阴影（单位：米/秒）表示风速≥30 米/秒的 200 百帕急流；(c)500 百帕高度场（实线，单位：位势什米），温度场（虚线，单位：℃）；(d)700 百帕高度场（实线，单位：位势什米），温度场（虚线，单位：℃），风场（单位：米/秒），水汽通量散度场（阴影，单位：10⁻⁶克/(厘米²·百帕·秒)）

2.50 1982年8月26—27日喀什地区北部东部、阿克苏地区西部暴雨

【降雨实况】1982年8月26—27日(图2-50a):26日喀什地区伽师站、岳普湖站日降水量分别为25.1毫米、30.2毫米;27日喀什地区巴楚站日降水量39.8毫米,阿克苏地区阿克苏站、温宿站、柯坪站日降水量分别为25.7毫米、26.6毫米、29.6毫米。

【天气形势】1982年8月25日20时,100百帕南亚高压呈带状分布且东部脊偏强,长波槽位于巴尔喀什湖以南的中亚地区,槽底南伸至35°N附近;200百帕新疆处于低槽前西南急流中(图2-50b)。500百帕欧亚范围中纬度为两脊一槽的经向环流,伊朗副热带高压向北发展与里海至咸海的高压脊叠加,经向度较大,巴尔喀什湖南部为低涡,涡底南伸至30°N附近,南疆西部受低涡前西南气流影响,新疆东部至贝加尔湖为高压脊(图2-50c)。700百帕在南疆西部境外有气旋性风场的辐合及切变,配合有-10×10^{-6}克/(厘米^2·百帕·秒)的水汽通量散度辐合中心(图2-50d)。

此次暴雨中高层南疆西部受中亚偏南低涡前西南气流影响,700百帕有气旋性风场的辐合及切变,低层南疆盆地偏东气流遇到昆仑山地形时强迫抬升,有利于辐合上升运动,湿度增大,造成南疆西部暴雨。

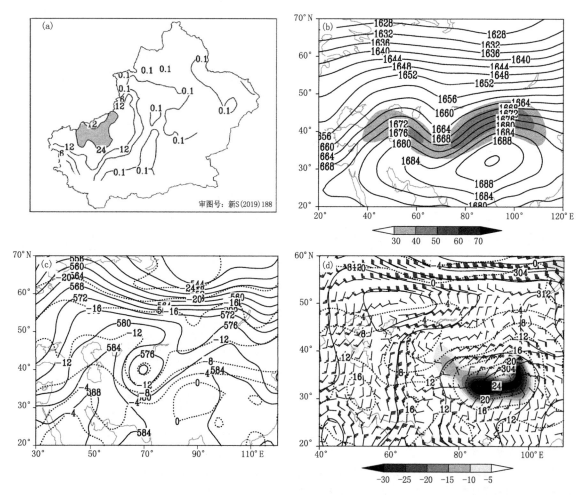

图2-50 (a)1982年8月25日20时至27日20时过程累计降水量(单位:毫米);以及25日20时(b)100百帕高度场(实线,单位:位势什米),阴影(单位:米/秒)表示风速≥30米/秒的200百帕急流;(c)500百帕高度场(实线,单位:位势什米),温度场(虚线,单位:℃);(d)700百帕高度场(实线,单位:位势什米),温度场(虚线,单位:℃),风场(单位:米/秒),水汽通量散度场(阴影,单位:10^{-6}克/(厘米^2·百帕·秒))

2.51 1983 年 5 月 31 日—6 月 2 日伊犁州东部山区、博州西部山区、塔城地区北部、昌吉州东部山区、巴州北部山区暴雨

【降雨实况】1983 年 5 月 31 日—6 月 2 日(图 2-51a):5 月 31 日塔城地区裕民站日降水量 26.7 毫米;6 月 1 日伊犁州新源站、博州温泉站日降水量分别为 27.0 毫米、34.3 毫米;6 月 2 日昌吉州天池站、巴州巴仑台站日降水量分别为 27.6 毫米、32.7 毫米。

【天气形势】1986 年 5 月 31 日 20 时,100 百帕南亚高压呈单体型,高压中心位于 30°N、100°E 附近,长波槽位于西西伯利亚至中亚地区;200 百帕北疆处于中亚低槽前西南急流中(图 2-51b)。500 百帕欧亚范围中高纬为两脊一槽的经向环流,东欧高压脊向北发展经向度大,西西伯利亚至中亚地区为低槽活动区,北疆受中亚低槽前西南气流影响,新疆东部至贝加尔湖为高压脊(图 2-51c)。700 百帕中亚低槽配合有温度槽,伊犁州有气旋性风场辐合及切变,并有 -10×10^{-6} 克/(厘米^2·百帕·秒)的水汽通量散度辐合中心,北疆西部为低槽前偏西气流,风速辐合明显,天山北坡为西北气流(图 2-51d)。

此次暴雨特点是中高层北疆受中亚低槽前西南气流影响,低层北疆西部弱的气旋性风场辐合及切变和较大比湿,加之地形影响,造成暴雨。

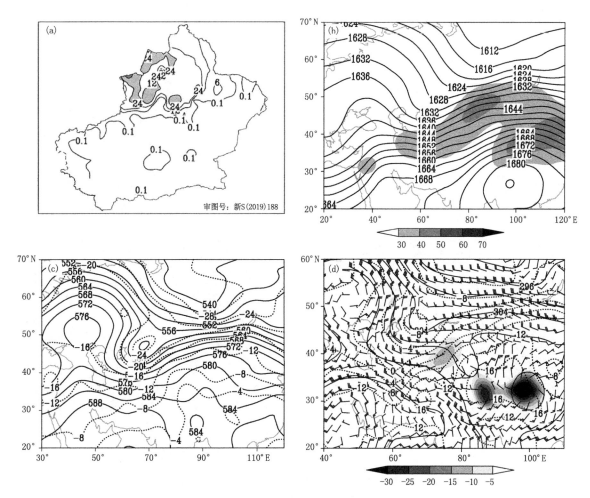

图 2-51　(a)1983 年 5 月 30 日 20 时至 6 月 2 日 20 时过程累计降水量(单位:毫米);以及 5 月 31 日 20 时(b)100 百帕高度场(实线,单位:位势什米),阴影(单位:米/秒)表示风速≥30 米/秒的 200 百帕急流;(c)500 百帕高度场(实线,单位:位势什米),温度场(虚线,单位:℃);(d)700 百帕高度场(实线,单位:位势什米),温度场(虚线,单位:℃),风场(单位:米/秒),水汽通量散度场(阴影,单位:10^{-6} 克/(厘米^2·百帕·秒))

2.52 1984年6月21—22日乌鲁木齐市、昌吉州东部、吐鲁番市暴雨

【降雨实况】1984年6月21—22日(图2-52a):21日昌吉州奇台站、木垒站和吐鲁番市鄯善站日降水量分别为26.6毫米、26.5毫米、28.8毫米;22日乌鲁木齐市乌鲁木齐站和昌吉州天池站、北塔山站日降水量分别为25.0毫米、120.4毫米、25.0毫米。

【天气形势】1984年6月20日20时,100百帕南亚高压呈双体型,长波槽位于新疆上空;200百帕新疆处于低槽前西南急流中(图2-52b)。500百帕欧亚范围为两槽一脊的经向环流,黑海至里海为低槽区,西伯利亚为宽广的高压脊区,巴尔喀什湖附近为一低涡,北疆受低涡分裂短波影响(图2-52c)。700百帕北疆受低涡影响,在中天山北坡有气旋性风场辐合及切变(图2-52d)。

此次暴雨中高层北疆受低槽(涡)影响,低层天山北坡有气旋性风场辐合及切变,遇到天山地形时强迫抬升,造成中天山以东暴雨。

【灾情】昌吉州奇台县暴雨洪水受灾497户3454人,农田400公顷颗粒无收,渠道冲毁、公路遭破坏,为该县少见。

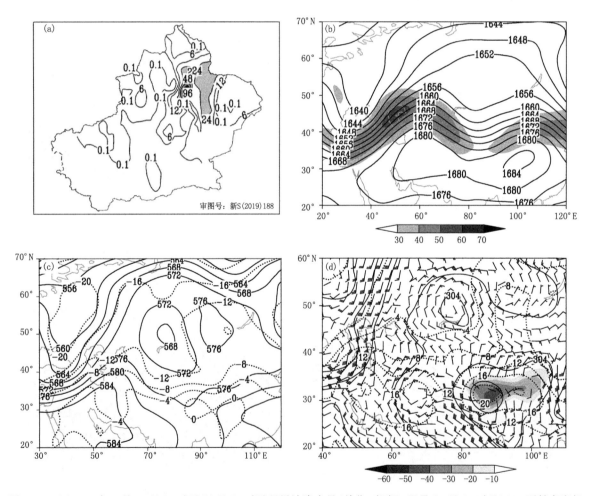

图2-52 (a)1984年6月20日20时至22日20时过程累计降水量(单位:毫米);以及20日20时(b)100百帕高度场(实线,单位:位势什米),阴影(单位:米/秒)表示风速≥30米/秒的200百帕急流;(c)500百帕高度场(实线,单位:位势什米),温度场(虚线,单位:℃);(d)700百帕高度场(实线,单位:位势什米),温度场(虚线,单位:℃),风场(单位:米/秒),水汽通量散度场(阴影,单位:10^{-6}克/(厘米^2·百帕·秒))

2.53 1984 年 7 月 9—10 日阿勒泰地区、昌吉州东部、哈密市南部暴雨

【降雨实况】1984 年 7 月 9—10 日(图 2-53a):9 日阿勒泰地区阿克达拉站、福海站日降水量分别为 49.9 毫米、28.8 毫米,昌吉州木垒站、北塔山站日降水量分别为 29.8 毫米、26.1 毫米;10 日昌吉州天池站和哈密市哈密站、红柳河站日降水量分别为 36.6 毫米、25.5 毫米、27.4 毫米。

【天气形势】1984 年 7 月 8 日 20 时,100 百帕南亚高压呈双体型且西部脊发展较强,长波槽位于新疆上空;200 百帕北疆处于低槽前偏西急流中(图 2-53b)。500 百帕欧亚范围中高纬为一脊一槽的经向环流,里海、咸海高压脊向北发展,新疆为低涡,北疆受低涡前西南气流影响(图 2-53c)。700 百帕阿勒泰地区、中天山附近、哈密市分别受气旋性风场影响,有风速的辐合及切变(图 2-53d)。

此次暴雨特点是中层北疆受低涡影响,700 百帕暴雨区有气旋性风场辐合及切变,比湿较大,低层北疆、哈密市为偏北风,遇到天山地形时强迫抬升,造成暴雨。

【灾情】阿勒泰地区福海县城民房倒塌压死 1 小孩,1 人受伤;部分库房商品淋湿损失;种羊场 105 公顷小麦受灾。

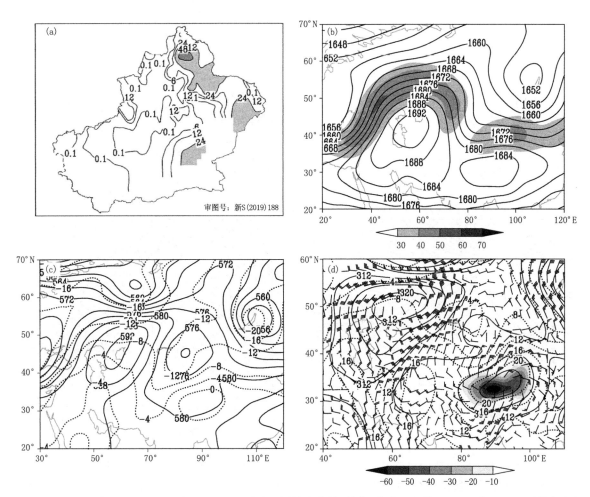

图 2-53 (a)1984 年 7 月 8 日 20 时至 10 日 20 时过程累计降水量(单位:毫米);以及 8 日 20 时(b)100 百帕高度场(实线,单位:位势什米),阴影(单位:米/秒)表示风速≥30 米/秒的 200 百帕急流;(c)500 百帕高度场(实线,单位:位势什米),温度场(虚线,单位:℃);(d)700 百帕高度场(实线,单位:位势什米),温度场(虚线,单位:℃),风场(单位:米/秒),水汽通量散度场(阴影,单位:10^{-6} 克/(厘米^2·百帕·秒))

2.54 1987年5月24日和田地区暴雨

【降雨实况】1987年5月24日(图2-54a):和田地区策勒站、于田站日降水量分别为27.1毫米、24.3毫米。

【天气形势】1987年5月23日20时,100百帕南亚高压呈单体型,主体位于青藏高原东南侧,长波槽位于西西伯利亚地区;200百帕新疆处于低槽底部偏西急流中(图2-54b)。500百帕欧亚范围中高纬为两槽一脊的经向环流,黑海和中西伯利亚为低涡,咸海至巴尔喀什湖为高压脊,北疆受低涡底部偏西气流影响,南疆西部受槽底分裂短波影响(图2-54c)。700百帕南疆西部有气旋性风场的辐合及切变,和田地区为西北气流,配合有-10×10^{-6}克/(厘米^2·百帕·秒)的水汽通量散度辐合中心(图2-54d)。

此次暴雨中高层南疆西部受低槽底部偏西气流上分裂波动影响,700百帕和田地区西北气流与低层东北气流交汇,遇到昆仑山地形时强迫抬升,有利于辐合上升运动,产生暴雨。

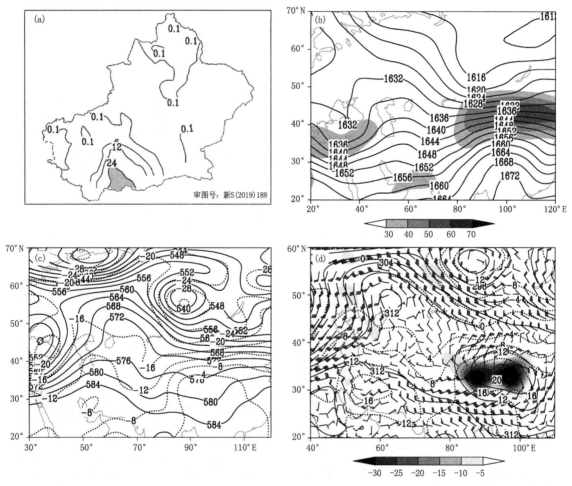

图2-54 (a)1987年5月23日20时至24日20时过程累计降水量(单位:毫米);以及23日20时(b)100百帕高度场(实线,单位:位势什米),阴影(单位:米/秒)表示风速≥30米/秒的200百帕急流;(c)500百帕高度场(实线,单位:位势什米),温度场(虚线,单位:℃);(d)700百帕高度场(实线,单位:位势什米),温度场(虚线,单位:℃),风场(单位:米/秒),水汽通量散度场(阴影,单位:10^{-6}克/(厘米^2·百帕·秒))

2.55　1987年6月3日乌鲁木齐市南部山区、昌吉州东部暴雨

【降雨实况】1987年6月3日(图2-55a):乌鲁木齐市小渠子站和昌吉州阜康站、天池站、木垒站日降水量分别为39.7毫米、24.9毫米、36.2毫米、39.3毫米。

【天气形势】1987年6月2日20时,100百帕南亚高压呈双体型,长波槽位于中亚偏南地区,槽底南伸至25°N附近;200百帕新疆处于低槽前西南急流中(图2-55b)。500百帕欧亚范围中高纬为两脊一槽的经向环流,伊朗副热带高压与里海至咸海的高压脊叠加向北经向发展,西西伯利亚为低槽区,北疆受低槽前西南气流影响,下游贝加尔湖为高压脊(图2-55c)。700百帕中天山受槽底偏西气流影响,配合有$-5\times10^{-6}\sim-10\times10^{-6}$克/(厘米^2·百帕·秒)的水汽通量散度辐合中心(图2-55d)。

此次暴雨特点是中高层北疆受低槽前西南气流影响,低层暴雨区有偏西(西北)风的风速辐合,低层湿度大,且遇到天山地形时强迫抬升,有利于辐合上升运动,产生暴雨。

【灾情】昌吉州奇台县暴雨造成水库决口,冲毁干渠65.3千米,大小桥39座,水闸18座,机井13眼,鱼池1个,高压电杆6根,民房59间,麦地193.3公顷,甜菜地60公顷,玉米地46.7公顷,淹死羊7只。

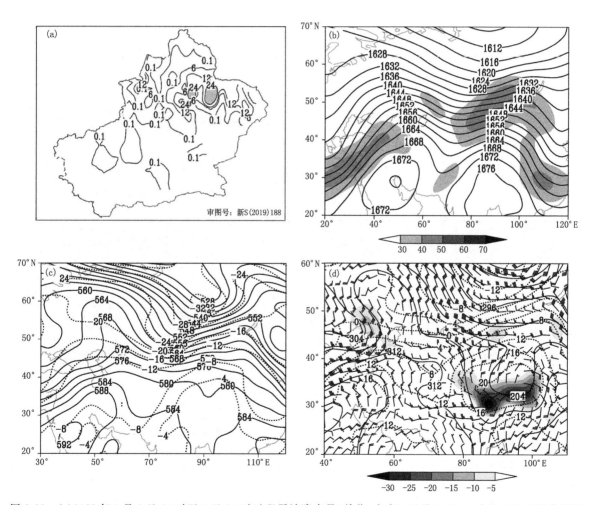

图2-55　(a)1987年6月2日20时至3日20时过程累计降水量(单位:毫米);以及2日20时(b)100百帕高度场(实线,单位:位势什米),阴影(单位:米/秒)表示风速≥30米/秒的200百帕急流;(c)500百帕高度场(实线,单位:位势什米),温度场(虚线,单位:℃);(d)700百帕高度场(实线,单位:位势什米),温度场(虚线,单位:℃),风场(单位:米/秒),水汽通量散度场(阴影,单位:10^{-6}克/(厘米^2·百帕·秒))

2.56 1987年6月9日伊犁州东部山区、塔城地区南部、乌鲁木齐市南部山区 暴雨

【降雨实况】1987年6月9日(图2-56a):伊犁州新源站、塔城地区沙湾站、乌鲁木齐市小渠子站日降水量分别为33.5毫米、36.0毫米、29.3毫米。

【天气形势】1987年6月8日20时,100百帕南亚高压呈双体型,西西伯利亚为低涡;200百帕北疆处于低涡底部偏西急流中(图2-56b)。500百帕欧亚范围中纬度为两脊一槽的经向环流,东欧为经向度较大的高压脊,西西伯利亚至中亚为低槽活动区,北疆受低槽前西南气流影响,新疆东部为浅高压脊(图2-56c)。700百帕北疆受低槽前偏西气流影响,伊犁州至天山北坡风速辐合明显(图2-56d)。

此次暴雨特点是中层北疆受低槽前西南气流影响,低层伊犁州至天山北坡北疆有弱的气旋性风场辐合及切变,比湿较大,加之地形强迫抬升,产生暴雨。

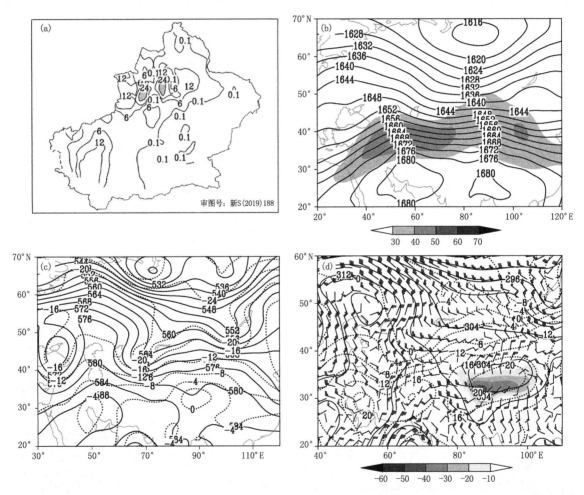

图2-56 (a)1987年6月8日20时至9日20时过程累计降水量(单位:毫米);以及8日20时(b)100百帕高度场(实线,单位:位势什米),阴影(单位:米/秒)表示风速≥30米/秒的200百帕急流;(c)500百帕高度场(实线,单位:位势什米),温度场(虚线,单位:℃);(d)700百帕高度场(实线,单位:位势什米),温度场(虚线,单位:℃),风场(单位:米/秒),水汽通量散度场(阴影,单位:10⁻⁶克/(厘米²·百帕·秒))

2.57　1987 年 6 月 11 日阿克苏地区东部、巴州北部暴雨

【降雨实况】1987 年 6 月 11 日（图 2-57a）：阿克苏地区新和站、沙雅站、库车站和巴州尉犁站日降水量分别为 30.5 毫米、58.4 毫米、30.3 毫米、45.7 毫米。

【天气形势】1987 年 6 月 10 日 20 时，100 百帕南亚高压呈双体型且西部脊偏强，长波槽位于中西伯利亚至新疆西部，槽底南伸至 35°N 附近；200 百帕南疆处于低槽前西南急流中（图 2-57b）。500 百帕欧亚范围中高纬为一脊一槽的经向环流，东欧到乌拉尔山为宽广经向度较大的高压脊，中西伯利亚至新疆为低槽活动区，南疆受低槽分裂短波影响（图 2-57c）。700 百帕南疆西部有西北风与偏西风的辐合，巴州北部受涡旋后西北气流影响（图 2-57d）。

此次暴雨特点是中高层南疆受低槽前西南气流影响，700 百帕南疆西部有风场的辐合，低层南疆盆地偏北风遇昆仑山地形时强迫抬升，有利于冷暖空气交汇，产生暴雨。

【灾情】阿克苏地区库车县农作物受灾面积 12916.7 公顷；沙雅县农作物受灾面积 12916.7 公顷；新和县农作物受灾面积 12916.7 公顷。

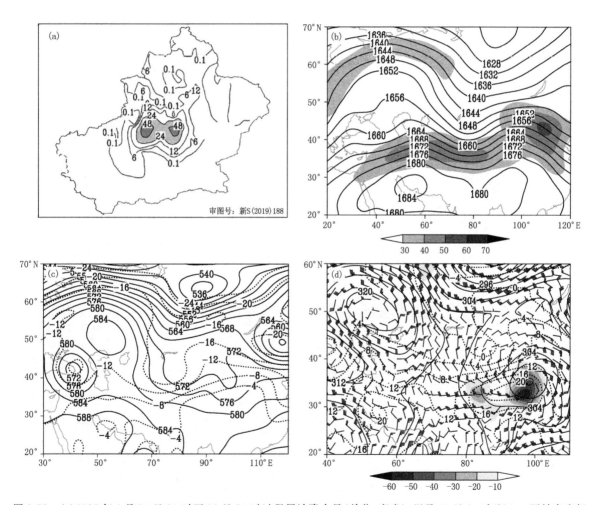

图 2-57　(a)1987 年 6 月 10 日 20 时至 11 日 20 时过程累计降水量（单位：毫米）；以及 10 日 20 时(b)100 百帕高度场（实线，单位：位势什米），阴影（单位：米/秒）表示风速≥30 米/秒的 200 百帕急流；(c)500 百帕高度场（实线，单位：位势什米），温度场（虚线，单位：℃）；(d)700 百帕高度场（实线，单位：位势什米），温度场（虚线，单位：℃），风场（单位：米/秒），水汽通量散度场（阴影，单位：10^{-6} 克/(厘米^2·百帕·秒)）

2.58 1987年6月20—22日伊犁州山区、博州、巴州北部山区暴雨

【降雨实况】1987年6月20—22日(图2-58a):20日博州博乐站日降水量29.0毫米;21日伊犁州尼勒克站、巩留站、特克斯站日降水量分别为31.1毫米、30.5毫米、29.9毫米;22日巴州巴音布鲁克站日降水量30.3毫米。

【天气形势】1987年6月20日20时,100百帕南亚高压呈双体型且西部脊发展较强,长波槽位于中亚地区并在巴尔喀什湖附近切涡,槽底南伸至30°N附近;200百帕北疆处于低槽前西南急流中(图2-58b)。500百帕欧亚范围中高纬为两脊一槽的经向环流,伊朗副热带高压向北发展与乌拉尔山高压脊叠加,经向度较大,中亚低涡位于巴尔喀什湖附近,北疆受低槽前西南气流影响,下游贝加尔湖为高压脊(图2-58c)。700百帕北疆西部受低涡影响,伊犁州、博州风场切变及辐合明显,巴州北部为偏北气流(图2-58d)。

此次暴雨特点是中高层北疆受中亚低涡前西南气流影响,低层北疆西部气旋性风场切变及辐合明显,同时受西天山地形影响,产生暴雨。

【灾情】巴州轮台县暴雨引发洪水,淹没农田666.7公顷,冲毁土地40公顷,房屋倒塌104间,损失粮食140吨;焉耆县受灾面积116.5公顷,房屋倒塌21间,死羊305只,冲毁防洪堤3千米,冲垮电站2座。

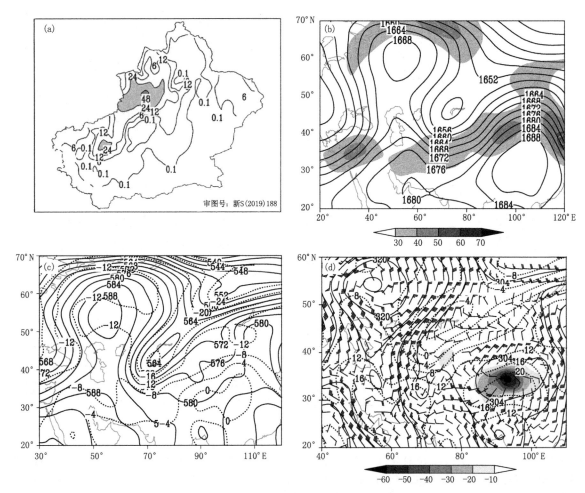

图2-58 (a)1987年6月19日20时至22日20时过程累计降水量(单位:毫米);以及20日20时(b)100百帕高度场(实线,单位:位势什米),阴影(单位:米/秒)表示风速≥30米/秒的200百帕急流;(c)500百帕高度场(实线,单位:位势什米),温度场(虚线,单位:℃);(d)700百帕高度场(实线,单位:位势什米),温度场(虚线,单位:℃),风场(单位:米/秒),水汽通量散度场(阴影,单位:10⁻⁶克/(厘米²·百帕·秒))

2.59　1987 年 7 月 15 日乌鲁木齐市、昌吉州暴雨

【降雨实况】1987 年 7 月 15 日(图 2-59a):乌鲁木齐市乌鲁木齐站和昌吉州蔡家湖站、呼图壁站日降水量分别为 34.5 毫米、27.0 毫米、38.5 毫米。

【天气形势】1987 年 7 月 14 日 20 时,100 百帕南亚高压呈双体型,低槽位于巴尔喀什湖南部;200 百帕北疆处于低槽前西南气流中(图 2-59b)。500 百帕欧亚范围为一槽一脊的经向环流,伊朗副热带高压向北发展与西伯利亚高压脊叠加东北伸,巴尔喀什湖南部为低槽,北疆受低槽分裂短波影响(图 2-59c)。700 百帕北疆为西北气流,天山北坡有风速辐合及风切变(图 2-59d)。

此次暴雨中高层受中亚低槽前西南气流影响,低层天山北坡为西北气流,风速辐合明显,遇到天山地形时强迫抬升,冷暖空气交汇剧烈,有利于产生暴雨。

【灾情】乌鲁木齐市纺织品公司仓库进水,七道湾乡超过 6.7 公顷蔬菜地也被洪水冲毁。

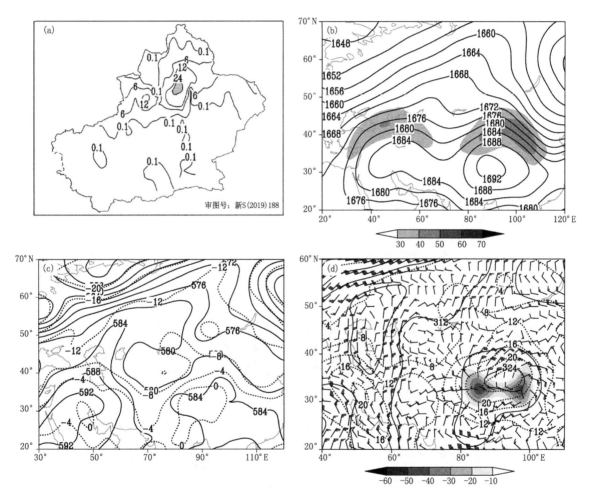

图 2-59　(a)1987 年 7 月 14 日 20 时至 15 日 20 时过程累计降水量(单位:毫米);以及 14 日 20 时(b)100 百帕高度场(实线,单位:位势什米),阴影(单位:米/秒)表示风速≥30 米/秒的 200 百帕急流;(c)500 百帕高度场(实线,单位:位势什米),温度场(虚线,单位:℃);(d)700 百帕高度场(实线,单位:位势什米),温度场(虚线,单位:℃),风场(单位:米/秒),水汽通量散度场(阴影,单位:10⁻⁶克/(厘米²·百帕·秒))

2.60 1987年7月26—27日伊犁州东部山区、乌鲁木齐市南部、昌吉州东部、巴州北部山区暴雨

【降雨实况】1987年7月26—27日(图2-60a):26日昌吉州天池站日降水量33.0毫米;27日伊犁州新源站日降水量48.3毫米,乌鲁木齐市大西沟站、达坂城站日降水量分别为37.4毫米、25.4毫米,昌吉州吉木萨尔站、奇台站日降水量分别为37.3毫米、32.0毫米,巴州巴仑台站日降水量41.4毫米。

【天气形势】1987年7月26日20时,100百帕南亚高压呈双体型,长波槽位于中亚地区,槽底南伸至35°N附近;200百帕新疆处于低槽前西南急流中(图2-60b)。500百帕欧亚范围中高纬为两脊一槽的经向环流,乌拉尔山高压脊向东北发展,西伯利亚至中亚为低槽,北疆受低槽前西南气流影响(图2-60c)。700百帕北疆受低槽分裂短波影响,伊犁州至天山北坡有风速的辐合及切变(图2-60d)。

此次暴雨特点是中高层北疆受低槽前西南气流影响,低层伊犁州至天山北坡有风速的辐合及切变,比湿较大,造成暴雨。

【灾情】昌吉州奇台县洪水冲毁农田、民房、公路桥、防洪堤、总干渠等,交通中断两天。吉木萨尔县暴雨致使山洪暴发,近50年罕见,达坂城兰新铁路93千米处的路基被冲毁,铁轨架空,通往南疆的公路被

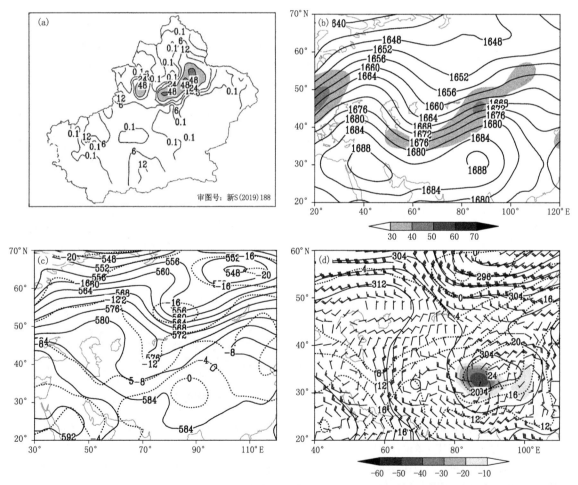

图2-60 (a)1987年7月25日20时至27日20时过程累计降水量(单位:毫米);以及26日20时(b)100百帕高度场(实线,单位:位势什米),阴影(单位:米/秒)表示风速≥30米/秒的200百帕急流;(c)500百帕高度场(实线,单位:位势什米),温度场(虚线,单位:℃);(d)700百帕高度场(实线,单位:位势什米),温度场(虚线,单位:℃),风场(单位:米/秒),水汽通量散度场(阴影,单位:10⁻⁶克/(厘米²·百帕·秒))

冲毁 11 处,火车中断近 125 小时。农作物受灾、冲毁渠道、鱼塘、损失鱼 100 吨等。吐鲁番市托克逊县洪水使人口受灾、房屋倒塌、学校及清真寺毁坏,农田、道路、渠道、树木、桥梁、防水坝、坎儿井、机井、鱼塘、磨房、粮食等受损或被洪水冲走。

2.61　1987 年 9 月 21 日伊犁州暴雨

【降雨实况】1987 年 9 月 21 日(图 2-61a):伊犁州尼勒克站、新源站日降水量分别为 25.3 毫米、29.6毫米。

【天气形势】1987 年 9 月 20 日 20 时,100 百帕南亚高压呈单体型,长波槽位于西西伯利亚至中亚;200 百帕新疆处于低槽前西南急流中(图 2-61b)。500 百帕欧亚范围为一槽一脊的纬向环流,乌拉尔山至西西伯利亚为宽广的低槽活动区,新疆西部受低槽前西南气流影响,新疆东部至贝加尔湖为高压脊(图2-61c)。700 百帕伊犁州处于槽底偏西气流中,风速辐合明显,其东南部山区有 -5×10^{-6} 克/(厘米^2·百帕·秒)的水汽通量散度辐合(图 2-61d)。

此次暴雨中高层北疆西部受低槽前西南气流影响,700 百帕伊犁州偏西气流风速辐合明显,低层有西北风与偏西风的辐合,并携带冷空气遇到伊犁河谷地形时强迫抬升,冷暖气流交汇剧烈,有利于造成暴雨。

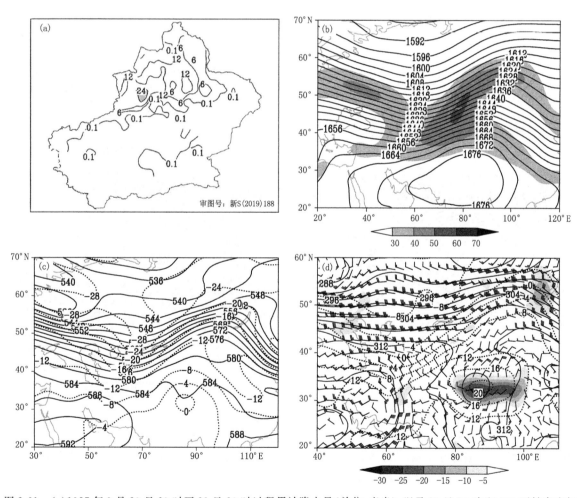

图 2-61　(a)1987 年 9 月 20 日 20 时至 21 日 20 时过程累计降水量(单位:毫米);以及 20 日 20 时(b)100 百帕高度场(实线,单位:位势什米),阴影(单位:米/秒)表示风速≥30 米/秒的 200 百帕急流;(c)500 百帕高度场(实线,单位:位势什米),温度场(虚线,单位:℃);(d)700 百帕高度场(实线,单位:位势什米),温度场(虚线,单位:℃),风场(单位:米/秒),水汽通量散度场(阴影,单位:10^{-6}克/(厘米^2·百帕·秒))

2.62 1988年6月1日乌鲁木齐市、昌吉州东部暴雨

【降雨实况】1988年6月1日(图2-62a):乌鲁木齐市乌鲁木齐站、米东站日降水量分别为28.7毫米、38.9毫米,昌吉州阜康站、天池站日降水量分别为38.9毫米、29.3毫米。

【天气形势】1988年5月31日20时,100百帕南亚高压呈单体型,主体位于青藏高原,长波槽位于乌拉尔山附近;200百帕北疆处于低槽前西南急流中(图2-62b)。500百帕欧亚范围中高纬为两脊一槽的经向环流,里海至咸海为高压脊,西伯利亚至中亚为低槽,新疆受低槽前西南气流影响,新疆东部至贝加尔湖为经向度较大的高压脊(图2-62c)。700百帕北疆处于槽前偏西气流中,风速辐合明显(图2-62d)。

此次暴雨特点是中高层北疆受中亚低槽前西南气流影响,700百帕天山北坡有风速辐合,低层为西北气流,地形影响下的风场辐合及切变明显,使得中天山附近产生暴雨。

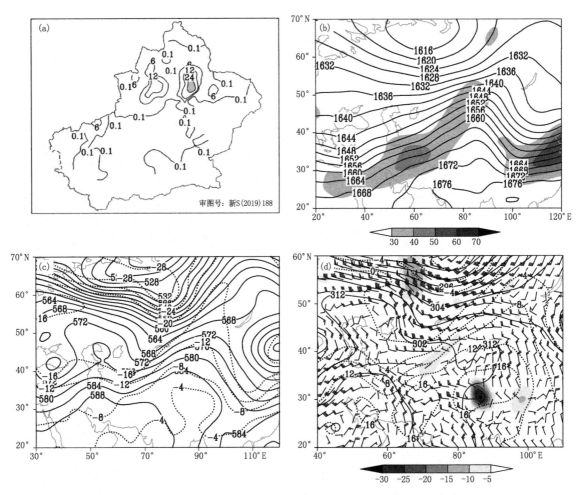

图2-62 (a)1988年5月31日20时至6月1日20时过程累计降水量(单位:毫米);以及5月31日20时(b)100百帕高度场(实线,单位:位势什米),阴影(单位:米/秒)表示风速≥30米/秒的200百帕急流;(c)500百帕高度场(实线,单位:位势什米),温度场(虚线,单位:℃);(d)700百帕高度场(实线,单位:位势什米),温度场(虚线,单位:℃),风场(单位:米/秒),水汽通量散度场(阴影,单位:10⁻⁶克/(厘米²·百帕·秒))

2.63　1988 年 7 月 23—24 日乌鲁木齐市南部山区、昌吉州东部、阿克苏地区西部、巴州南部、哈密市北部暴雨

【降雨实况】1988 年 7 月 23—24 日(图 2-63a):23 日乌鲁木齐市小渠子站、昌吉州阜康站、阿克苏地区阿瓦提站日降水量分别为 33.4 毫米、24.3 毫米、24.3 毫米;24 日昌吉州木垒站、巴州若羌站、哈密市巴里坤站日降水量分别为 39.6 毫米、40.0 毫米、46.8 毫米。

【天气形势】1988 年 7 月 22 日 20 时,100 百帕南亚高压呈双体型,长波槽位于中亚地区;200 百帕新疆处于低槽前偏西急流中(图 2-63b)。500 百帕欧亚范围为两脊一槽的经向环流,伊朗副热带高压向北发展与东欧高压脊叠加经向度较大,巴尔喀什湖附近为低涡,新疆受低涡前西南气流影响,下游新疆东部为浅高压脊(图 2-63c)。700 百帕北疆为西北气流,南疆盆地为东北气流(图 2-63d)。

此次暴雨中高层新疆受中亚低槽(涡)前西南气流影响,低层北疆西北气流携带冷空气遇到天山地形时强迫抬升,冷暖气流交汇剧烈,有利于对流触发,造成暴雨。

【灾情】阿克苏地区阿瓦提县农作物受灾面积 515 公顷。昌吉州奇台县暴雨、大风造成小麦倒伏、油葵发霉,同时南部山区开垦河水位猛涨,道路冲坏,影响交通。哈密市巴里坤县洪水冲毁防洪堤、渠道、桥涵、房屋、农田等。

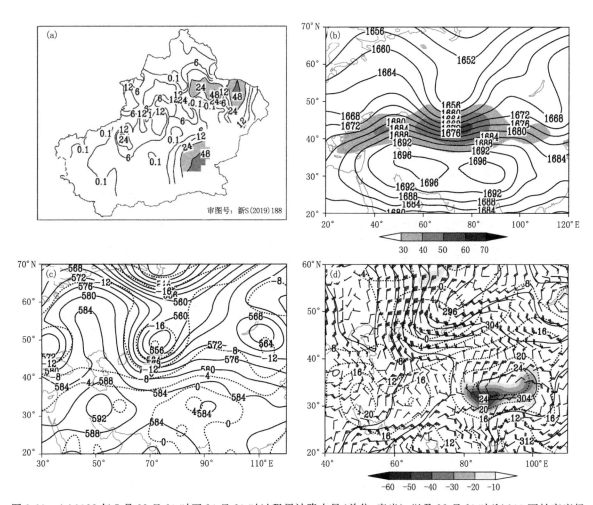

图 2-63　(a)1988 年 7 月 22 日 20 时至 24 日 20 时过程累计降水量(单位:毫米);以及 22 日 20 时(b)100 百帕高度场(实线,单位:位势什米),阴影(单位:米/秒)表示风速≥30 米/秒的 200 百帕急流;(c)500 百帕高度场(实线,单位:位势什米),温度场(虚线,单位:℃);(d)700 百帕高度场(实线,单位:位势什米),温度场(虚线,单位:℃),风场(单位:米/秒),水汽通量散度场(阴影,单位:10⁻⁶克/(厘米²·百帕·秒))

2.64 1988年9月27—28日阿勒泰地区东部、乌鲁木齐市、昌吉州东部山区暴雨

【降雨实况】1988年9月27—28日(图2-64a):27日乌鲁木齐市乌鲁木齐站、米东站日降水量分别为31.0毫米、24.3毫米;28日阿勒泰地区青河站、乌鲁木齐市达坂城站、昌吉州天池站日降水量分别为33.3毫米、24.1毫米、57.4毫米。

【天气形势】1988年9月27日20时,100百帕南亚高压呈带状分布,巴尔喀什湖附近为较平直的低槽;200百帕新疆处于偏西急流中(图2-64b)。500百帕欧亚范围为两支锋区型,且槽脊系统反位相叠加,西伯利亚为宽广的高压脊,巴尔喀什湖附近为低涡,呈北脊南涡形势,北疆受低涡前西南气流影响(图2-64c)。700百帕北疆受低涡影响,阿勒泰地区东部、中天山附近有风场的辐合及切变(图2-64d)。

此次暴雨中高层受巴尔喀什湖低槽(涡)前西南气流影响,低层阿勒泰地区东部、中天山附近有风场的辐合及切变,遇阿勒泰山脉和天山地形强迫抬升,有利于产生暴雨。

【灾情】暴雨造成乌鲁木齐市达坂城区局部发生洪水灾害,损坏房屋、粮食、公路、铁路等。

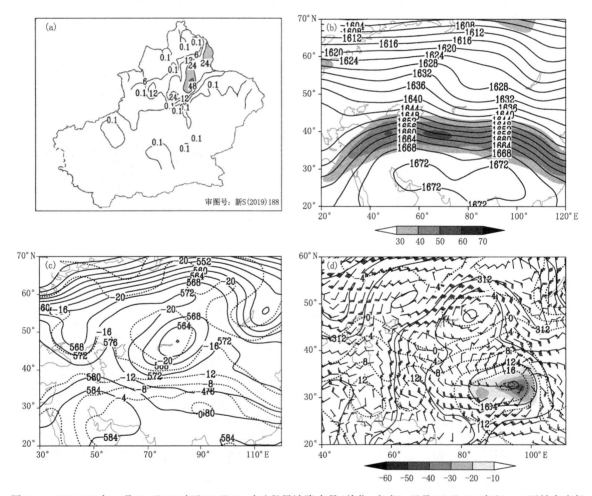

图2-64 (a)1988年9月26日20时至28日20时过程累计降水量(单位:毫米);以及27日20时(b)100百帕高度场(实线,单位:位势什米),阴影(单位:米/秒)表示风速≥30米/秒的200百帕急流;(c)500百帕高度场(实线,单位:位势什米),温度场(虚线,单位:℃);(d)700百帕高度场(实线,单位:位势什米),温度场(虚线,单位:℃),风场(单位:米/秒),水汽通量散度场(阴影,单位:10^{-6}克/(厘米^2·百帕·秒))

2.65 1989 年 6 月 30 日—7 月 1 日伊犁州、乌鲁木齐市、昌吉州东部暴雨

【降雨实况】1989 年 6 月 30 日—7 月 1 日(图 2-65a):6 月 30 日乌鲁木齐市乌鲁木齐站、小渠子站日降水量分别为 24.2 毫米、46.1 毫米,昌吉州天池站、木垒站日降水量分别为 48.2 毫米、33.7 毫米;7 月 1 日伊犁州尼勒克站、昌吉州北塔山站日降水量分别为 24.8 毫米、35.1 毫米。

【天气形势】1989 年 6 月 29 日 20 时,100 百帕南亚高压呈带状分布,高压主体偏西位于东欧附近;200 百帕新疆处于偏西急流中(图 2-65b)。500 百帕欧亚范围为两脊一槽的经向环流,伊朗副热带高压向北发展与东欧脊叠加经向度较大,巴尔喀什湖附近为低槽,北疆受低槽前西南气流影响,下游新疆东部为高压脊(图 2-65c)。700 百帕北疆处于低槽前偏西气流中,有风速的辐合(图 2-65d)。

此次暴雨中高层北疆受巴尔喀什湖低槽前偏西(西南)气流影响,低层伊犁州至天山北坡偏西风风速辐合明显,北疆西北气流遇到天山地形时强迫抬升,冷暖气流交汇有利于对流触发,造成暴雨。

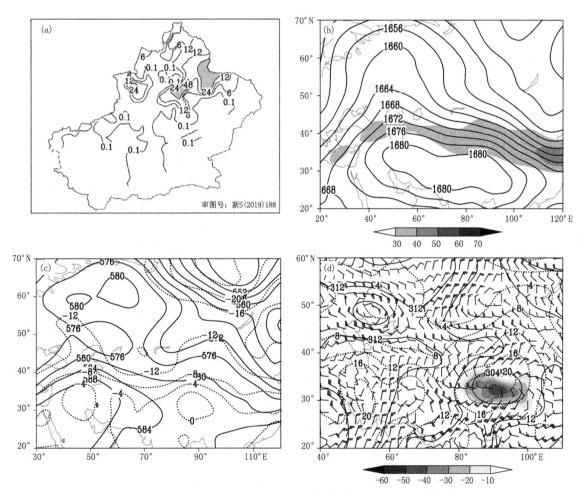

图 2-65 (a)1989 年 6 月 29 日 20 时至 7 月 1 日 20 时过程累计降水量(单位:毫米);以及 6 月 29 日 20 时(b)100 百帕高度场(实线,单位:位势什米),阴影(单位:米/秒)表示风速≥30 米/秒的 200 百帕急流;(c)500 百帕高度场(实线,单位:位势什米),温度场(虚线,单位:℃);(d)700 百帕高度场(实线,单位:位势什米),温度场(虚线,单位:℃),风场(单位:米/秒),水汽通量散度场(阴影,单位:10⁻⁶克/(厘米²·百帕·秒))

2.66 1989年7月19日阿勒泰地区北部、乌鲁木齐市南部山区、巴州北部山区暴雨

【降雨实况】1989年7月19日(图2-66a)：阿勒泰地区阿克达拉站、乌鲁木齐市大西沟站、巴州巴仑台站日降水量分别为24.5毫米、24.3毫米、33.1毫米。

【天气形势】1989年7月18日20时，100百帕南亚高压呈双体型，且西部脊偏强经向度大，长波槽位于西伯利亚至巴尔喀什湖附近；200百帕新疆处于低槽前西南急流中(图2-66b)。500百帕欧亚范围为一脊一槽的经向环流，伊朗副热带高压向北发展与乌拉尔山高压脊叠加经向度大，西伯利亚至巴尔喀什湖为低涡槽，北疆受低槽前西南气流影响(图2-66c)。700百帕北疆处于低槽前偏西气流中，有风速的辐合，阿勒泰地区北部有气旋性风场辐合及切变(图2-66d)。

此次暴雨中高层北疆受巴尔喀什湖低槽前西南气流影响，低层天山北坡偏西风风速辐合明显，阿勒泰地区北部有气旋性风场辐合及切变，北疆湿度较大，遇到地形时强迫抬升，冷暖气流交汇有利于对流触发，造成暴雨。

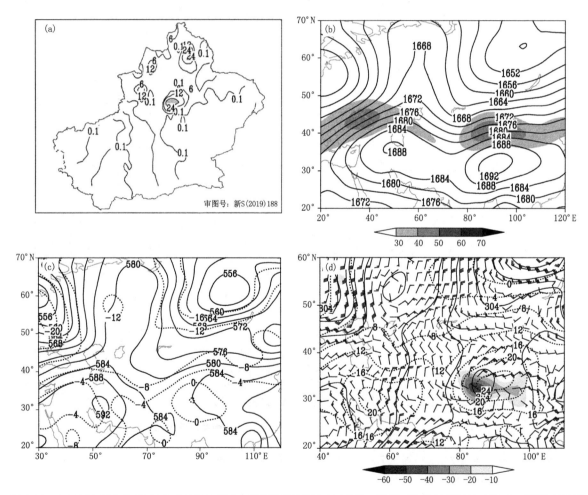

图2-66 (a)1989年7月18日20时至19日20时过程累计降水量(单位：毫米)；以及18日20时(b)100百帕高度场(实线，单位：位势什米)，阴影(单位：米/秒)表示风速≥30米/秒的200百帕急流；(c)500百帕高度场(实线，单位：位势什米)，温度场(虚线，单位：℃)；(d)700百帕高度场(实线，单位：位势什米)，温度场(虚线，单位：℃)，风场(单位：米/秒)，水汽通量散度场(阴影，单位：10^{-6}克/(厘米^2·百帕·秒))

2.67 1989 年 8 月 28 日喀什地区、克州北部山区暴雨

【降雨实况】1989 年 8 月 28 日(图 2-67a):喀什地区岳普湖站、塔什库尔干站和克州阿合奇站日降水量分别为 39.7 毫米、24.6 毫米、24.8 毫米。

【天气形势】1989 年 8 月 27 日 20 时,100 百帕南亚高压呈双体型,长波槽位于中亚地区,槽底南伸至 30°N 附近;200 百帕新疆西部处于低槽前西南急流中(图 2-67b)。500 百帕欧亚范围中低纬环流经向度较大,为两脊一槽,伊朗副热带高压与里海高压脊叠加,下游新疆东部为浅高压脊,中亚及其以南地区为低槽活动,南疆西部受中亚低槽前西南气流影响(图 2-67c)。700 百帕南疆西部有明显气旋性风场辐合与切变,并有 -15×10^{-6} 克/(厘米^2·百帕·秒)的水汽通量散度辐合中心,南疆盆地为偏东气流(图 2-67d)。

此次暴雨特点是中高层南疆西部受中亚偏南低槽影响,700 百帕有明显气旋性风场辐合与切变,低层南疆盆地偏东气流遇到昆仑山地形时强迫抬升,有利于辐合上升运动,"东西夹攻"形势下产生暴雨。

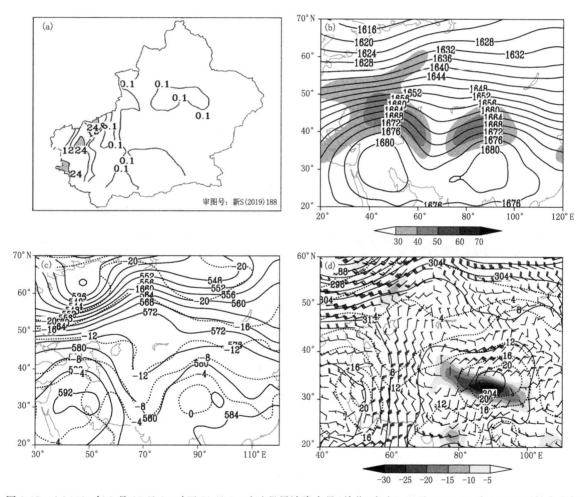

图 2-67 (a)1989 年 8 月 27 日 20 时至 28 日 20 时过程累计降水量(单位:毫米);以及 27 日 20 时(b)100 百帕高度场(实线,单位:位势什米),阴影(单位:米/秒)表示风速≥30 米/秒的 200 百帕急流;(c)500 百帕高度场(实线,单位:位势什米),温度场(虚线,单位:℃);(d)700 百帕高度场(实线,单位:位势什米),温度场(虚线,单位:℃),风场(单位:米/秒),水汽通量散度场(阴影,单位:10^{-6}克/(厘米^2·百帕·秒))

2.68 1990年6月15日昌吉州东部、巴州北部山区暴雨

【降雨实况】1990年6月15日(图2-68a):昌吉州吉木萨尔站、奇台站、天池站日降水量分别为24.5毫米、26.9毫米、44.9毫米,巴州巴仑台站日降水量26.4毫米。

【天气形势】1990年6月14日20时,100百帕南亚高压呈单体型,中心位于青藏高原上空,中亚至新疆处于西风带中;200百帕北疆处于西风气流中(图2-68b)。500百帕欧亚范围为两脊一槽的经向环流,伊朗副热带高压与乌拉尔山高压脊叠加向北发展,40°N以南的中亚至青藏高原受584位势什米等高线控制,西伯利亚至巴尔喀什湖附近为低槽活动区,北疆受中亚低槽前西南气流影响,下游新疆东部至贝加尔湖为高压脊(图2-68c)。700百帕北疆受弱短波影响,天山北坡有西北风与偏西风的切变(图2-68d)。

此次暴雨特点是在中高层北疆受中亚低槽前西南气流影响,700百帕中天山附近有风切变,低层偏北气流遇到天山地形动力强迫抬升增强,同时低层有一定湿度,有利于天山山区及昌吉州东部产生暴雨。

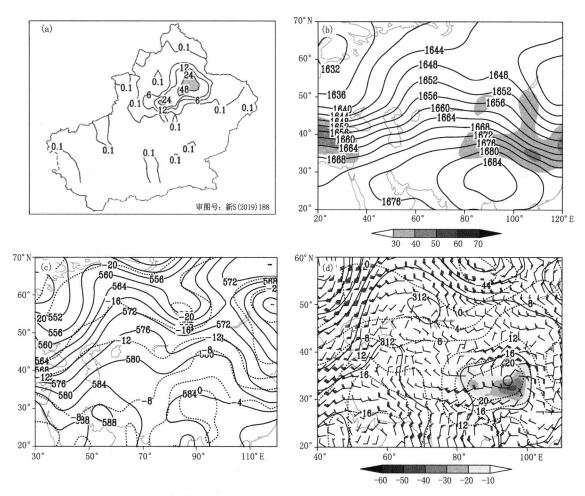

图2-68 (a)1990年6月14日20时至15日20时过程累计降水量(单位:毫米);以及14日20时(b)100百帕高度场(实线,单位:位势什米),阴影(单位:米/秒)表示风速≥30米/秒的200百帕急流;(c)500百帕高度场(实线,单位:位势什米),温度场(虚线,单位:℃);(d)700百帕高度场(实线,单位:位势什米),温度场(虚线,单位:℃),风场(单位:米/秒),水汽通量散度场(阴影,单位:10⁻⁶克/(厘米²·百帕·秒))

2.69 1990 年 7 月 23—24 日博州西部山区、乌鲁木齐市南部山区、昌吉州东部暴雨

【降雨实况】1990 年 7 月 23—24 日（图 2-69a）：23 日昌吉州天池站日降水量 40.0 毫米；24 日博州温泉站日降水量 29.1 毫米，乌鲁木齐市小渠子站日降水量 24.9 毫米，昌吉州天池站、木垒站日降水量分别为 44.5 毫米、43.8 毫米。

【天气形势】1990 年 7 月 23 日 20 时，100 百帕南亚高压呈双体型，长波槽位于中亚地区；200 百帕北疆处于低槽前西南急流中（图 2-69b）。500 百帕欧亚范围中高纬为两槽两脊的经向环流，乌拉尔山和贝加尔湖为高压脊，西西伯利亚至中亚为低槽区，北疆受低槽前西南气流影响（图 2-69c）。700 百帕博州西部为偏西气流，有风速的辐合，天山北坡为西北气流（图 2-69d）。

此次暴雨中高层北疆受中亚低槽前西南气流影响，低层博州偏西气流、天山北坡西北气流配合一定的比湿区，地形影响下的风场辐合明显，产生暴雨。

【灾情】博州温泉县城暴雨引起洪水。

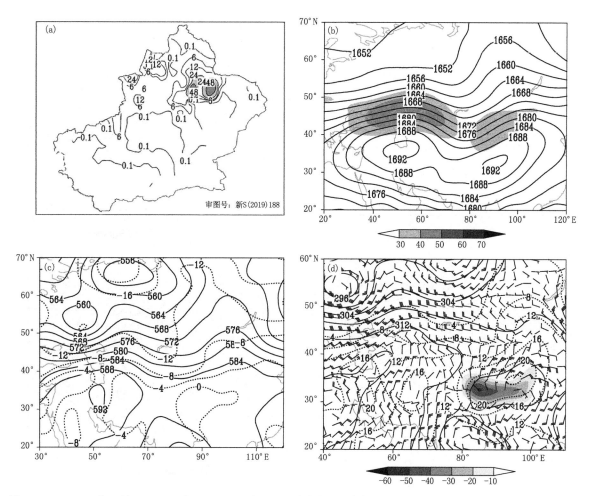

图 2-69 （a）1990 年 7 月 22 日 20 时至 24 日 20 时过程累计降水量（单位：毫米）；以及 23 日 20 时（b）100 百帕高度场（实线，单位：位势什米），阴影（单位：米/秒）表示风速≥30 米/秒的 200 百帕急流；（c）500 百帕高度场（实线，单位：位势什米），温度场（虚线，单位：℃）；（d）700 百帕高度场（实线，单位：位势什米），温度场（虚线，单位：℃），风场（单位：米/秒），水汽通量散度场（阴影，单位：10^{-6} 克/（厘米^2·百帕·秒））

2.70 1991年6月7日伊犁州暴雨

【降雨实况】1991年6月7日(图2-70a):伊犁州尼勒克站、昭苏站日降水量分别为32.0毫米、38.3毫米。

【天气形势】1991年6月6日20时,100百帕南亚高压呈单体型,中心位于25°N、25°E附近;200百帕北疆西部处于脊前西北急流中(图2-70b)。500百帕欧亚范围为两槽一脊,里海至咸海北部和蒙古为低槽区,巴尔喀什湖至西西伯利亚为经向度较大的高压脊,北疆受高压脊前西北气流控制(图2-70c)。700百帕北疆西部为偏西气流(图2-70d)。

此次暴雨特点是中高层新疆西部受高压脊前西北急流影响,低层伊犁州偏西(西北)气流辐合明显,地形强迫抬升有利于伊犁州山区出现对流,产生暴雨。

【灾情】伊犁州察布查尔县察渠、察南渠漫堤决口,毁坏分水闸9座、桥7座;阔洪奇乡、坎乡发生洪水,冲坏自来水管道100米,冲坏蓄电池一座,察南渠淤积1200米,房屋倒塌298间,农作物受损面积260公顷。

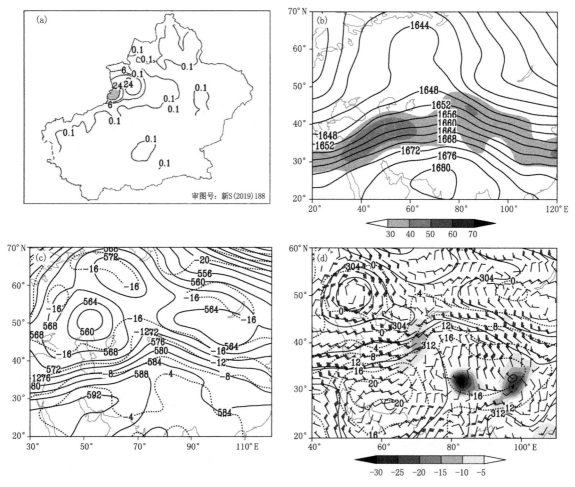

图2-70 (a)1991年6月6日20时至7日20时过程累计降水量(单位:毫米);以及6日20时(b)100百帕高度场(实线,单位:位势什米),阴影(单位:米/秒)表示风速≥30米/秒的200百帕急流;(c)500百帕高度场(实线,单位:位势什米),温度场(虚线,单位:℃);(d)700百帕高度场(实线,单位:位势什米),温度场(虚线,单位:℃),风场(单位:米/秒),水汽通量散度场(阴影,单位:10⁻⁶克/(厘米²·百帕·秒))

2.71　1991 年 8 月 2 日昌吉州东部暴雨

【降雨实况】1991 年 8 月 2 日(图 2-71a):昌吉州北塔山站、吉木萨尔站、天池站、木垒站日降水量分别为 24.3 毫米、24.3 毫米、63.0 毫米、30.0 毫米。

【天气形势】1991 年 8 月 1 日 20 时,100 百帕南亚高压呈带状分布,长波槽位于西西伯利亚至巴尔喀什湖附近;200 百帕北疆处于槽底西风急流中(图 2-71b)。500 百帕欧亚范围为两脊一槽的经向环流,里海和蒙古至贝加尔湖为高压脊,西西伯利亚至中亚为低槽,北疆受中亚低槽前西南气流影响(图 2-71c)。700 百帕北疆为西北或偏北气流(图 2-71d)。

此次暴雨特点是中高层北疆受中亚低槽前西南气流影响,低层天山北坡西北气流,配合一定的比湿区,地形强迫抬升明显,使得昌吉州东部出现暴雨。

【灾情】上游山区暴雨使吐鲁番市托克逊县发生洪水,损坏房屋 66 间,倒塌房屋 66 间,农作物受灾面积 64.7 公顷,冲毁防洪坝 3950 米,冲毁坎尔井 1 条。

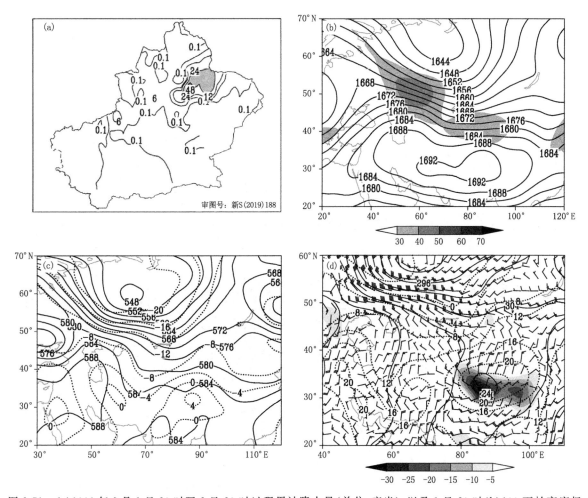

图 2-71　(a)1991 年 8 月 1 日 20 时至 2 日 20 时过程累计降水量(单位:毫米);以及 1 日 20 时(b)100 百帕高度场(实线,单位:位势什米),阴影(单位:米/秒)表示风速≥30 米/秒的 200 百帕急流;(c)500 百帕高度场(实线,单位:位势什米),温度场(虚线,单位:℃);(d)700 百帕高度场(实线,单位:位势什米),温度场(虚线,单位:℃),风场(单位:米/秒),水汽通量散度场(阴影,单位:10⁻⁶克/(厘米²·百帕·秒))

2.72　1992年6月18日阿克苏地区东部暴雨

【降雨实况】1992年6月18日(图2-72a):阿克苏地区新和站、沙雅站、库车站日降水量分别为36.6毫米、40.2毫米、29.6毫米。

【天气形势】1992年6月17日20时,100百帕南亚高压呈单体型,中心位于青藏高原南部上空,长波槽位于咸海至巴尔喀什湖附近;200百帕南疆西部处于低槽前西南急流中(图2-72b)。500百帕欧亚范围为两脊一槽的经向环流,伊朗副热带高压向北发展与乌拉尔山高压脊叠加,经向度大,蒙古至贝加尔湖为高压脊,西西伯利亚为低涡,槽底南伸至38°N,南疆西部受低槽前西南气流影响(图2-72c)。700百帕南疆西部有风场的辐合及切变,南疆盆地为偏东气流(图2-72d)。

此次暴雨特点是南疆西部中高层受中亚低槽前西南气流影响,低层阿克苏地区有风场辐合及切变,南疆盆地的偏东气流遇昆仑山及西天山地形强迫抬升明显,"东西夹攻"形势下造成阿克苏地区暴雨。

【灾情】阿克苏地区库车县农作物受灾面积579.7公顷,县粮仓有250吨粮食进水,房屋倒塌225间,小麦、玉米等农作物受损面积579.7公顷。

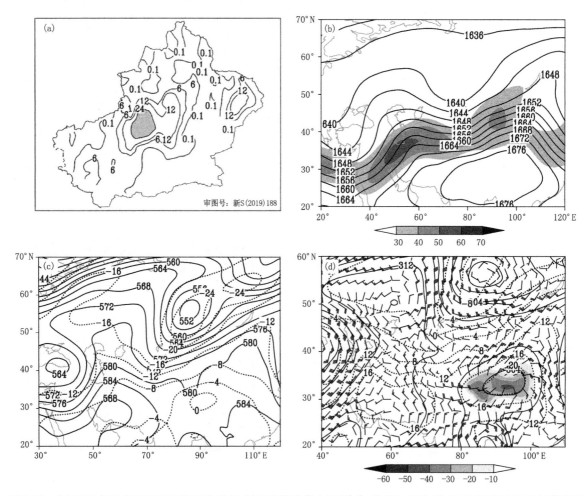

图2-72　(a)1992年6月17日20时至18日20时过程累计降水量(单位:毫米);以及17日20时(b)100百帕高度场(实线,单位:位势什米),阴影(单位:米/秒)表示风速≥30米/秒的200百帕急流;(c)500百帕高度场(实线,单位:位势什米),温度场(虚线,单位:℃);(d)700百帕高度场(实线,单位:位势什米),温度场(虚线,单位:℃),风场(单位:米/秒),水汽通量散度场(阴影,单位:10⁻⁶克/(厘米²·百帕·秒))

2.73　1992 年 9 月 1 日伊犁州南部山区、阿勒泰地区东部、乌鲁木齐市南部山区、昌吉州东部山区暴雨

【降雨实况】1992 年 9 月 1 日(图 2-73a)：伊犁州特克斯站、阿勒泰地区富蕴站、乌鲁木齐市小渠子站、昌吉州天池站日降水量分别为 29.4 毫米、24.4 毫米、29.8 毫米、36.6 毫米。

【天气形势】1992 年 8 月 31 日 20 时，100 百帕南亚高压呈单体型，中心位于青藏高原西部上空，长波槽位于西西伯利亚至中亚地区；200 百帕北疆处于低槽前西南急流中(图 2-73b)。500 百帕欧亚范围为两脊一槽的纬向环流，里海附近和蒙古至贝加尔湖为高压脊，西西伯利亚至中亚为低槽，北疆受低槽前西南气流影响(图 2-73c)。700 百帕北疆受低槽前偏西(西南)气流影响，风速辐合明显，阿勒泰地区东部有 -10×10^{-6} 克/(厘米^2·百帕·秒)的水汽通量散度辐合中心(图 2-73d)。

此次暴雨特点是中高层北疆受中亚低槽前西南气流影响，低层伊犁州偏西急流、天山北坡西北气流及阿勒泰地区东部西南气流辐合及地形强迫抬升明显，造成暴雨。

【灾情】阿勒泰地区富蕴县暴雨造成水灾，68 户房屋进水，55 吨小麦被浸泡发芽，200 公顷小麦遭冰雹袭击，53 万块土块被冲走，500 米大渠被泥沙淤塞，3 个涵洞被冲毁，2081 千克草料发霉，4 公顷蔬菜被

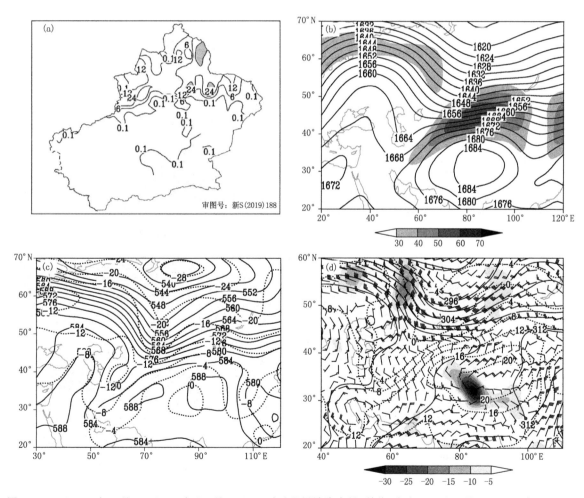

图 2-73　(a)1992 年 8 月 31 日 20 时至 9 月 1 日 20 时过程累计降水量(单位：毫米)；以及 8 月 31 日 20 时(b)100 百帕高度场(实线，单位：位势什米)，阴影(单位：米/秒)表示风速≥30 米/秒的 200 百帕急流；(c)500 百帕高度场(实线，单位：位势什米)，温度场(虚线，单位：℃)；(d)700 百帕高度场(实线，单位：位势什米)，温度场(虚线，单位：℃)，风场(单位：米/秒)，水汽通量散度场(阴影，单位：10^{-6} 克/(厘米^2·百帕·秒))

淹,6.7公顷小麦在田里不能脱粒,三处涵洞被冲毁,道路及主干渠多处被冲毁或淤塞。

2.74 1993年5月11—12日喀什地区、克州、和田地区暴雨

【降雨实况】1993年5月11—12日(图2-74a):11日喀什地区喀什站和克州阿图什站、阿克陶站日降水量分别为24.1毫米、26.4毫米、28.4毫米;12日喀什地区麦盖提站、克州乌恰站、和田地区皮山站日降水量分别为27.4毫米、42.8毫米、32.8毫米。

【天气形势】1993年5月10日20时,100百帕南亚高压呈单体型,高压主体偏东,中心位于25°N、90°E附近,长波槽位于西西伯利亚至中亚;200百帕南疆西部处于低槽前西南急流中(图2-74b)。500百帕欧亚范围为两脊一槽的经向环流,伊朗副热带高压向北发展与东欧高压脊叠加,经向度较大,西西伯利亚至中亚为低槽活动区,南疆西部受低槽前西南气流影响,下游蒙古至贝加尔湖为浅高压脊(图2-74c)。700百帕南疆西部有气旋性风场的辐合及切变,对应有-15×10^{-6}克/(厘米^2·百帕·秒)的水汽通量散度辐合中心(图2-74d)。

此次暴雨特点是中高层南疆西部受中亚低槽前西南气流影响,700百帕有气旋性风场的辐合及切变,低层南疆盆地为偏东急流,地形强迫抬升明显,配合一定的水汽,"东西夹攻"形势下造成南疆西部暴雨。

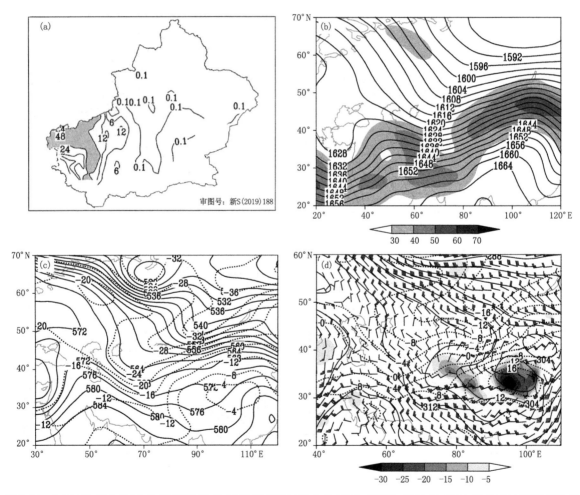

图2-74 (a)1993年5月10日20时至12日20时过程累计降水量(单位:毫米);以及10日20时(b)100百帕高度场(实线,单位:位势什米),阴影(单位:米/秒)表示风速≥30米/秒的200百帕急流;(c)500百帕高度场(实线,单位:位势什米),温度场(虚线,单位:℃);(d)700百帕高度场(实线,单位:位势什米),温度场(虚线,单位:℃),风场(单位:米/秒),水汽通量散度场(阴影,单位:10^{-6}克/(厘米^2·百帕·秒))

2.75　1993 年 5 月 26—27 日伊犁州南部山区、博州、喀什地区北部山区、巴州北部山区暴雨

【降雨实况】1993 年 5 月 26—27 日(图 2-75a):26 日伊犁州昭苏站日降水量 41.0 毫米,博州博乐站、温泉站日降水量分别为 25.0 毫米、26.9 毫米,喀什地区托云站日降水量 38.3 毫米;27 日巴州巴仑台站日降水量 33.2 毫米。

【天气形势】1993 年 5 月 25 日 20 时,100 百帕南亚高压呈单体型,中心位于伊朗高原南部,乌拉尔山北部为深厚的低涡;200 百帕新疆西部处于低涡槽前西南急流中(图 2-75b)。500 百帕欧亚范围为两脊一槽的经向环流,南欧为浅高压脊,西西伯利亚至中亚为低槽,新疆西部受低槽前西南气流影响,伊朗副热带高压向东北发展与新疆东部至贝加尔湖的高压脊叠加,经向度大(图 2-75c)。700 百帕北疆西部为偏西急流,风速辐合明显,南疆西部有西风与东风的辐合与切变(图 2-75d)。

此次暴雨特点是中高层新疆西部受中亚低槽前西南气流影响,低层北疆西部偏西急流、南疆偏东气流遇地形强迫抬升明显,配合一定的比湿区,造成新疆西部暴雨。

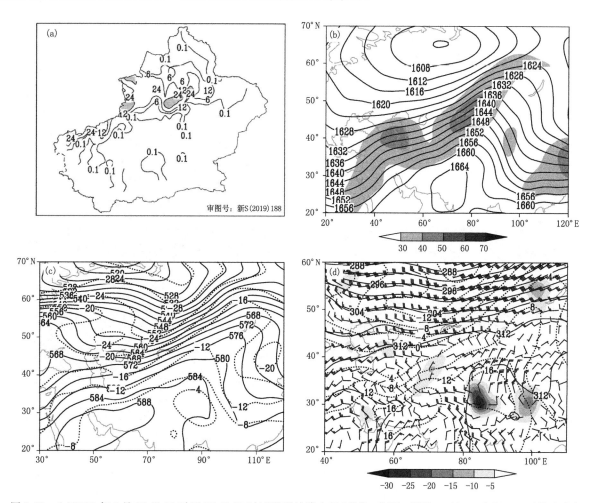

图 2-75　(a)1993 年 5 月 25 日 20 时至 27 日 20 时过程累计降水量(单位:毫米);以及 25 日 20 时(b)100 百帕高度场(实线,单位:位势什米),阴影(单位:米/秒)表示风速≥30 米/秒的 200 百帕急流;(c)500 百帕高度场(实线,单位:位势什米),温度场(虚线,单位:℃);(d)700 百帕高度场(实线,单位:位势什米),温度场(虚线,单位:℃),风场(单位:米/秒),水汽通量散度场(阴影,单位:10⁻⁶ 克/(厘米²・百帕・秒))

2.76　1993年6月8—9日塔城地区南部、昌吉州东部山区、巴州暴雨

【降雨实况】1993年6月8—9日(图2-76a):8日塔城地区乌苏站、沙湾站和昌吉州天池站日降水量分别为29.3毫米、26.5毫米、29.1毫米;9日巴州尉犁站、铁干里克站日降水量分别为32.2毫米、33.5毫米。

【天气形势】1993年6月7日20时,100百帕南亚高压呈单体型,高压中心位于25°N、80°E附近,长波槽位于南欧地区;200百帕新疆处于南压高压北部偏西急流中(图2-76b)。500百帕欧亚范围中纬度为西风带纬向环流,西西伯利亚为低涡,新疆受低涡底部西风带分裂短波影响(图2-76c)。700百帕南北疆为偏北气流(图2-76d)。

此次暴雨特点是中高层北疆受西西伯利亚低涡底部西风带上短波影响,低层偏北气流遇到地形强迫抬升,有利于产生暴雨。

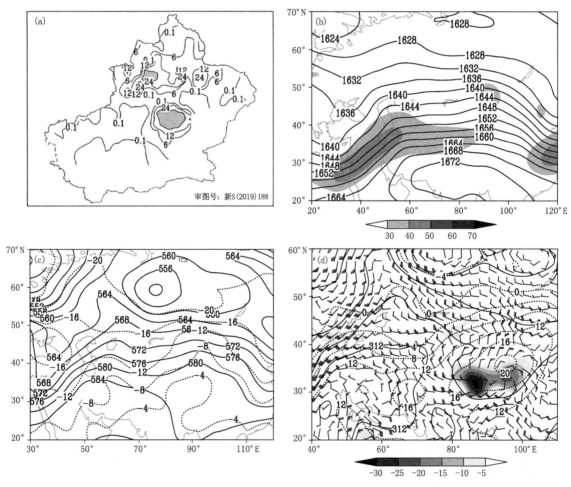

图2-76　(a)1993年6月7日20时至9日20时过程累计降水量(单位:毫米);以及7日20时(b)100百帕高度场(实线,单位:位势什米),阴影(单位:米/秒)表示风速≥30米/秒的200百帕急流;(c)500百帕高度场(实线,单位:位势什米),温度场(虚线,单位:℃);(d)700百帕高度场(实线,单位:位势什米),温度场(虚线,单位:℃),风场(单位:米/秒),水汽通量散度场(阴影,单位:10^{-6}克/(厘米^2·百帕·秒))

2.77 1993 年 7 月 27 日阿勒泰地区暴雨

【降雨实况】1993 年 7 月 27 日(图 2-77a):阿勒泰地区阿勒泰站、富蕴站日降水量分别为 41.2 毫米、28.2 毫米。

【天气形势】1993 年 7 月 26 日 20 时,100 百帕南亚高压呈双体型,长波槽位于西西伯利亚至中亚地区,槽底南伸至 35°N 附近;200 百帕阿勒泰地区处于低槽前西南急流中(图 2-77b)。500 百帕欧亚范围为两脊一槽的经向环流,伊朗副热带高压向北发展至咸海,西西伯利亚至中亚地区为低槽,阿勒泰地区受低槽前西南气流影响,新疆东部至贝加尔湖为经向度较大的高压脊(图 2-77c)。700 百帕阿勒泰地区东部有偏西风与西南风的切变(图 2-77d)。

此次暴雨特点是中高层受西西伯利亚至中亚低槽前西南气流影响,700 百帕为暖切变,配合一定湿区,低层西北气流遇地形强迫抬升,冷暖气流交汇有利于对流,造成阿勒泰地区东部暴雨。

【灾情】阿勒泰市暴雨使乌拉斯沟、哈拉苏山沟 5 条沟暴发山洪,农作物受灾面积 380 公顷,207 公顷小麦绝收,淹没草场 147 公顷,损失牲畜 73 头(只),冲毁防洪渠 298 千米,防洪大坝 10 千米,大龙口、闸门、桥、桥涵、水泵等受损,倒塌住房 154 间,城区到汗德尕特 10 千米沥青路基被冲坏;冲走车辆 6 辆、通信线路 1 千米。

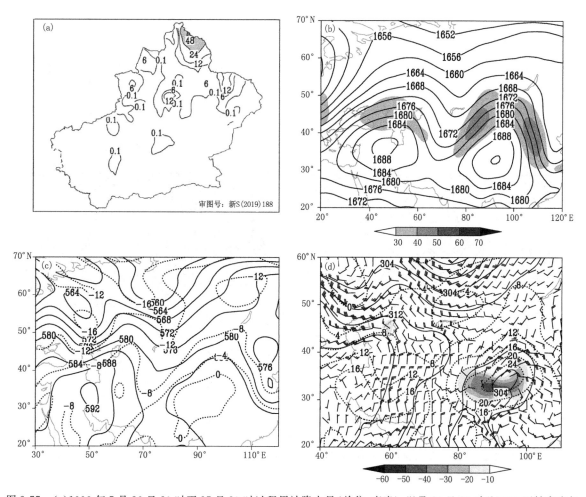

图 2-77 (a)1993 年 7 月 26 日 20 时至 27 日 20 时过程累计降水量(单位:毫米);以及 26 日 20 时(b)100 百帕高度场(实线,单位:位势什米),阴影(单位:米/秒)表示风速≥30 米/秒的 200 百帕急流;(c)500 百帕高度场(实线,单位:位势什米),温度场(虚线,单位:℃);(d)700 百帕高度场(实线,单位:位势什米),温度场(虚线,单位:℃),风场(单位:米/秒),水汽通量散度场(阴影,单位:10⁻⁶克/(厘米²·百帕·秒))

2.78 1993年7月30日伊犁州、乌鲁木齐市南部山区、巴州北部山区暴雨

【降雨实况】1993年7月30日(图2-78a):伊犁州霍尔果斯站、乌鲁木齐市大西沟站、巴州巴仑台站日降水量分别为28.9毫米、24.5毫米、28.0毫米。

【天气形势】1993年7月29日20时,100百帕南亚高压呈双体型,且西部高压脊偏强,长波槽位于西西伯利亚至巴尔喀什湖附近;200百帕北疆处于低槽前偏西南急流中(图2-78b)。500百帕欧亚范围为两脊一槽的经向环流,伊朗副热带高压向北发展与东欧高压脊叠加经向度较大,西西伯利亚至巴尔喀什湖为低槽,北疆受低槽前西南气流影响,下游新疆东部至贝加尔湖为高压脊(图2-78c)。700百帕北疆西部受低槽前偏西气流影响,风速辐合明显,天山北坡为弱的西北气流(图2-78d)。

此次暴雨特点是中高层北疆受中亚低槽前西南气流影响,低层北疆西部偏西气流辐合明显,天山北坡弱的西北气流,遇到地形强迫抬升,配合较大比湿区,产生暴雨。

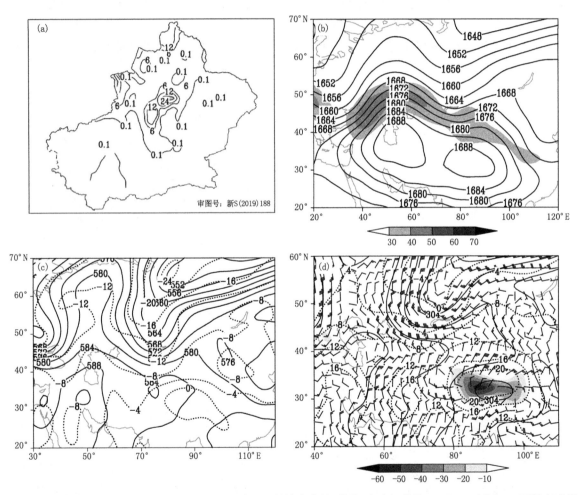

图2-78 (a)1993年7月29日20时至30日20时过程累计降水量(单位:毫米);以及29日20时(b)100百帕高度场(实线,单位:位势什米),阴影(单位:米/秒)表示风速≥30米/秒的200百帕急流;(c)500百帕高度场(实线,单位:位势什米),温度场(虚线,单位:℃);(d)700百帕高度场(实线,单位:位势什米),温度场(虚线,单位:℃),风场(单位:米/秒),水汽通量散度场(阴影,单位:10⁻⁶克/(厘米²·百帕·秒))

2.79　1993 年 8 月 20 日昌吉州东部山区、巴州北部山区、和田地区东部暴雨

【降雨实况】1993 年 8 月 20 日(图 2-79a)：昌吉州天池站日降水量 26.6 毫米，巴州巴仑台站、巴音布鲁克站日降水量分别 42.3 毫米、26.7 毫米，和田地区于田站日降水量 28.2 毫米。

【天气形势】1993 年 8 月 19 日 20 时，100 百帕南亚高压呈双体型，长波槽位于中亚地区；200 百帕新疆处于低槽前西南急流中(图 2-79b)。500 百帕欧亚范围中高纬为两脊两槽的经向环流，伊朗副热带高压向北发展与里海至咸海的高压脊叠加，新疆东部至西伯利亚的高压脊经向度较大，巴尔喀什湖北部和贝加尔湖为低涡，新疆受低涡前西南气流影响(图 2-79c)。700 百帕巴州为西南气流，有风切变及风速辐合，昌吉州东部为西北气流，南疆塔里木盆地为偏东气流，和田地区东部有风速的辐合和−15×10⁻⁶克/(厘米²·百帕·秒)的水汽通量散度辐合(图 2-79d)。

此次暴雨特点是中高层新疆受中亚低涡槽前西南气流影响，低层巴州有风切变及风速辐合，昌吉州东部西北气流、南疆盆地偏东气流遇到地形强迫抬升，冷暖交汇有利于产生暴雨。

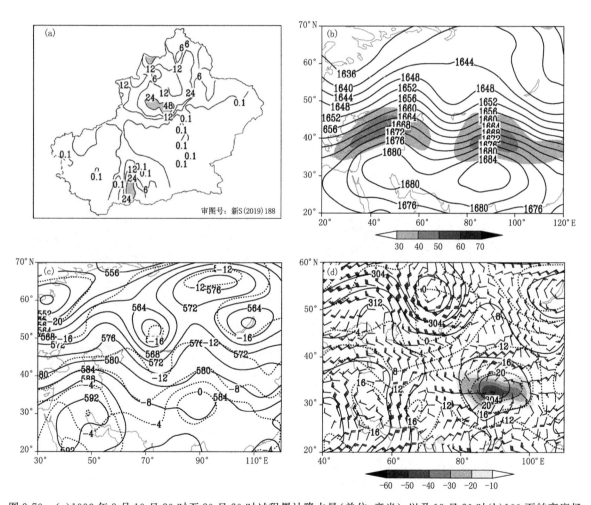

图 2-79　(a)1993 年 8 月 19 日 20 时至 20 日 20 时过程累计降水量(单位：毫米)；以及 19 日 20 时(b)100 百帕高度场(实线，单位：位势什米)，阴影(单位：米/秒)表示风速≥30 米/秒的 200 百帕急流；(c)500 百帕高度场(实线，单位：位势什米)，温度场(虚线，单位：℃)；(d)700 百帕高度场(实线，单位：位势什米)，温度场(虚线，单位：℃)，风场(单位：米/秒)，水汽通量散度场(阴影，单位：10⁻⁶克/(厘米²·百帕·秒))

2.80 1994年6月4日昌吉州东部暴雨

【降雨实况】1994年6月4日(图2-80a):昌吉州奇台站、木垒站日降水量分别为30.6毫米、32.9毫米。

【天气形势】1994年6月3日20时,100百帕南亚高压呈单体型,高压中心位于25°N、100°E附近,长波槽位于西伯利亚至新疆上空;200百帕新疆处于低槽前西南急流中(图2-80b)。500百帕欧亚范围为两脊两槽的经向环流,西西伯利亚和贝加尔湖为高压脊,南欧为低槽,中西伯利亚至新疆为低涡槽,北疆受低槽前西南气流影响(图2-80c)。700百帕天山北坡受低槽影响,有风切变及辐合(图2-80d)。

此次暴雨特点是中高层北疆受中亚低槽前西南气流影响,700百帕昌吉州东部有风切变及辐合,低层天山北坡为西北气流,遇到地形强迫抬升明显,造成昌吉州东部暴雨。

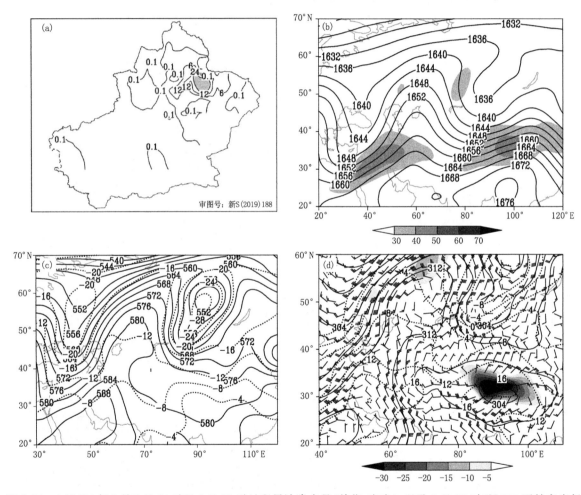

图2-80 (a)1994年6月3日20时至4日20时过程累计降水量(单位:毫米);以及3日20时(b)100百帕高度场(实线,单位:位势什米),阴影(单位:米/秒)表示风速≥30米/秒的200百帕急流;(c)500百帕高度场(实线,单位:位势什米),温度场(虚线,单位:℃);(d)700百帕高度场(实线,单位:位势什米),温度场(虚线,单位:℃),风场(单位:米/秒),水汽通量散度场(阴影,单位:10⁻⁶克/(厘米²·百帕·秒))

2.81 1995 年 7 月 9 日阿勒泰地区北部、乌鲁木齐市南部山区暴雨

【降雨实况】1995 年 7 月 9 日(图 2-81a):阿勒泰地区阿克达拉站日降水量 47.7 毫米,乌鲁木齐市小渠子站、牧试站站日降水量分别为 26.1 毫米、30.6 毫米。

【天气形势】1995 年 7 月 8 日 20 时,100 百帕南亚高压呈带状分布;200 百帕北疆处于高压北部偏西急流中(图 2-81b)。500 百帕中纬度为西风带纬向环流,多短波槽活动,北疆受西风带短波影响(图 2-81c)。700 百帕阿勒泰地区为偏西气流,风速辐合明显,天山北坡为西北气流(图 2-81d)。

此次暴雨特点是中高层北疆受西风带分裂短波槽影响,低层有较好的地形辐合与强迫抬升,造成暴雨。

【灾情】阿勒泰市红墩乡,汗德尕特乡遭洪水袭击,造成农作物绝收 31 公顷,草场被毁 90 公顷。

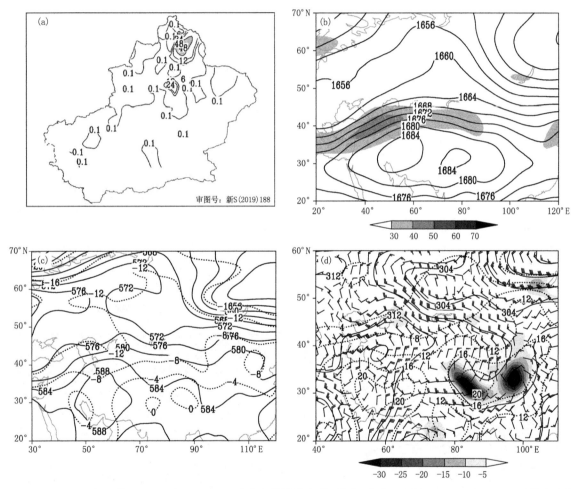

图 2-81 (a)1995 年 7 月 8 日 20 时至 9 日 20 时过程累计降水量(单位:毫米);以及 8 日 20 时(b)100 百帕高度场(实线,单位:位势什米),阴影(单位:米/秒)表示风速≥30 米/秒的 200 百帕急流;(c)500 百帕高度场(实线,单位:位势什米),温度场(虚线,单位:℃);(d)700 百帕高度场(实线,单位:位势什米),温度场(虚线,单位:℃),风场(单位:米/秒),水汽通量散度场(阴影,单位:10⁻⁶克/(厘米²·百帕·秒))

2.82 1995年7月20日乌鲁木齐市南部山区、昌吉州东部、哈密市北部暴雨

【降雨实况】1995年7月20日(图2-82a):乌鲁木齐市小渠子站日降水量47.6毫米,昌吉州奇台站、木垒站日降水量分别为27.2毫米、33.2毫米,哈密市巴里坤站日降水量64.1毫米。

【天气形势】1995年7月19日20时,100百帕南亚高压呈单体型,且高压主体偏西,长波槽位于西伯利亚至北疆上空,200百帕北疆处于低槽前西南急流中(图2-82b)。500百帕欧亚范围为两脊一槽的经向环流,伊朗副热带高压向北发展与东欧高压脊叠加,环流经向度大,西伯利亚至新疆为低槽,北疆受低槽前西南气流影响,下游蒙古至贝加尔湖为高压脊(图2-82c)。700百帕北疆为偏西气流,天山北坡有风速辐合(图2-82d)。

此次暴雨特点是中高层北疆受低槽前西南气流影响,低层有较好的地形辐合与强迫抬升,配合一定的比湿区,产生暴雨。

【灾情】哈密市巴里坤县军马场一带遭受严重暴雨洪涝灾害。洪水冲毁涝坝、渠道、低压管道、防洪堤、淤积渠道等,淹没机井、农田、草料基地等,其中53.3公顷农作物绝收,洪水冲倒房屋、冲毁围栏、各类棚圈、损失大小牲畜2343头(只)。

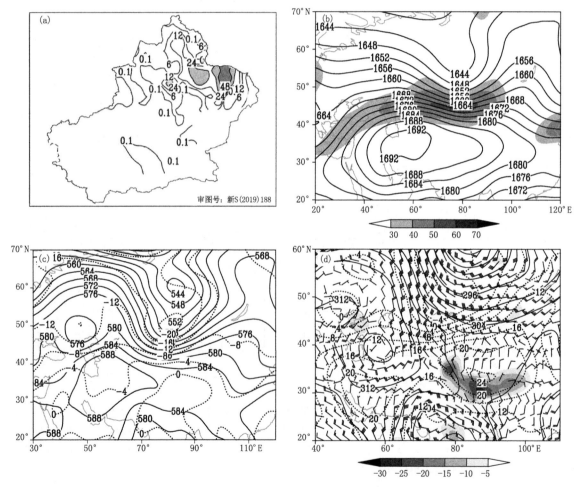

图2-82 (a)1995年7月19日20时至20日20时过程累计降水量(单位:毫米);以及19日20时(b)100百帕高度场(实线,单位:位势什米),阴影(单位:米/秒)表示风速≥30米/秒的200百帕急流;(c)500百帕高度场(实线,单位:位势什米),温度场(虚线,单位:℃);(d)700百帕高度场(实线,单位:位势什米),温度场(虚线,单位:℃),风场(单位:米/秒),水汽通量散度场(阴影,单位:10^{-6}克/(厘米²·百帕·秒))

2.83　1995 年 9 月 5—6 日克州山区、和田地区暴雨

【降雨实况】1995 年 9 月 5—6 日(图 2-83a):5 日和田地区策勒站、于田站日降水量分别为 27.4 毫米、43.5 毫米;6 日克州乌恰站日降水量 24.9 毫米。

【天气形势】1995 年 9 月 4 日 20 时,100 百帕南亚高压呈单体型,高压主体偏东,中心位于 35°N、100°E附近,长波槽位于中亚地区,槽底南伸至 35°N;200 百帕南疆西部处于低槽前西南急流中(图 2-83b)。500 百帕欧亚范围为两脊一槽的经向环流,伊朗副热带高压向北发展与东欧高压脊叠加,经向度大,巴尔喀什湖及以南中亚地区为低槽,南疆西部受中亚低槽前西南气流影响,下游蒙古为高压脊(图 2-83c)。700 百帕南疆盆地为偏东气流,和田地区有 -25×10^{-6} 克/(厘米^2·百帕·秒)的水汽通量散度辐合中心(图 2-83d)。

此次暴雨特点是中高层南疆西部受中亚低槽前西南气流影响,低层南疆盆地偏东气流携带冷空气,遇昆仑山地形强迫抬升明显,配合较好的水汽辐合区和比湿区,造成暴雨。

【灾情】和田地区墨玉县玉米、棉花、水稻、葡萄等共 2372 公顷受灾,倒塌房屋、蚕室、棚圈等,严重漏雨房屋 15290 间,蚕室 7837 间,蚕茧死亡 1129 盒,死亡牲畜 819 只(头)。

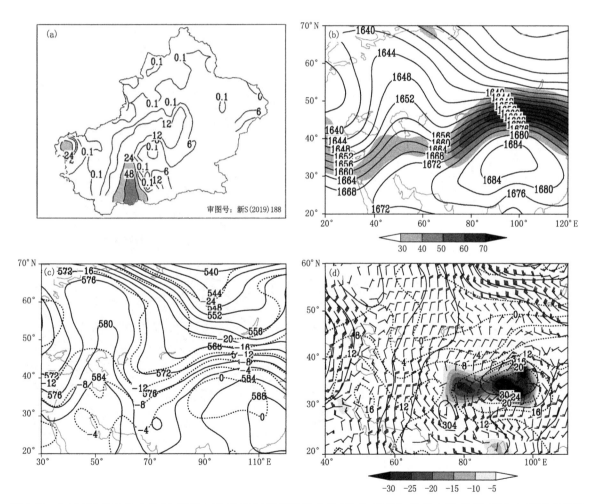

图 2-83　(a)1995 年 9 月 4 日 20 时至 6 日 20 时过程累计降水量(单位:毫米);以及 4 日 20 时(b)100 百帕高度场(实线,单位:位势什米),阴影(单位:米/秒)表示风速≥30 米/秒的 200 百帕急流;(c)500 百帕高度场(实线,单位:位势什米),温度场(虚线,单位:℃);(d)700 百帕高度场(实线,单位:位势什米),温度场(虚线,单位:℃),风场(单位:米/秒),水汽通量散度场(阴影,单位:10^{-6}克/(厘米^2·百帕·秒))

2.84 1996 年 7 月 25—28 日乌鲁木齐市南部山区、昌吉州东部、巴州北部、哈密市北部暴雨

【降雨实况】1996 年 7 月 25—28 日(图 2-84a):25 日乌鲁木齐市大西沟站日降水量 29.2 毫米,巴州巴仑台站、和静站日降水量分别为 40.6 毫米、35.6 毫米;26 日乌鲁木齐市小渠子站、昌吉州木垒站日降水量分别为 32.1 毫米、75.9 毫米;27 日昌吉州木垒站日降水量 25.8 毫米;28 日哈密市巴里坤站日降水量 27.3 毫米。

【天气形势】1996 年 7 月 24 日 20 时,100 百帕南亚高压呈双体型且西部脊偏强,经向度大,长波槽位于新疆上空;200 百帕北疆处于低槽前西南急流中(图 2-84b)。500 百帕欧亚范围为两脊一槽经向环流,伊朗副热带高压向北发展与咸海高压脊叠加,环流经向度较大,巴尔喀什湖至北疆为低槽活动区,北疆不断受中亚低槽分裂短波影响,下游河套地区至贝加尔湖为高压脊(图 2-84c)。700 百帕北疆为西北气流(图 2-84d)。

此次暴雨特点是中高层北疆受中亚低槽不断分裂短波影响,低层西北气流遇天山地形风速辐合及动力强迫抬升明显,配合一定的比湿区,造成暴雨。

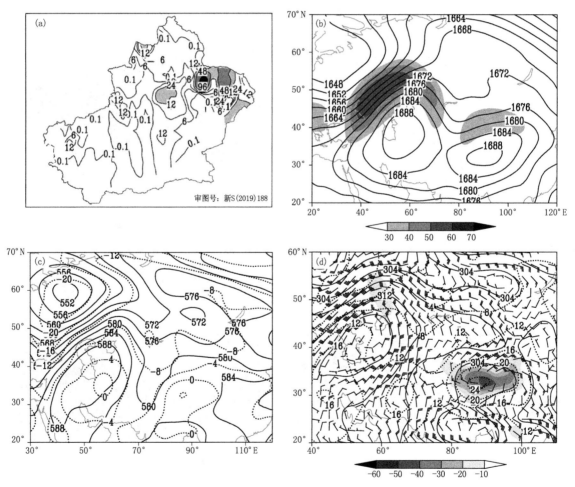

图 2-84 (a)1996 年 7 月 24 日 20 时至 28 日 20 时过程累计降水量(单位:毫米);以及 24 日 20 时(b)100 百帕高度场(实线,单位:位势什米),阴影(单位:米/秒)表示风速≥30 米/秒的 200 百帕急流;(c)500 百帕高度场(实线,单位:位势什米),温度场(虚线,单位:℃);(d)700 百帕高度场(实线,单位:位势什米),温度场(虚线,单位:℃),风场(单位:米/秒),水汽通量散度场(阴影,单位:10⁻⁶克/(厘米²·百帕·秒))

【灾情】哈密市巴里坤县暴雨使农业受灾面积 2903 公顷,绝收面积 6383 公顷,粮食损失 6101 吨,死亡牲畜 1078 头,23161 人受灾;损害房屋 797 间。

2.85　1996 年 8 月 2—3 日伊犁州南部山区、昌吉州东部山区暴雨

【降雨实况】1996 年 8 月 2—3 日(图 2-85a):2 日伊犁州昭苏站、特克斯站日降水量分别为 25.3 毫米、24.9 毫米;3 日昌吉州天池站日降水量 42.2 毫米。

【天气形势】1996 年 8 月 1 日 20 时,100 百帕南亚高压呈带状分布,西西伯利亚地区长波槽较平直;200 百帕北疆处于低槽前偏西急流中(图 2-85b)。500 百帕欧亚范围中高纬为两脊一槽的经向环流,伊朗副热带高压向北发展与里海至咸海高压脊叠加,西西伯利亚至中亚为低槽,北疆受低槽前西南气流影响,下游新疆东部至贝加尔湖为经向度较大的高压脊(图 2-85c)。700 百帕伊犁州受低槽前偏西气流影响,有风切变(图 2-85d)。

此次暴雨特点是中高层北疆受中亚低槽前西南气流影响,700 百帕伊犁州偏西气流及低层偏北气流、天山北坡西北气流遇天山地形强迫抬升,造成暴雨。

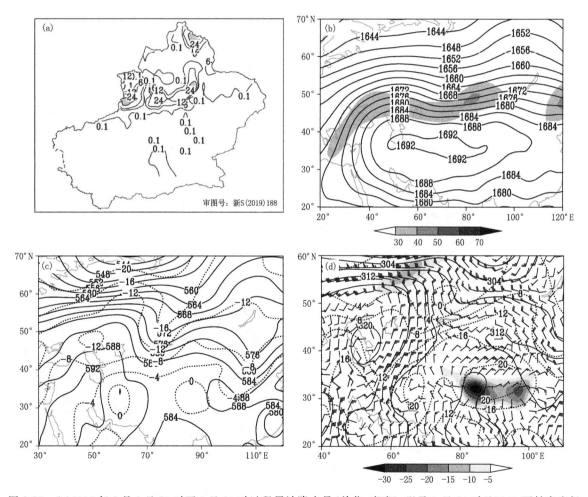

图 2-85　(a)1996 年 8 月 1 日 20 时至 3 日 20 时过程累计降水量(单位:毫米);以及 1 日 20 时(b)100 百帕高度场(实线,单位:位势什米),阴影(单位:米/秒)表示风速≥30 米/秒的 200 百帕急流;(c)500 百帕高度场(实线,单位:位势什米),温度场(虚线,单位:℃);(d)700 百帕高度场(实线,单位:位势什米),温度场(虚线,单位:℃),风场(单位:米/秒),水汽通量散度场(阴影,单位:10⁻⁶克/(厘米²·百帕·秒))

2.86 1996年8月21日喀什地区北部、克州北部山区、阿克苏地区西部山区暴雨

【降雨实况】1996年8月21日(图2-86a):喀什地区伽师站、克州阿合奇站、阿克苏地区乌什站日降水量分别为28.3毫米、42.4毫米、27.8毫米。

【天气形势】1996年8月20日20时,100百帕南亚高压呈双体型且东部脊偏强、经向度大,西西伯利亚至中亚为长波槽,槽底南伸至35°N附近;200百帕南疆西部处于中亚低槽前西南急流中(图2-86b)。500百帕欧亚范围中低纬为两脊一槽的经向环流,伊朗副热带高压向北发展与里海高压脊叠加,中亚为低槽,南疆西部受低槽前西南气流影响,下游西太平洋副热带高压西伸北抬与蒙古高压脊叠加向北发展,环流经向度大(图2-86c)。700百帕南疆盆地为偏东气流,南疆西部有-10×10^{-6}克/(厘米^2·百帕·秒)的水汽通量散度辐合区(图2-86d)。

此次暴雨特点是中高层南疆西部受中亚低槽前西南气流影响,低层南疆盆地为偏东气流,形成"东西夹攻"形势,配合较好的水汽辐合区和比湿区,造成南疆西部暴雨。

【灾情】阿克苏地区拜城县倒塌房屋33间,受灾面积8.7公顷;柯坪县遭遇百年不遇的特大洪水袭

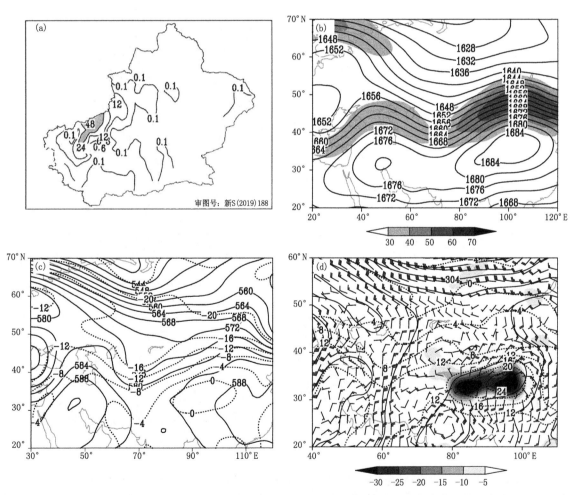

图2-86 (a)1996年8月20日20时至21日20时过程累计降水量(单位:毫米);以及20日20时(b)100百帕高度场(实线,单位:位势什米),阴影(单位:米/秒)表示风速≥30米/秒的200百帕急流;(c)500百帕高度场(实线,单位:位势什米),温度场(虚线,单位:℃);(d)700百帕高度场(实线,单位:位势什米),温度场(虚线,单位:℃),风场(单位:米/秒),水汽通量散度场(阴影,单位:10^{-6}克/(厘米^2·百帕·秒))

击,玉尔期乡政府机关及 4 个村被冲水淹没,城镇部分机关及居民区进水,县城被洪水围困 12 小时,城乡饮水设施冲毁,供水中断。

2.87　1996 年 8 月 30 日乌鲁木齐市南部山区、昌吉州东部暴雨

【降雨实况】1996 年 8 月 30 日(图 2-87a):乌鲁木齐市小渠子站日降水量 39.6 毫米,昌吉州天池站、木垒站日降水量分别为 31.0 毫米、44.2 毫米。

【天气形势】1996 年 8 月 29 日 20 时,100 百帕南亚高压呈单体型,高压中心位于 30°N、85°E 附近,长波槽位于西西伯利亚至巴尔喀什湖附近;200 百帕北疆处于低槽前西南急流中(图 2-87b)。500 百帕欧亚范围为两脊一槽的经向环流,伊朗副热带高压向北发展与里海高压脊叠加,西西伯利亚至中亚为低槽,北疆受低槽前西南气流影响,新疆东部至贝加尔湖为宽广的高压脊(图 2-87c)。700 百帕受低槽分裂短波影响,天山北坡有气旋性风场切变及辐合,冷平流明显(图 2-87d)。

此次暴雨特点是中高层北疆受中亚低槽前西南气流影响,低层天山北坡有气旋性风场切变及辐合,遇天山地形增强了动力抬升,造成暴雨。

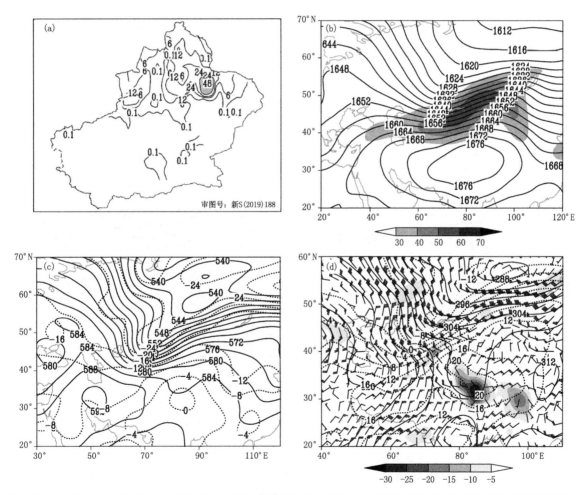

图 2-87　(a)1996 年 8 月 29 日 20 时至 30 日 20 时过程累计降水量(单位:毫米);以及 29 日 20 时(b)100 百帕高度场(实线,单位:位势什米),阴影(单位:米/秒)表示风速≥30 米/秒的 200 百帕急流;(c)500 百帕高度场(实线,单位:位势什米),温度场(虚线,单位:℃);(d)700 百帕高度场(实线,单位:位势什米),温度场(虚线,单位:℃),风场(单位:米/秒),水汽通量散度场(阴影,单位:10^{-6}克/(厘米^2·百帕·秒))

2.88　1996年9月26日乌鲁木齐市南部山区、昌吉州东部暴雨

【降雨实况】1996年9月26日（图2-88a）：乌鲁木齐市小渠子站日降水量33.7毫米，昌吉州天池站、木垒站日降水量分别为29.7毫米、28.7毫米。

【天气形势】1996年9月25日20时，100百帕南亚高压呈带状分布，长波槽位于西西伯利亚；200百帕北疆处于槽底偏西急流中（图2-88b）。500百帕欧亚范围中高纬为两脊一槽的经向环流，伊朗副热带高压向北发展与里海高压脊叠加，西西伯利亚至巴尔喀什湖为宽广的低槽，北疆受低槽前西南气流影响，下游蒙古至贝加尔湖为高压脊（图2-88c）。700百帕北疆为西北气流，天山北坡风速辐合明显，中天山及以东有西北风与西南风的切变（图2-88d）。

此次暴雨特点是中高层北疆受西西伯利亚至中亚低槽前西南气流影响，低层天山北坡有风切变及辐合，遇天山地形加强了动力抬升，造成暴雨。

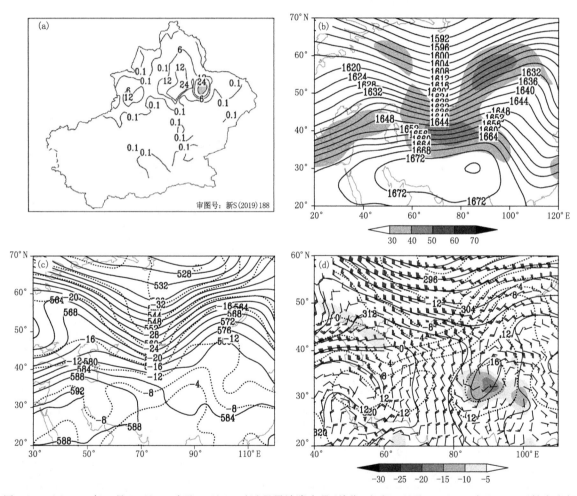

图2-88　(a)1996年9月25日20时至26日20时过程累计降水量（单位：毫米）；以及25日20时(b)100百帕高度场（实线，单位：位势什米），阴影（单位：米/秒）表示风速≥30米/秒的200百帕急流；(c)500百帕高度场（实线，单位：位势什米），温度场（虚线，单位：℃）；(d)700百帕高度场（实线，单位：位势什米），温度场（虚线，单位：℃），风场（单位：米/秒），水汽通量散度场（阴影，单位：10^{-6}克/（厘米²·百帕·秒））

2.89　1997 年 5 月 5 日乌鲁木齐市南部山区、昌吉州暴雨

【降雨实况】1997 年 5 月 5 日（图 2-89a）：乌鲁木齐市小渠子站日降水量 26.8 毫米，昌吉州昌吉站、天池站、木垒站日降水量分别为 25.4 毫米、46.2 毫米、30.2 毫米。

【天气形势】1997 年 5 月 4 日 20 时，100 百帕南亚高压呈带状分布，高压中心在 20°N 以南，长波槽位于南欧；200 百帕北疆处于高压脊北部偏西急流中（图 2-89b）。500 百帕欧亚范围中纬度为两槽一脊，欧洲和东西伯利亚为低涡，西伯利亚宽广的高压脊，其南部巴尔喀什湖附近为一短波槽，北疆受短波槽东移影响（图 2-89c）。700 百帕天山北坡为偏北气流（图 2-89d）。

此次暴雨特点是中高层北疆受巴尔喀什湖附近短波槽影响，低层天山北坡为偏北气流，遇天山地形强迫抬升明显，造成暴雨。

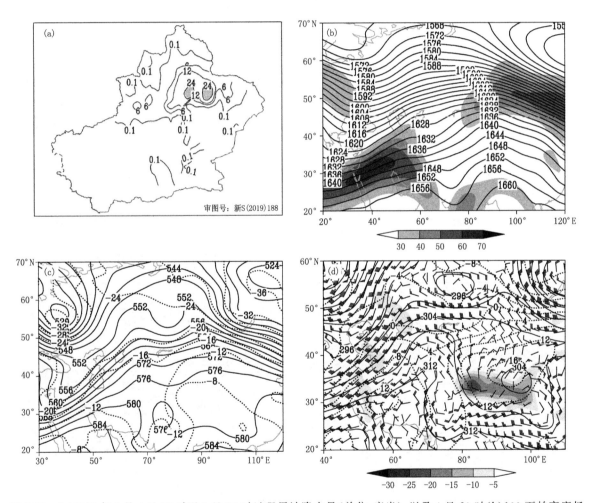

图 2-89　(a)1997 年 5 月 4 日 20 时至 5 日 20 时过程累计降水量（单位：毫米）；以及 4 日 20 时(b)100 百帕高度场（实线，单位：位势什米），阴影（单位：米/秒）表示风速≥30 米/秒的 200 百帕急流；(c)500 百帕高度场（实线，单位：位势什米），温度场（虚线，单位：℃）；(d)700 百帕高度场（实线，单位：位势什米），温度场（虚线，单位：℃），风场（单位：米/秒），水汽通量散度场（阴影，单位：10⁻⁶ 克/（厘米² · 百帕 · 秒））

2.90 1997年5月11日阿克苏地区暴雨

【降雨实况】1997年5月11日(图2-90a):阿克苏地区拜城站、新和站、沙雅站、库车站日降水量分别为57.7毫米、46.1毫米、24.9毫米、37.5毫米。

【天气形势】1997年5月10日20时,100百帕南亚高压呈单体型,高压中心在20°N以南,西伯利亚为深厚的低涡,中亚地区为低槽;200百帕南疆西部处于低槽前西南气流中(图2-90b)。500百帕欧亚范围为两脊一槽的经向环流,黑海至里海的高压脊向北发展,经向度较大,西西伯利亚至中亚为低槽,南疆西部受中亚南部弱短波槽影响,下游贝加尔湖为高压脊(图2-90c)。700百帕南疆西部有明显的气旋性风场,阿克苏地区为西北风与偏东风的切变与辐合(图2-90d)。

此次暴雨特点是中高层南疆西部受中亚低槽前西南气流影响,低层南疆西部有明显的气旋性风切变与辐合,遇天山南坡地形冷暖气流交汇,有利于阿克苏地区出现暴雨。

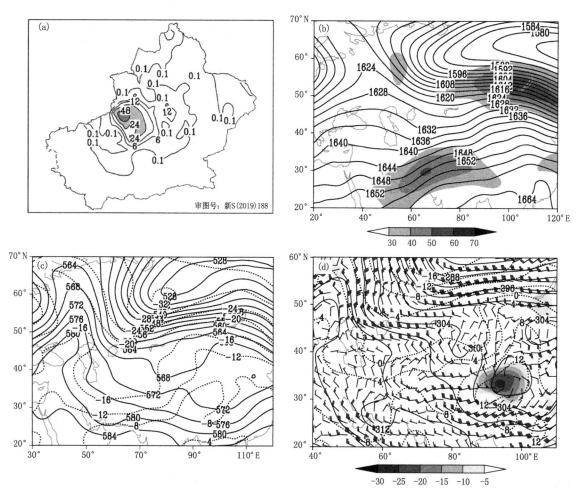

图2-90 (a)1997年5月10日20时至11日20时过程累计降水量(单位:毫米);以及10日20时(b)100百帕高度场(实线,单位:位势什米),阴影(单位:米/秒)表示风速≥30米/秒的200百帕急流;(c)500百帕高度场(实线,单位:位势什米),温度场(虚线,单位:℃);(d)700百帕高度场(实线,单位:位势什米),温度场(虚线,单位:℃),风场(单位:米/秒),水汽通量散度场(阴影,单位:10⁻⁶克/(厘米²·百帕·秒))

2.91　1997 年 6 月 29 日阿克苏地区、巴州北部暴雨

【降雨实况】1997 年 6 月 29 日(图 2-91a)：阿克苏地区阿克苏站、新和站日降水量分别为 31.7 毫米、28.8 毫米，巴州和硕站日降水量 24.3 毫米。

【天气形势】1997 年 6 月 28 日 20 时，100 百帕南亚高压呈单体型，高压主体偏西经向度大，长波槽位于巴尔喀什湖附近；200 百帕南疆处于低槽前偏西急流中(图 2-91b)。500 百帕欧亚范围为两脊一槽的经向环流，黑海至里海的高压脊向北发展，经向度较大，巴尔喀什湖附近为低涡，天山南坡受低涡槽前西南气流影响，新疆东部为浅高压脊(图 2-91c)。700 百帕南疆盆地为偏东气流，阿克苏地区有偏西风与偏东风的切变与辐合(图 2-91d)。

此次暴雨特点是中高层天山南坡受中亚低涡前西南气流影响，低层阿克苏地区有风切变与辐合，南疆盆地偏东气流遇地形辐合抬升，有利于天山南坡出现暴雨。

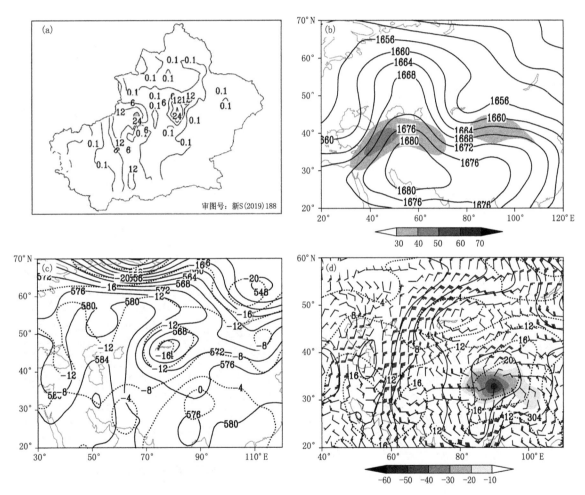

图 2-91　(a)1997 年 6 月 28 日 20 时至 29 日 20 时过程累计降水量(单位：毫米)；以及 28 日 20 时(b)100 百帕高度场(实线，单位：位势什米)，阴影(单位：米/秒)表示风速≥30 米/秒的 200 百帕急流；(c)500 百帕高度场(实线，单位：位势什米)，温度场(虚线，单位：℃)；(d)700 百帕高度场(实线，单位：位势什米)，温度场(虚线，单位：℃)，风场(单位：米/秒)，水汽通量散度场(阴影，单位：10⁻⁶ 克/(厘米² · 百帕 · 秒))

2.92　1997年8月4日伊犁州北部暴雨

【降雨实况】1997年8月4日(图2-92a):伊犁州霍城站、伊宁县站日降水量分别为24.3毫米、41.1毫米。

【天气形势】1997年8月3日20时,100百帕南亚高压呈双体型,长波槽位于中亚地区,槽底南伸至35°N附近;200百帕北疆处于低槽前西南急流中(图2-92b)。500百帕欧亚范围为两脊一槽型,伊朗副热带高压向北发展与里海高压脊叠加,中亚南部为低槽,槽底南伸至30°N,新疆西部受低槽前西南气流影响,新疆东部至贝加尔湖为高压脊(图2-92c)。700百帕伊犁州有弱的北风与西风的切变(图2-92d)。

此次暴雨特点是中高层新疆西部受中亚低槽前西南气流影响,低层伊犁州有风切变及风速辐合,遇地形辐合动力抬升,造成伊犁州北部暴雨。

【灾情】伊犁州巩留县暴雨冲毁牧道、防渗渠、棚圈、围墙、房屋等。

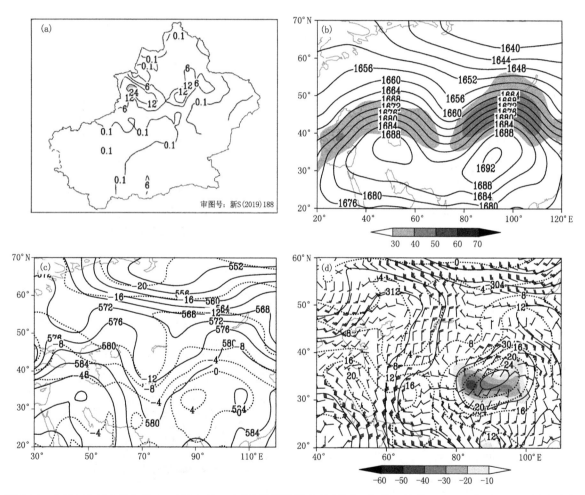

图2-92　(a)1997年8月3日20时至4日20时过程累计降水量(单位:毫米);以及3日20时(b)100百帕高度场(实线,单位:位势什米),阴影(单位:米/秒)表示风速≥30米/秒的200百帕急流;(c)500百帕高度场(实线,单位:位势什米),温度场(虚线,单位:℃);(d)700百帕高度场(实线,单位:位势什米),温度场(虚线,单位:℃),风场(单位:米/秒),水汽通量散度场(阴影,单位:10^{-6}克/(厘米²·百帕·秒))

2.93　1998 年 5 月 17 日塔城地区北部暴雨

【降雨实况】1998 年 5 月 17 日(图 2-93a):塔城地区北部塔城站、额敏站日降水量分别为 42.7 毫米、29.4 毫米。

【天气形势】1998 年 5 月 16 日 20 时,100 百帕南亚高压呈单体型,高压中心在 30°N 以南,西伯利亚为低涡;200 百帕北疆北部处于低涡底部偏西急流中(图 2-93b)。500 百帕欧亚范围呈北槽南脊反位向环流,中亚地区南部至新疆为宽广的高压脊,西西伯利亚和东西伯利亚为低涡,北疆北部受低涡底部西风锋区影响(图 2-93c)。700 百帕北疆北部为偏西气流有风速辐合(图 2-93d)。

此次暴雨特点是中高层北疆北部受西伯利亚低涡底部西风锋区影响,低层北疆北部有风切变及风速辐合,遇地形辐合抬升,造成塔城地区北部暴雨。

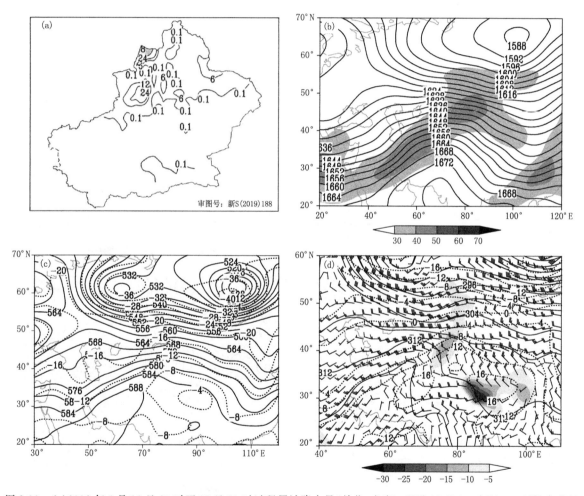

图 2-93　(a)1998 年 5 月 16 日 20 时至 17 日 20 时过程累计降水量(单位:毫米);以及 16 日 20 时(b)100 百帕高度场(实线,单位:位势什米),阴影(单位:米/秒)表示风速≥30 米/秒的 200 百帕急流;(c)500 百帕高度场(实线,单位:位势什米),温度场(虚线,单位:℃);(d)700 百帕高度场(实线,单位:位势什米),温度场(虚线,单位:℃),风场(单位:米/秒),水汽通量散度场(阴影,单位:10⁻⁶克/(厘米²·百帕·秒))

2.94　1998年6月14日伊犁州北部、博州西部山区暴雨

【降雨实况】1998年6月14日(图2-94a):伊犁州伊宁站、尼勒克站和博州温泉站日降水量分别为31.4毫米、24.2毫米、25.9毫米。

【天气形势】1998年6月13日20时,100百帕南亚高压呈带状分布,且西部脊经向度大,长波槽位于中亚南部,槽底南伸至30°N附近;200百帕北疆处于低槽前西南急流中(图2-94b)。500百帕欧亚范围为两脊一槽经向环流,东欧至乌拉尔山的高压脊经向发展,巴尔喀什湖及以南的中亚地区为较深的低槽,槽底南伸至25°N附近,北疆西部受中亚低槽前西南气流影响,新疆东部为高压脊(图2-94c)。700百帕北疆西部有气旋性风场辐合及切变(图2-94d)。

此次暴雨特点是中高层北疆西部受中亚低槽前西南气流影响,低层有风场辐合及切变,遇地形辐合抬升,造成伊犁州北部、博州西部山区暴雨。

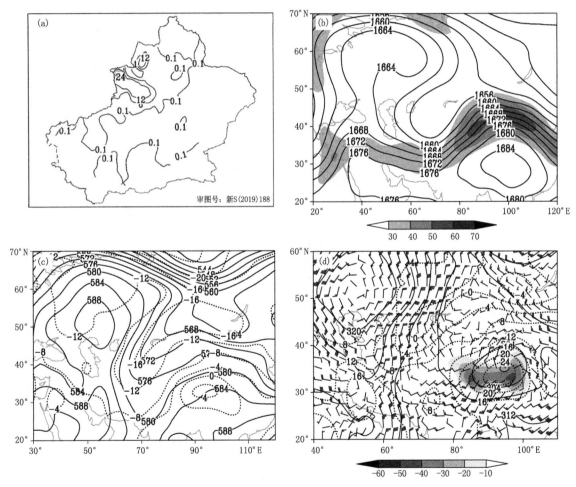

图2-94　(a)1998年6月13日20时至14日20时过程累计降水量(单位:毫米);以及13日20时(b)100百帕高度场(实线,单位:位势什米),阴影(单位:米/秒)表示风速≥30米/秒的200百帕急流;(c)500百帕高度场(实线,单位:位势什米),温度场(虚线,单位:℃);(d)700百帕高度场(实线,单位:位势什米),温度场(虚线,单位:℃),风场(单位:米/秒),水汽通量散度场(阴影,单位:10^{-6}克/(厘米²·百帕·秒))

2.95　1998 年 9 月 13—14 日喀什地区北部、克州山区暴雨

【降雨实况】1998 年 9 月 13—14 日(图 2-95a):13 日喀什地区托云站、克州乌恰站日降水量分别为 27.3 毫米、26.3 毫米;14 日喀什地区岳普湖站、克州阿合奇站日降水量分别为 25.2 毫米、37.4 毫米。

【天气形势】1998 年 9 月 12 日 20 时,100 百帕南亚高压呈带状分布,长波槽位于咸海附近;200 百帕南疆西部处于低槽前西南急流中(图 2-95b)。500 百帕欧亚范围中纬度为两脊一槽的环流,伊朗副热带高压向北发展与里海高压脊叠加,在咸海与巴尔喀什湖南部为低涡,槽底南伸至 35°N 附近,南疆西部受低槽前西南气流影响,新疆东部为浅高压脊(图 2-95c)。700 百帕南疆盆地为偏东气流,南疆西部有－10×10⁻⁶克/(厘米²·百帕·秒)的水汽通量散度辐合区(图 2-95d)。

此次暴雨特点是中高层南疆西部受中亚涡前西南气流影响,低层南疆盆地为偏东气流,形成"东西夹攻"形势,水汽辐合明显,造成喀什地区北部、克州山区暴雨。

【灾情】喀什地区伽师县倒塌棚圈 220 间,1020 间棚圈被淹,死亡家禽 110 只,死亡大牲畜 100 头,农作物受灾面积 256 公顷,损坏房屋 1603 间;英吉沙县倒塌棚圈 110 间,510 间棚圈被淹,倒塌房屋 77 间,农作物受灾面积 256 公顷。

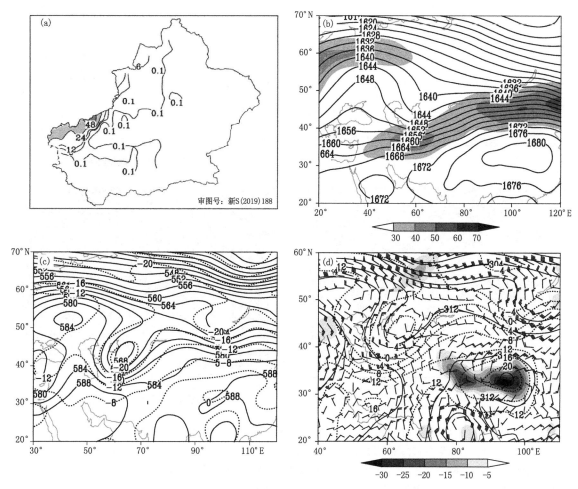

图 2-95　(a)1998 年 9 月 12 日 20 时至 14 日 20 时过程累计降水量(单位:毫米);以及 12 日 20 时(b)100 百帕高度场(实线,单位:位势什米),阴影(单位:米/秒)表示风速≥30 米/秒的 200 百帕急流;(c)500 百帕高度场(实线,单位:位势什米),温度场(虚线,单位:℃);(d)700 百帕高度场(实线,单位:位势什米),温度场(虚线,单位:℃),风场(单位:米/秒),水汽通量散度场(阴影,单位:10⁻⁶克/(厘米²·百帕·秒))

2.96 1999年5月28日伊犁州东南部山区暴雨

【降雨实况】1999年5月28日(图2-96a):伊犁州东南部新源站、特克斯站日降水量分别为38.9毫米、36.3毫米。

【天气形势】1999年5月27日20时,100百帕南亚高压呈单体型,高压中心在30°N、90°E附近,位置偏东,西西伯利亚至中亚为长波槽;200百帕北疆处于低槽前西南急流中(图2-96b)。500百帕欧亚范围为两脊一槽的经向环流,乌拉尔山和蒙古至贝加尔湖为高压脊,西西伯利亚地区至中亚地区为低槽,北疆西部受低槽前西南气流影响(图2-96c)。700百帕北疆西部为西北气流,伊犁州有风切变及风速辐合(图2-96d)。

此次暴雨特点是中高层北疆西部受中亚低槽前西南气流影响,低层伊犁州风切变及风速辐合,遇地形强迫抬升,冷暖气流交汇,有利于东南部山区暴雨。

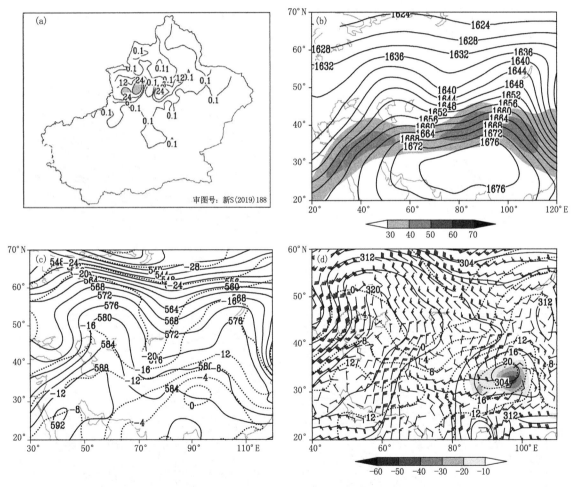

图2-96 (a)1999年5月27日20时至28日20时过程累计降水量(单位:毫米);以及27日20时(b)100百帕高度场(实线,单位:位势什米),阴影(单位:米/秒)表示风速≥30米/秒的200百帕急流;(c)500百帕高度场(实线,单位:位势什米),温度场(虚线,单位:℃);(d)700百帕高度场(实线,单位:位势什米),温度场(虚线,单位:℃),风场(单位:米/秒),水汽通量散度场(阴影,单位:10⁻⁶克/(厘米²·百帕·秒))

2.97　1999 年 8 月 4 日昌吉州东部山区、巴州暴雨

【降雨实况】1999 年 8 月 4 日(图 2-97a)：昌吉州天池站日降水量 27.6 毫米,巴州焉耆站、铁干里克站日降水量分别为 25.8 毫米、28.9 毫米。

【天气形势】1999 年 8 月 3 日 20 时,100 百帕南亚高压呈双体型,长波槽位于西西伯利亚地区；200 百帕新疆处于低槽前西南急流中(图 2-97b)。500 百帕欧亚范围中低纬为两脊一槽纬向环流,里海至咸海和蒙古为高压脊,巴尔喀什湖附近为低槽,新疆受低槽前西南气流影响(图 2-97c)。700 百帕天山北坡为西北气流,有风速的辐合,巴州为东北气流(图 2-97d)。

此次暴雨特点是中高层新疆受中亚低槽前西南气流影响,低层天山北坡为西北气流,有风速辐合,巴州东北气流,遇地形动力抬升明显,造成昌吉州东部、巴州东部暴雨。

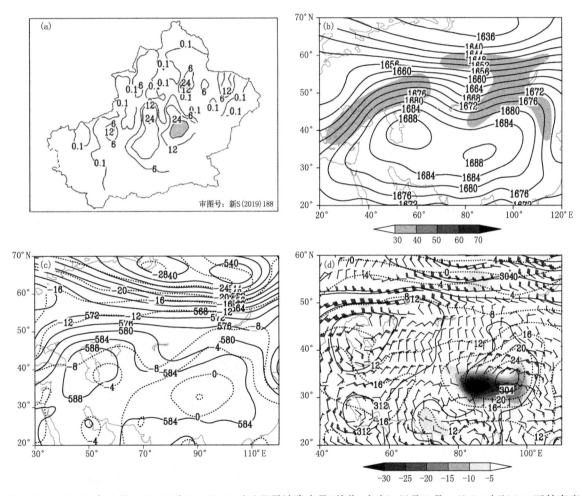

图 2-97　(a)1999 年 8 月 3 日 20 时至 4 日 20 时过程累计降水量(单位：毫米)；以及 8 月 3 日 20 时(b)100 百帕高度场(实线,单位：位势什米),阴影(单位：米/秒)表示风速≥30 米/秒的 200 百帕急流；(c)500 百帕高度场(实线,单位：位势什米),温度场(虚线,单位：℃)；(d)700 百帕高度场(实线,单位：位势什米),温度场(虚线,单位：℃),风场(单位：米/秒),水汽通量散度场(阴影,单位：10^{-6} 克/(厘米^2·百帕·秒))

2.98 2000年6月11—12日乌鲁木齐市南部、昌吉州东部、巴州北部暴雨

【降雨实况】2000年6月11—12日(图2-98a):11日乌鲁木齐市小渠子站、大西沟站日降水量分别为27.3毫米、26.1毫米,巴州巴仑台站、巴音布鲁克站日降水量分别为29.1毫米、30.6毫米;12日乌鲁木齐市达坂城站日降水量42.1毫米,昌吉州阜康站、天池站日降水量分别为26.3毫米、41.7毫米,巴州和硕站日降水量36.7毫米。

【天气形势】2000年6月10日20时,100百帕南亚高压呈带状分布且东部脊偏强,长波槽位于西西伯利亚至中亚地区;200百帕新疆处于低槽前西南急流中(图2-98b)。500百帕欧亚范围为两脊两槽经向环流,乌拉尔山和贝加尔湖为经向度较大的高压脊,西西伯利亚至中亚为低槽,新疆受低槽前西南气流影响(图2-98c)。700百帕北疆受低槽前偏西气流影响,有风速辐合(图2-98d)。

此次暴雨特点是中高层新疆受中亚低槽前西南气流影响,低层天山北坡西北气流遇天山地形增强动力抬升,造成中天山两侧暴雨。

【灾情】乌鲁木齐市达坂城镇5队、6队,两树窝子村共计67公顷农田被淹,其中33公顷被冲毁。

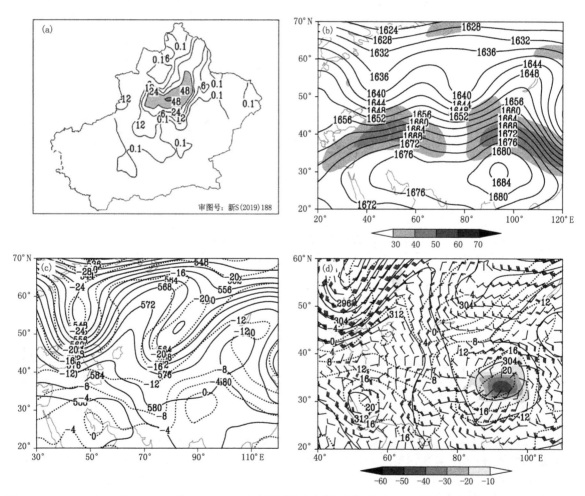

图2-98 (a)2000年6月10日20时至12日20时过程累计降水量(单位:毫米);以及10日20时(b)100百帕高度场(实线,单位:位势什米),阴影(单位:米/秒)表示风速≥30米/秒的200百帕急流;(c)500百帕高度场(实线,单位:位势什米),温度场(虚线,单位:℃);(d)700百帕高度场(实线,单位:位势什米),温度场(虚线,单位:℃),风场(单位:米/秒),水汽通量散度场(阴影,单位:10⁻⁶克/(厘米²·百帕·秒))

2.99　2000 年 7 月 17—18 日乌鲁木齐市南部山区、巴州北部山区暴雨

【降雨实况】2000 年 7 月 17—18 日(图 2-99a):17 日乌鲁木齐市大西沟站、巴州巴仑台站日降水量分别为 25.8 毫米、35.4 毫米;18 日乌鲁木齐市大西沟站日降水量 28.7 毫米。

【天气形势】2000 年 7 月 16 日 20 时,100 百帕南亚高压呈带状分布,长波槽位于西西伯利亚至中亚地区;200 百帕新疆处于低槽前西南急流中(图 2-99b)。500 百帕欧亚范围为两脊一槽的经向环流,东欧和蒙古为经向度较大的高压脊,西西伯利亚地区至中亚地区为低槽,新疆受低槽前西南气流影响(图 2-99c)。700 百帕北疆受低槽前偏西气流影响,有风速辐合及冷平流(图 2-99d)。

此次暴雨特点是中高层新疆受中亚低槽前西南气流影响,低层天山北坡西北气流遇天山地形强迫抬升,造成中天山山区暴雨。

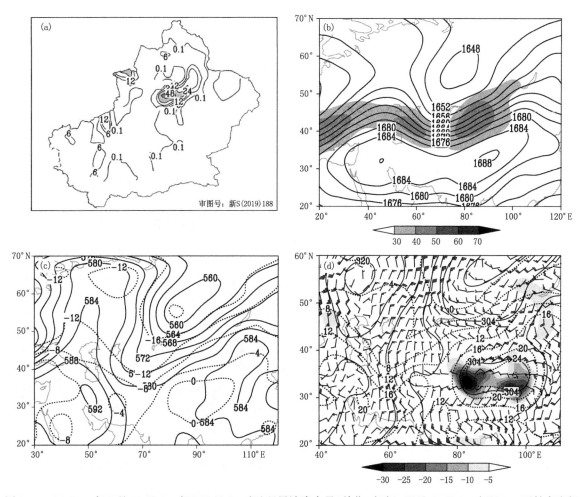

图 2-99　(a)2000 年 7 月 16 日 20 时至 18 日 20 时过程累计降水量(单位:毫米);以及 16 日 20 时(b)100 百帕高度场(实线,单位:位势什米),阴影(单位:米/秒)表示风速≥30 米/秒的 200 百帕急流;(c)500 百帕高度场(实线,单位:位势什米),温度场(虚线,单位:℃);(d)700 百帕高度场(实线,单位:位势什米),温度场(虚线,单位:℃),风场(单位:米/秒),水汽通量散度场(阴影,单位:10⁻⁶克/(厘米²·百帕·秒))

2.100 2000年8月10—11日伊犁州南部山区、乌鲁木齐市南部山区、巴州北部山区暴雨

【降雨实况】2000年8月10—11日(图2-100a):10日伊犁州特克斯站日降水量26.8毫米;11日乌鲁木齐市大西沟站、牧试站站日降水量分别为34.5毫米、25.9毫米,巴州巴仑台站日降水量43.3毫米。

【天气形势】2000年8月10日20时,100百帕南亚高压呈单体型且高压脊主体偏西,长波槽位于巴尔喀什湖附近;200百帕新疆处于低槽前西南急流中(图2-100b)。500百帕欧亚范围中高纬为两脊一槽型,乌拉尔山和贝加尔湖为高压脊,巴尔喀什湖为低槽,北疆受槽前西南气流影响(图2-100c)。700百帕伊犁州受偏西气流影响,有风速辐合,天山北坡为西北气流(图2-100d)。

此次暴雨特点是中高层新疆受槽前西南气流影响,低层伊犁州为偏西气流,风速辐合明显,北疆西北气流遇天山地形增强动力抬升,造成暴雨。

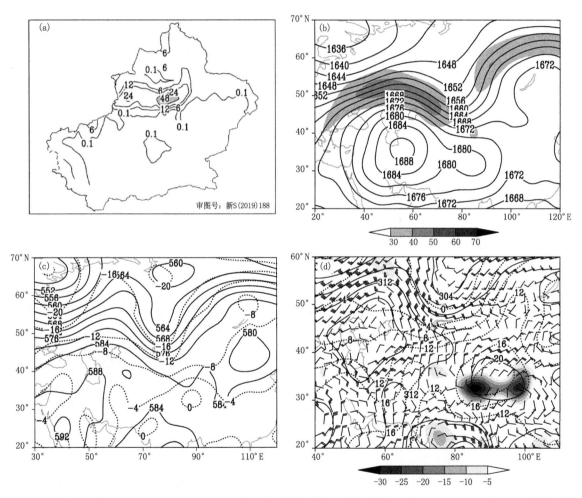

图2-100 (a)2000年8月9日20时至11日20时过程累计降水量(单位:毫米);以及10日20时(b)100百帕高度场(实线,单位:位势什米),阴影(单位:米/秒)表示风速≥30米/秒的200百帕急流;(c)500百帕高度场(实线,单位:位势什米),温度场(虚线,单位:℃);(d)700百帕高度场(实线,单位:位势什米),温度场(虚线,单位:℃),风场(单位:米/秒),水汽通量散度场(阴影,单位:10⁻⁶克/(厘米²·百帕·秒))

2.101 2001 年 5 月 20 日伊犁州暴雨

【降雨实况】2001 年 5 月 20 日（图 2-101a）：伊犁州伊宁县站、新源站、昭苏站、特克斯站日降水量分别为 24.2 毫米、32.2 毫米、30.3 毫米、38.7 毫米。

【天气形势】2001 年 5 月 19 日 20 时，100 百帕南亚高压呈单体型，高压脊北部中纬度为西风急流；200 百帕北疆处于偏西急流中（图 2-101b）。500 百帕欧亚范围呈纬向两支锋区反位相叠加形势，东欧地区和新疆东部为高压脊，西伯利亚地区至中亚地区为低槽，北疆受低槽前西南气流影响（图 2-101c）。700 百帕伊犁州受短波影响，有风切变（图 2-101d）。

此次暴雨特点是中高层北疆受中亚低槽前西南气流影响，低层伊犁州风切变及西北气流遇地形动力强迫抬升明显，造成暴雨。

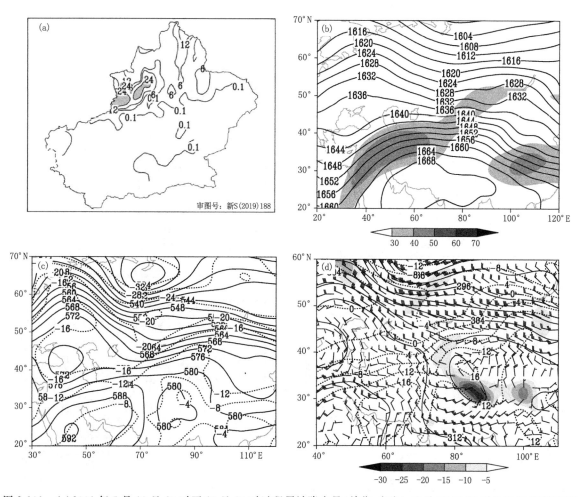

图 2-101　（a）2001 年 5 月 19 日 20 时至 20 日 20 时过程累计降水量（单位：毫米）；以及 19 日 20 时（b）100 百帕高度场（实线，单位：位势什米），阴影（单位：米/秒）表示风速≥30 米/秒的 200 百帕急流；（c）500 百帕高度场（实线，单位：位势什米），温度场（虚线，单位：℃）；（d）700 百帕高度场（实线，单位：位势什米），温度场（虚线，单位：℃），风场（单位：米/秒），水汽通量散度场（阴影，单位：10^{-6} 克/（厘米²·百帕·秒））

2.102 2001年7月29—31日伊犁州、博州西部山区、乌鲁木齐市、喀什地区、克州山区、和田地区东部暴雨

【降雨实况】2001年7月29—31日(图2-102a):13日伊犁州昭苏站日降水量35.7毫米,克州乌恰站日降水量25.3毫米,喀什地区叶城站、泽普站日降水量分别为24.9毫米、27.6毫米;30日博州温泉站日降水量28.1毫米,伊犁州伊宁站、伊宁县站日降水量分别为26.7毫米、28.1毫米,和田地区于田站日降水量30.4毫米;31日乌鲁木齐市乌鲁木齐站、米东站日降水量分别为24.8毫米、27.0毫米。

【天气形势】2001年7月28日20时,100百帕南亚高压呈双体型且西部脊偏强,长波槽位于西西伯利亚至中亚地区;200百帕新疆处于低槽前西南急流中(图2-102b)。500百帕欧亚范围中高纬为两脊一槽经向环流,伊朗副热带高压向北发展与里海高压脊叠加,西西伯利亚至中亚地区为低槽,槽底南伸至35°N,新疆西部受低槽前西南气流影响,贝加尔湖为经向度较大的高压脊(图2-102c)。700百帕新疆西部受低槽影响,有风切变及辐合,南疆盆地为偏东气流(图2-102d)。

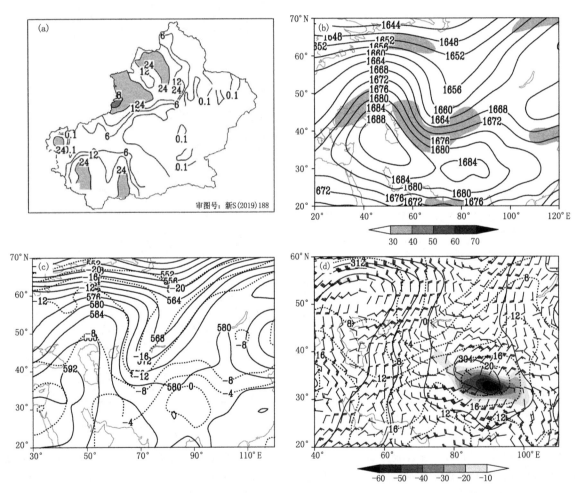

图2-102 (a)2001年7月28日20时至31日20时过程累计降水量(单位:毫米);以及28日20时(b)100百帕高度场(实线,单位:位势什米),阴影(单位:米/秒)表示风速≥30米/秒的200百帕急流;(c)500百帕高度场(实线,单位:位势什米),温度场(虚线,单位:℃);(d)700百帕高度场(实线,单位:位势什米),温度场(虚线,单位:℃),风场(单位:米/秒),水汽通量散度场(阴影,单位:10⁻⁶克/(厘米²·百帕·秒))

此次暴雨特点是中高层新疆受中亚低槽前西南气流影响,低层新疆西部有明显的风切变及辐合,同时,北疆西北气流、南疆盆地偏东气流遇地形强迫抬升,造成暴雨。

【灾情】博州温泉县洪水冲走小麦 15070 千克。阿克苏地区拜城县五条河流全爆发流域性洪水,仅次于 1999 年洪水。和田地区策勒县农牧业生产及人民生活造成损失;墨玉县 12644 人受灾,4 人受伤,农作物受损、房屋及羊圈倒塌、死亡羊 71 只,大牲畜 748 头。

2.103　2001 年 9 月 23 日克州山区、阿克苏地区西部山区暴雨

【降雨实况】2001 年 9 月 23 日(图 2-103a):克州乌恰站、阿合奇站和阿克苏地区乌什站日降水量分别为 27.7 毫米、56.8 毫米、33.6 毫米。

【天气形势】2001 年 9 月 22 日 20 时,100 百帕南亚高压呈带状分布,西伯利亚至中亚为长波槽;200 百帕南疆西部处于低槽前西南急流中(图 2-103b)。500 百帕欧亚范围为两脊一槽的经向环流,伊朗副热带高压向北发展与里海高压脊叠加,经向度较大,西伯利亚至中亚为低槽活动区,中亚低槽槽底南伸至 35°N 附近,南疆西部受低槽前西南气流影响,新疆东南部为浅高压脊(图 2-103c)。700 百帕南疆西部受低槽扰动影响,有风切变及辐合,南疆盆地为一致的偏东气流(图 2-103d)。

此次暴雨特点是中高层南疆西部受中亚低槽前西南气流影响,低层南疆西部有风切变及辐合,同时,南疆盆地偏东气流起到动力抬升作用,造成南疆西部暴雨。

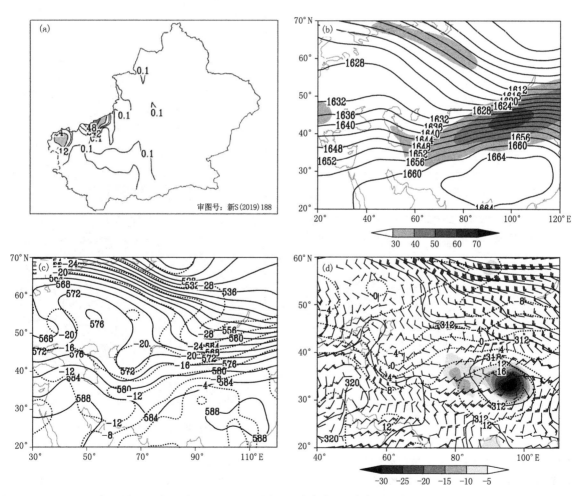

图 2-103　(a)2001 年 9 月 22 日 20 时至 23 日 20 时过程累计降水量(单位:毫米);以及 22 日 20 时(b)100 百帕高度场(实线,单位:位势什米),阴影(单位:米/秒)表示风速≥30 米/秒的 200 百帕急流;(c)500 百帕高度场(实线,单位:位势什米),温度场(虚线,单位:℃);(d)700 百帕高度场(实线,单位:位势什米),温度场(虚线,单位:℃),风场(单位:米/秒),水汽通量散度场(阴影,单位:10⁻⁶克/(厘米²·百帕·秒))

2.104 2002年7月4日昌吉州东部、巴州北部山区暴雨

【降雨实况】2002年7月4日(图2-104a):昌吉州奇台站、天池站日降水量分别为31.2毫米、31.1毫米,巴州巴仑台站日降水量31.2毫米。

【天气形势】2002年7月3日20时,100百帕南亚高压呈单体型,长波槽位于西西伯利亚至巴尔喀什湖附近;200百帕北疆处于低槽前西南急流中(图2-104b)。500百帕欧亚范围为两脊一槽的经向环流,伊朗副热带高压向北发展与里海高压脊叠加,经向度较大,西西伯利亚至中亚为低涡活动区,北疆受低涡前西南气流影响,蒙古至贝加尔湖为高压脊(图2-104c)。700百帕北疆受低涡底部偏西气流影响,有风速辐合(图2-104d)。

此次暴雨特点是中高层北疆受西西伯利亚低涡前西南气流影响,低层北疆西北气流遇天山地形强迫抬升及风速辐合,造成天山中部暴雨。

【灾情】昌吉州奇台县洪水致使76089人受灾;26603间房屋受损;2间房屋倒塌。

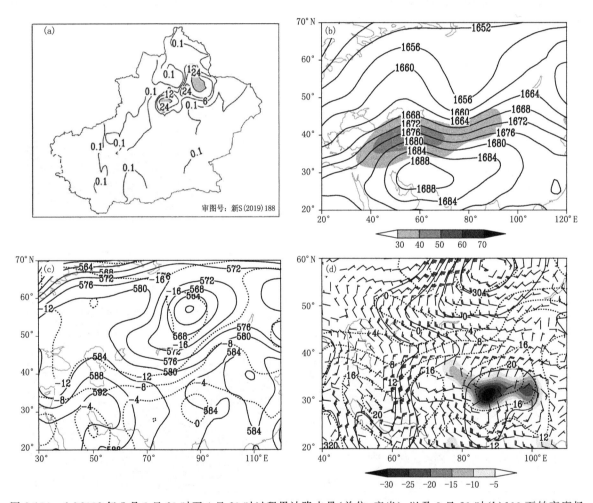

图2-104 (a)2002年7月3日20时至4日20时过程累计降水量(单位:毫米);以及3日20时(b)100百帕高度场(实线,单位:位势什米),阴影(单位:米/秒)表示风速≥30米/秒的200百帕急流;(c)500百帕高度场(实线,单位:位势什米),温度场(虚线,单位:℃);(d)700百帕高度场(实线,单位:位势什米),温度场(虚线,单位:℃),风场(单位:米/秒),水汽通量散度场(阴影,单位:10⁻⁶克/(厘米²·百帕·秒))

2.105　2003 年 5 月 10—12 日博州、塔城地区北部、阿勒泰地区东部、昌吉州东部山区暴雨

【降雨实况】2003 年 5 月 10—12 日(图 2-105a)：10 日博州博乐站、塔城地区额敏站日降水量分别为 24.5 毫米、26.0 毫米；11 日昌吉州天池站日降水量 46.1 毫米；12 日阿勒泰地区富蕴站、青河站日降水量分别为 24.5 毫米、24.1 毫米。

【天气形势】2003 年 5 月 9 日 20 时，100 百帕南亚高压呈带状分布，主体位于 20°N 以南，长波槽位于新疆上空；200 百帕北疆处于低槽前偏西急流中(图 2-105b)。500 百帕欧亚范围为两脊两槽的经向环流，南欧和西西伯利亚为高压脊，东欧至里海与黑海为较深厚的低槽，新疆为低涡，北疆受低涡底部偏西气流影响(图 2-105c)。700 百帕北疆受低涡气旋性风场影响，暴雨区有风切变及辐合(图 2-105d)。

此次暴雨特点是中高层北疆受低槽(涡)前偏西气流影响，低层北疆受气旋性风场影响，暴雨区有风切变及辐合，遇地形增强了动力抬升及风速辐合，造成暴雨。

【灾情】阿勒泰地区青河县暴雨造成危房 15 间，倒塌畜圈 50 座、围墙 175 米，农田受灾 10 公顷。

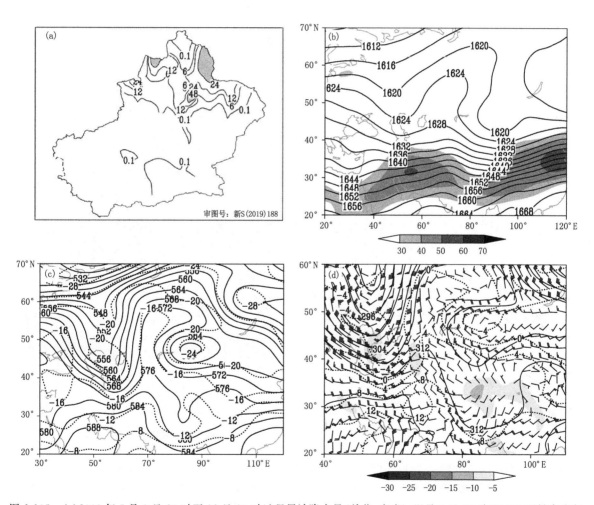

图 2-105　(a)2003 年 5 月 9 日 20 时至 12 日 20 时过程累计降水量(单位：毫米)；以及 9 日 20 时(b)100 百帕高度场(实线，单位：位势什米)，阴影(单位：米/秒)表示风速≥30 米/秒的 200 百帕急流；(c)500 百帕高度场(实线，单位：位势什米)，温度场(虚线，单位：℃)；(d)700 百帕高度场(实线，单位：位势什米)，温度场(虚线，单位：℃)，风场(单位：米/秒)，水汽通量散度场(阴影，单位：10^{-6} 克/(厘米^2·百帕·秒))

2.106　2003年6月23日伊犁州东南部山区、巴州北部山区暴雨

【降雨实况】2003年6月23日(图2-106a):伊犁州新源站、特克斯站日降水量分别为28.0毫米、26.4毫米,巴州巴仑台站日降水量27.1毫米。

【天气形势】2003年6月22日20时,100百帕南亚高压呈带状分布,长波槽位于巴尔喀什湖附近;200百帕北疆处于低槽前西南急流中(图2-106b)。500百帕欧亚范围40°N以南为高压脊活动,40°N以北为两槽两脊的纬向环流,乌拉尔山和新疆东部为高压脊,巴尔喀什湖和贝加尔湖为低槽区,北疆受巴尔喀什湖低槽前偏西南气流影响(图2-106c)。700百帕伊犁州至天山山区有西北风与西南风的切变(图2-106d)。

此次暴雨特点是中高层北疆受巴尔喀什湖低槽前西南气流影响,低层伊犁州至天山山区有风切变,同时,偏北气流增强了动力抬升及辐合,造成暴雨。

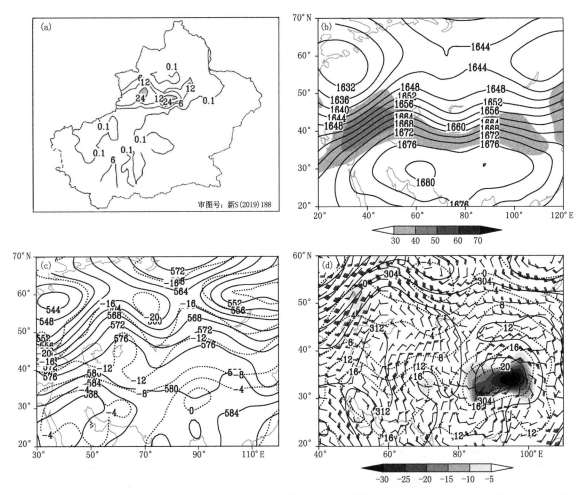

图2-106　(a)2003年6月22日20时至23日20时过程累计降水量(单位:毫米);以及22日20时(b)100百帕高度场(实线,单位:位势什米),阴影(单位:米/秒)表示风速≥30米/秒的200百帕急流;(c)500百帕高度场(实线,单位:位势什米),温度场(虚线,单位:℃);(d)700百帕高度场(实线,单位:位势什米),温度场(虚线,单位:℃),风场(单位:米/秒),水汽通量散度场(阴影,单位:10⁻⁶克/(厘米²·百帕·秒))

2.107　2003 年 8 月 5—6 日乌鲁木齐市、昌吉州东部山区暴雨

【降雨实况】2003 年 8 月 5—6 日(图 2-107a)：5 日乌鲁木齐市大西沟站、昌吉州天池站日降水量分别为 28.4 毫米、29.8 毫米；6 日乌鲁木齐市乌鲁木齐站、昌吉州天池站日降水量分别为 28.0 毫米、31.8 毫米。

【天气形势】2003 年 8 月 4 日 20 时，100 百帕南亚高压呈带状分布，西西伯利亚至中亚为低槽；200 百帕北疆处于低槽前西南急流中(图 2-107b)。500 百帕欧亚范围为两脊一槽的经向环流，伊朗副热带高压向北发展与东欧脊叠加，经向度较大，西伯利亚至中亚为低槽区，北疆受低槽前西南气流影响，新疆东部至贝加尔湖为高压脊(图 2-107c)。700 百帕天山北坡受低槽前偏西气流影响，有风速辐合及风切变(图 2-107d)。

此次暴雨特点是中高层北疆受中亚低槽前西南气流影响，低层天山北坡有风速辐合及风切变，同时，低层西北气流遇地形增强了动力抬升及辐合，造成暴雨。

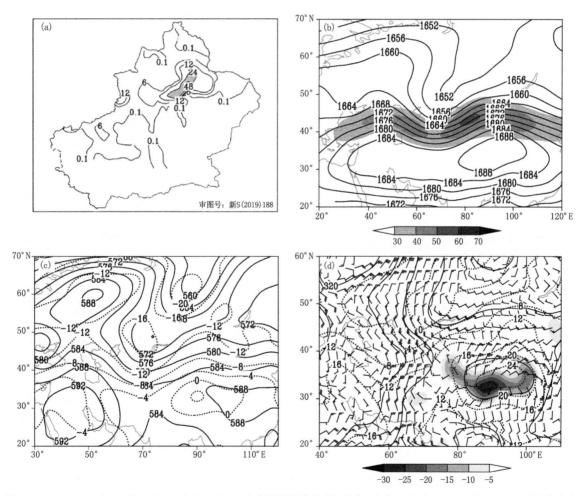

图 2-107　(a)2003 年 8 月 4 日 20 时至 6 日 20 时过程累计降水量(单位：毫米)；以及 4 日 20 时(b)100 百帕高度场(实线，单位：位势什米)，阴影(单位：米/秒)表示风速≥30 米/秒的 200 百帕急流；(c)500 百帕高度场(实线，单位：位势什米)，温度场(虚线，单位：℃)；(d)700 百帕高度场(实线，单位：位势什米)，温度场(虚线，单位：℃)，风场(单位：米/秒)，水汽通量散度场(阴影，单位：10^{-6} 克/(厘米^2·百帕·秒))

2.108 2003年9月28日乌鲁木齐市、昌吉州东部暴雨

【降雨实况】2003年9月28日(图2-108a):乌鲁木齐市乌鲁木齐站、米东站日降水量分别为31.5毫米、28.9毫米,昌吉州阜康站日降水量29.6毫米。

【天气形势】2003年9月27日20时,100百帕南亚高压呈带状分布,高压主体位于30°N以南,长波槽位于巴尔喀什湖附近;200百帕新疆处于低槽前西南急流中(图2-108b)。500百帕欧亚范围为两脊一槽的经向环流,伊朗副热带高压向北发展与里海高压脊叠加,环流经向度较大,中亚地区为较深厚的低槽,并在巴尔喀什湖附近切涡,北疆受低槽前西南气流影响,蒙古至贝加尔湖为高压脊(图2-108c)。700百帕北疆受气旋性风场影响,中天山附近有风切变(图2-108d)。

此次暴雨特点是中高层新疆受中亚低槽前西南气流影响,低层天山北坡西北气流及风切变,遇天山地形增强了动力抬升及辐合,造成暴雨。

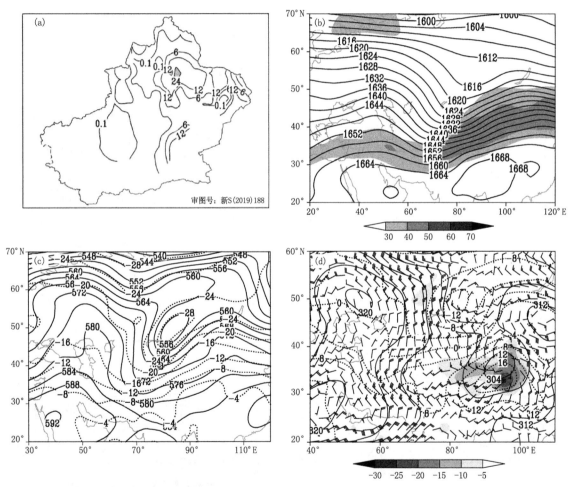

图2-108 (a)2003年9月27日20时至28日20时(a)过程累计降水量(单位:毫米);以及27日20时(b)100百帕高度场(实线,单位:位势什米),阴影(单位:米/秒)表示风速≥30米/秒的200百帕急流;(c)500百帕高度场(实线,单位:位势什米),温度场(虚线,单位:℃);(d)700百帕高度场(实线,单位:位势什米),温度场(虚线,单位:℃),风场(单位:米/秒),水汽通量散度场(阴影,单位:10^{-6}克/(厘米^2·百帕·秒))

2.109　2004 年 8 月 8 日乌鲁木齐市南部山区暴雨

【降雨实况】2004 年 8 月 8 日(图 2-109a):乌鲁木齐市小渠子站、牧试站站日降水量分别为 47.6 毫米、33.0 毫米。

【天气形势】2004 年 8 月 7 日 20 时,100 百帕南亚高压呈带状分布,长波槽位于西西伯利亚至巴尔喀什湖附近;200 百帕新疆处于低槽前西南急流中(图 2-109b)。500 百帕欧亚范围中高纬为两脊一槽的经向环流,伊朗副热带高压向北发展与里海高压脊叠加,环流经向度较大,西伯利亚至巴尔喀什湖附近为低槽活动区,北疆受低槽前西南气流影响,蒙古至贝加尔湖为高压脊(图 2-109c)。700 百帕北疆受低槽前偏西气流影响,有风速辐合(图 2-109d)。

此次暴雨特点是中高层北疆受巴尔喀什湖低槽前西南气流影响,低层天山北坡西北气流有风速辐合,遇地形增强了上升运动,造成山区暴雨。

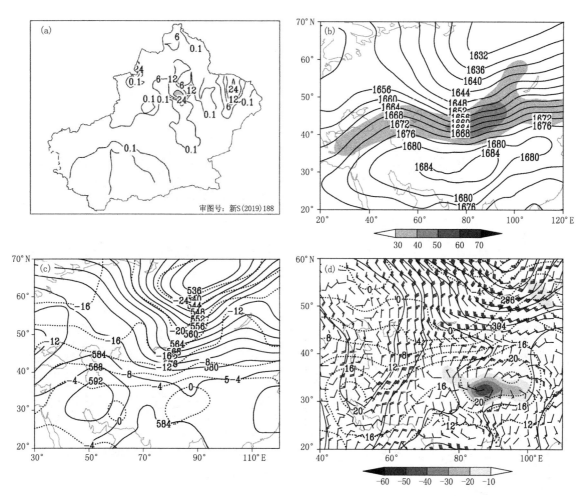

图 2-109　(a)2004 年 8 月 7 日 20 时至 8 日 20 时过程累计降水量(单位:毫米);以及 7 日 20 时(b)100 百帕高度场(实线,单位:位势什米),阴影(单位:米/秒)表示风速≥30 米/秒的 200 百帕急流;(c)500 百帕高度场(实线,单位:位势什米),温度场(虚线,单位:℃);(d)700 百帕高度场(实线,单位:位势什米),温度场(虚线,单位:℃),风场(单位:米/秒),水汽通量散度场(阴影,单位:10⁻⁶克/(厘米²·百帕·秒))

2.110 2005年7月15—17日伊犁州东部山区、乌鲁木齐市南部山区、昌吉州东部山区、巴州、哈密市北部暴雨

【降雨实况】2005年7月15—17日(图2-110a):15日乌鲁木齐市大西沟站、巴州巴仑台站日降水量分别为31.5毫米、40.7毫米;16日伊犁州新源站、乌鲁木齐市小渠子站、昌吉州天池站日降水量分别为24.1毫米、24.9毫米、31.9毫米;17日巴州若羌站、哈密市巴里坤站日降水量分别为44.4毫米、24.9毫米。

【天气形势】2005年7月15日20时,100百帕南亚高压呈带状分布,长波槽位于咸海与巴尔喀什湖之间;200百帕北疆处于低槽前西南急流中(图2-110b)。500百帕欧亚范围中高纬为两脊一槽的经向环流,伊朗副热带高压向北发展与东欧高压脊叠加,环流经向度较大,巴尔喀什湖北部为较深厚的低涡,北疆受低涡前西南气流影响,下游新疆东部至贝加尔湖为高压脊(图2-110c)。700百帕北疆受低涡前偏西气流影响,有风速辐合(图2-110d)。

此次暴雨特点是中高层北疆受巴尔喀什湖低涡前西南气流影响,低层伊犁州偏西气流,天山北坡西北气流遇到地形强迫抬升,造成暴雨。

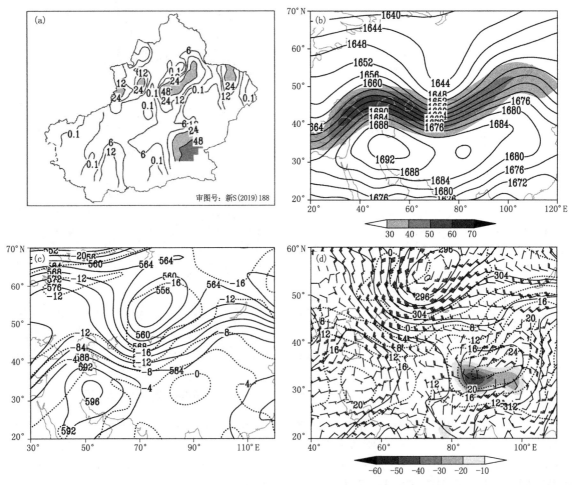

图2-110 (a)2005年7月14日20时至17日20时过程累计降水量(单位:毫米);以及15日20时(b)100百帕高度场(实线,单位:位势什米),阴影(单位:米/秒)表示风速≥30米/秒的200百帕急流;(c)500百帕高度场(实线,单位:位势什米),温度场(虚线,单位:℃);(d)700百帕高度场(实线,单位:位势什米),温度场(虚线,单位:℃),风场(单位:米/秒),水汽通量散度场(阴影,单位:10⁻⁶克/(厘米²·百帕·秒))

【灾情】乌鲁木齐市大西沟站暴雨洪水冲毁道路，造成 216 国道大西沟路段交通中断 10 小时；大西沟水管站、后峡沿线地区 33 处受损。巴州若羌县乡村平房 95％以上发生漏雨；博湖县博斯腾湖乡发生山洪，造成农作物、房屋、防洪堤坝、乡村道路等受损；尉犁县农牧区土块房受损，死亡牲畜 207 头，棉花受灾 45.9 公顷。

2.111　2005 年 8 月 10 日昌吉州东部暴雨

【降雨实况】2005 年 8 月 10 日（图 2-111a）：昌吉州天池站、北塔山站日降水量分别为 53.9 毫米、25.8 毫米。

【天气形势】2005 年 8 月 9 日 20 时，100 百帕南亚高压呈双体型，西伯利亚至巴尔喀什湖为长波槽区；200 百帕北疆处于槽底偏西南急流中（图 2-111b）。500 百帕欧亚范围中高纬为两脊一槽的经向环流，伊朗副热带高压向北发展与东欧高压脊叠加，环流经向度较大，西西伯利亚至乌拉尔山南部及中亚为低槽活动区，北疆受中亚短波槽前偏西气流影响（图 2-111c）。700 百帕昌吉州东部为西北气流，有风速的辐合（图 2-111d）。

此次暴雨特点是中高层北疆受低槽前西南气流影响，低层天山北坡有西北风风速辐合，遇地形强迫抬升，造成昌吉州东部山区暴雨。

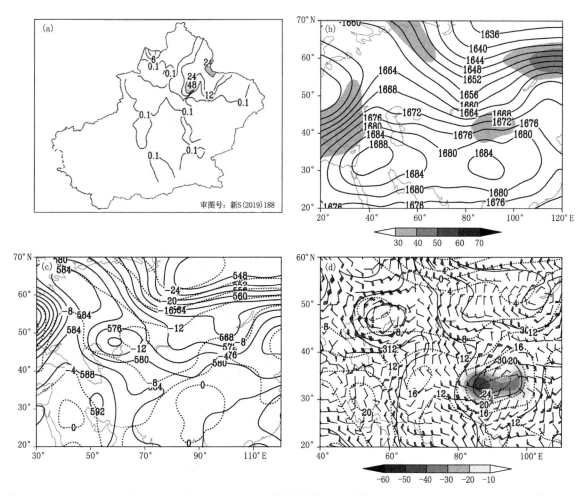

图 2-111　（a）2005 年 8 月 9 日 20 时至 10 日 20 时过程累计降水量（单位：毫米）；以及 9 日 2 时（b）100 百帕高度场（实线，单位：位势什米），阴影（单位：米/秒）表示风速≥30 米/秒的 200 百帕急流；（c）500 百帕高度场（实线，单位：位势什米），温度场（虚线，单位：℃）；（d）700 百帕高度场（实线，单位：位势什米），温度场（虚线，单位：℃），风场（单位：米/秒），水汽通量散度场（阴影，单位：10^{-6} 克/（厘米² · 百帕 · 秒））

【灾情】昌吉州阜康市天池洪水使三工河、四工河沿线下游 4 个乡镇、26 个村 10521 人受灾;沿线公路、旅游设施、农田、电力通信设施、部分生产企业设施及水利工程渡槽、防护堤、渠道、桥涵闸、人畜饮水井等水利设施严重受损。

2.112 2005 年 8 月 28—29 日伊犁州东部山区、乌鲁木齐市南部山区、巴州北部山区暴雨

【降雨实况】2005 年 8 月 28—29 日(图 2-112a):28 日伊犁州新源站、乌鲁木齐市小渠子站、巴州巴音布鲁克站日降水量分别为 27.2 毫米、26.8 毫米、25.8 毫米;29 日巴州巴仑台站日降水量 25.6 毫米。

【天气形势】2005 年 8 月 27 日 20 时,100 百帕南亚高压呈带状分布,且东部高压脊偏强,长波槽位于中亚地区;200 百帕新疆处于低槽前西南急流中(图 2-112b)。500 百帕欧亚范围为两脊一槽的经向环流,伊朗副热带高压与里海至东欧的高压脊叠加向北发展,经向度较大,新疆东部至蒙古为浅高压脊,北疆受中亚低涡前西南气流影响(图 2-112c)。700 百帕北疆为弱西南气流,暴雨区有弱的水汽通量散度辐合(图 2-112d)。

此次暴雨特点是中高层北疆受中亚低涡前西南气流影响,低层偏北气流携带冷空气遇到天山地形时强迫抬升,冷暖空气交汇剧烈,有利于对流触发造成山区暴雨。

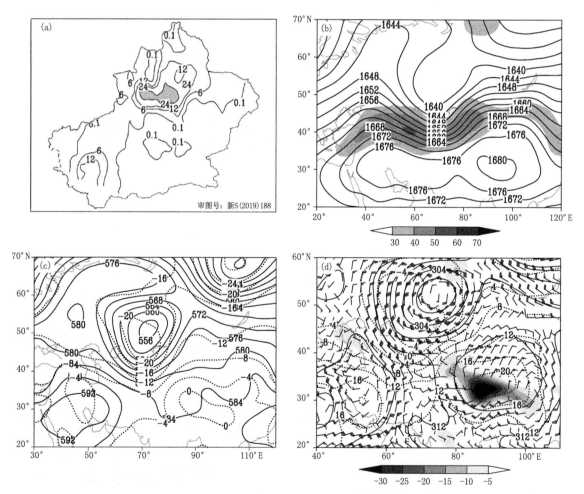

图 2-112 (a)2005 年 8 月 27 日 20 时至 29 日 20 时过程累计降水量(单位:毫米);以及 27 日 20 时(b)100 百帕高度场(实线,单位:位势什米),阴影(单位:米/秒)表示风速≥30 米/秒的 200 百帕急流;(c)500 百帕高度场(实线,单位:位势什米),温度场(虚线,单位:℃);(d)700 百帕高度场(实线,单位:位势什米),温度场(虚线,单位:℃),风场(单位:米/秒),水汽通量散度场(阴影,单位:10^{-6} 克/(厘米²·百帕·秒))

【灾情】昌吉州昌吉市二六工镇、三工镇发生洪水,农作物受灾。哈密市巴里坤县奎苏镇奎苏沟 2 万米³ 小塘坝垮坝,洪水造成房屋倒塌、粮库进水、冲毁农田和渠道等;哈密市伊吾县淖毛湖哈密瓜受灾。

2.113 2006 年 6 月 1—3 日伊犁州北部、巴州北部山区暴雨

【降雨实况】2006 年 6 月 1—3 日(图 2-113a):1 日伊犁州伊宁站日降水量 25.0 毫米;2 日伊犁州霍尔果斯站、尼勒克站日降水量分别为 30.8 毫米、28.2 毫米;3 日巴州巴仑台站日降水量 34.2 毫米。

【天气形势】2006 年 6 月 1 日 20 时,100 百帕南亚高压呈带状分布,且东部高压脊偏强,长波槽位于巴尔喀什湖南侧;200 百帕新疆处于低槽前西南急流中(图 2-113b)。500 百帕欧亚范围为两脊两槽的经向环流,伊朗副热带高压与里海至东欧的高压脊叠加向北发展,乌拉尔山为弱的低涡,西伯利亚为经向度较大的高压脊,贝加尔湖为低涡,北疆受西北气流上弱短波影响(图 2-113c)。700 百帕北疆处于高压脊前西北气流中,暴雨区有弱的水汽通量散度辐合(图 2-113d)。

此次暴雨特点是中高层北疆受中亚低槽前西南气流影响,低层北疆西北气流风速辐合明显,并携带冷空气遇到天山地形时强迫抬升,冷暖气流交汇有利于触发对流,造成暴雨。

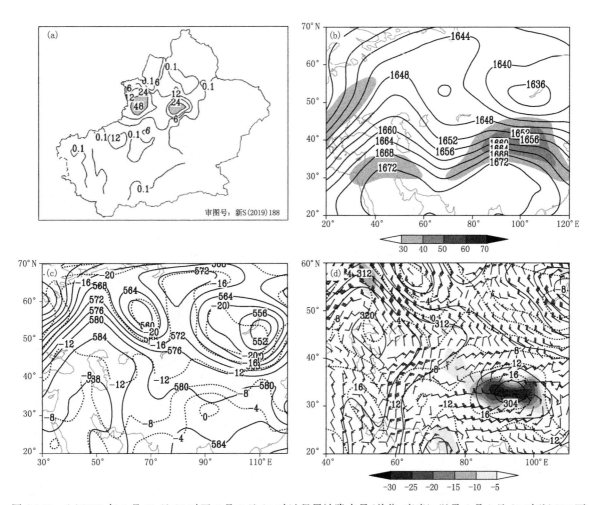

图 2-113 (a)2006 年 5 月 31 日 20 时至 6 月 3 日 20 时过程累计降水量(单位:毫米);以及 6 月 1 日 20 时(b)100 百帕高度场(实线,单位:位势什米),阴影(单位:米/秒)表示风速≥30 米/秒的 200 百帕急流;(c)500 百帕高度场(实线,单位:位势什米),温度场(虚线,单位:℃);(d)700 百帕高度场(实线,单位:位势什米),温度场(虚线,单位:℃),风场(单位:米/秒),水汽通量散度场(阴影,单位:10⁻⁶克/(厘米²·百帕·秒))

2.114　2006年6月15—16日乌鲁木齐市南部山区、昌吉州东部山区暴雨

【降雨实况】2006年6月15—16日(图2-114a):15日乌鲁木齐市小渠子站、牧试站站和昌吉州天池站日降水量分别为35.9毫米、28.6毫米、40.2毫米;16日乌鲁木齐市小渠子站、昌吉州天池站日降水量分别为31.5毫米、34.6毫米。

【天气形势】2006年6月14日20时,100百帕南亚高压呈双体型且西部高压脊强于东部高压脊,长波槽位于西西伯利亚地区;200百帕新疆处于高压脊中(图2-114b)。500百帕欧亚范围中高纬为两脊一槽的经向环流,伊朗副热带高压与里海至咸海的高压脊叠加向北发展,经向度较大,西西伯利亚低涡槽底至40°N附近,北疆受弱短波影响,新疆东部至贝加尔湖为高压脊(图2-114c)。700百帕北疆偏西地区受低槽前西南气流影响,有水汽通量辐合(图2-114d)。

此次暴雨特点是北疆中层受弱短波影响,低层昌吉州东部有西北(偏西)风的辐合,遇天山地形增强了动力抬升及辐合,造成中天山附近暴雨。

【灾情】乌鲁木齐市头屯河区排洪渠突发洪水,省道S107线该路段沿线8户民居被淹,导致该路段交通中断6小时;洪水造成红岩水库附近水利设施严重毁坏,红岩水库一号桥及引水干渠被冲毁、拦沙坝堤破坏、防洪坝堤冲垮。

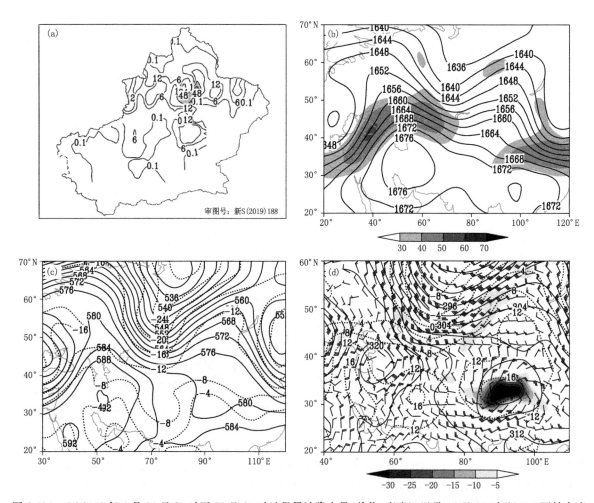

图2-114　(a)2006年6月14日20时至16日20时过程累计降水量(单位:毫米);以及14日20时(b)100百帕高度场(实线,单位:位势什米),阴影(单位:米/秒)表示风速≥30米/秒的200百帕急流;(c)500百帕高度场(实线,单位:位势什米),温度场(虚线,单位:℃);(d)700百帕高度场(实线,单位:位势什米),温度场(虚线,单位:℃),风场(单位:米/秒),水汽通量散度场(阴影,单位:10⁻⁶克/(厘米²·百帕·秒))

2.115　2006 年 7 月 7 日乌鲁木齐市南部山区、昌吉州东部暴雨

【降雨实况】2006 年 7 月 7 日(图 2-115a):乌鲁木齐市小渠子站日降水量 33.3 毫米,昌吉州天池站、木垒站、北塔山站日降水量分别为 76.4 毫米、26.7 毫米、25.0 毫米。

【天气形势】2006 年 7 月 6 日 20 时,100 百帕南亚高压呈双体型,长波槽位于西西伯利亚至中亚地区,槽底伸至 37°N 附近,200 百帕新疆处于低槽前西南急流中(图 2-115b)。500 百帕欧亚范围中高纬为两脊一槽经向环流,伊朗副热带高压向北发展与东欧高压脊叠加,经向度大,西西伯利亚至中亚低槽较深厚,北疆受低槽前西南气流影响,蒙古至贝加尔湖地区为经向度较大的高压脊(图 2-115c)。700 百帕北疆为偏西气流,中天山北坡有风速辐合(图 2-115d)。

此次暴雨特点是中高层北疆受西西伯利亚至中亚低槽前西南气流影响,低层中天山北坡偏西风风速辐合,造成中天山附近暴雨。

【灾情】乌鲁木齐市南部山区洪水冲毁草场围栏;米东区洪灾造成道路、毡房、砖木房屋、度假村、防洪堤坝、路基等损毁,500 名游客被困,2027 只羊,95 头大牲畜被冲走。昌吉州阜康市各河系爆发不同程度洪水,四工河、甘河子河上下游上户沟乡、九运街镇、三工河乡、水磨沟乡等 4 个乡镇、12 个村、932 户受灾,沿线农田、房屋、渡槽、防护堤、渠道、饮水井、桥涵闸等受损。

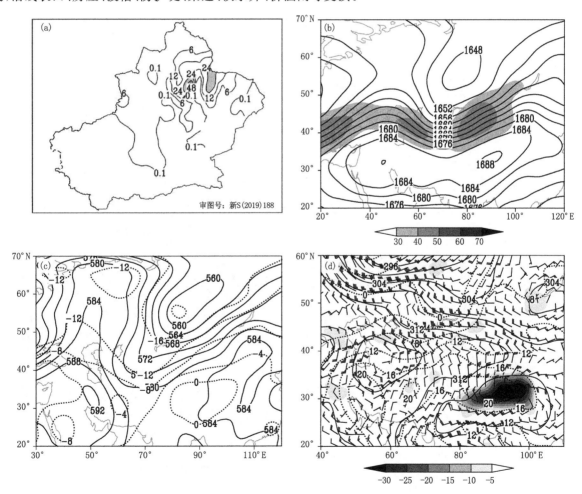

图 2-115　(a)2006 年 7 月 6 日 20 时至 7 日 20 时过程累计降水量(单位:毫米);以及 6 日 20 时(b)100 百帕高度场(实线,单位:位势什米),阴影(单位:米/秒)表示风速≥30 米/秒的 200 百帕急流;(c)500 百帕高度场(实线,单位:位势什米),温度场(虚线,单位:℃);(d)700 百帕高度场(实线,单位:位势什米),温度场(虚线,单位:℃),风场(单位:米/秒),水汽通量散度场(阴影,单位:10⁻⁶克/(厘米²·百帕·秒))

2.116 2007年7月9—11日伊犁州北部、乌鲁木齐市南部山区、昌吉州东部山区、哈密市北部山区暴雨

【降雨实况】2007年7月9—11日(图2-116a):9日伊犁州伊宁站、尼勒克站、伊宁县站日降水量分别为25.6毫米、32.2毫米、24.2毫米;10日乌鲁木齐市小渠子站、牧试站站日降水量分别为25.4毫米、26.9毫米,昌吉州天池站、北塔山站日降水量分别为35.3毫米、38.1毫米;11日哈密市巴里坤站日降水量36.0毫米。

【天气形势】2007年7月9日20时,100百帕南亚高压呈带状分布,200百帕北疆处于高压脊北部西风气流中(图2-116b)。500百帕欧亚范围中纬度为两脊两槽纬向环流,伊朗副热带高压向北发展至里海,蒙古至贝加尔湖为高压脊,南欧为低涡,新疆为低槽,北疆受低槽前西南气流影响(图2-116c)。700百帕伊犁州至天山北坡受短波影响,有西北风与东南风的切变(图2-116d)。

此次暴雨特点是中层北疆受低槽前西南气流影响,低层切变线有利于水汽汇聚,同时,遇天山地形辐合抬升,造成暴雨。

【灾情】哈密市巴里坤县、伊吾县暴雨洪水,损坏房屋、农作物、牧草、乡间道路、渠道、桥梁、渠首、分闸、机井等。

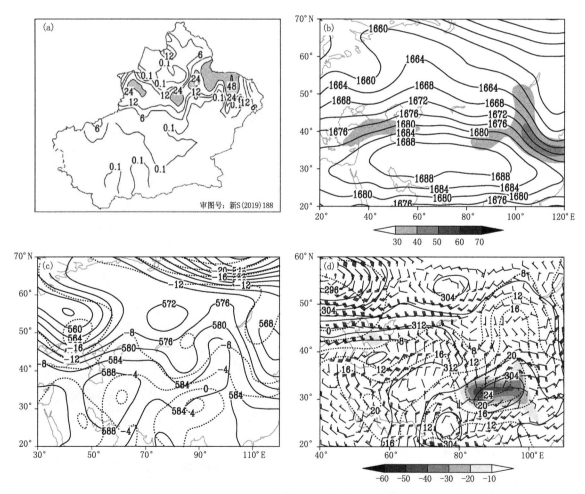

图2-116 (a)2007年7月8日20时至11日20时过程累计降水量(单位:毫米);以及9日20时(b)100百帕高度场(实线,单位:位势什米),阴影(单位:米/秒)表示风速≥30米/秒的200百帕急流;(c)500百帕高度场(实线,单位:位势什米),温度场(虚线,单位:℃);(d)700百帕高度场(实线,单位:位势什米),温度场(虚线,单位:℃),风场(单位:米/秒),水汽通量散度场(阴影,单位:10^{-6}克/(厘米²·百帕·秒))

2.117　2008 年 5 月 7 日巴州北部暴雨

【降雨实况】2008 年 5 月 7 日（图 2-117a）：巴州焉耆站、和硕站日降水量分别为 30.2 毫米、38.4 毫米。

【天气形势】2008 年 5 月 6 日 20 时，100 百帕南亚高压呈单体型主体偏东部，长波槽位于西伯利亚地区，位置偏北；200 百帕新疆处于高压脊顶偏西急流中（图 2-117b）。500 百帕欧亚范围为两槽一脊纬向环流，欧洲和贝加尔湖为低槽，西西伯利亚为宽广的高压脊，北疆受高压脊前西北气流分裂短波槽影响（图 2-117c）。700 百帕巴州北部为西北气流，冷平流较强，南疆盆地为东北气流（图 2-117d）。

此次暴雨特点是中高层巴州北部受高压脊前西北气流分裂短波影响，低层中天山附近西北气流与南疆盆地东北气流遇中天山地形辐合抬升，造成巴州北部暴雨。

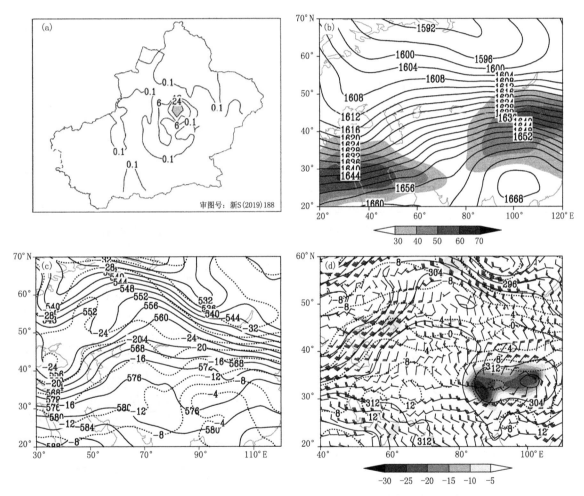

图 2-117　（a）2008 年 5 月 6 日 20 时至 7 日 20 时过程累计降水量（单位：毫米）；以及 6 日 20 时（b）100 百帕高度场（实线，单位：位势什米），阴影（单位：米/秒）表示风速≥30 米/秒的 200 百帕急流；（c）500 百帕高度场（实线，单位：位势什米），温度场（虚线，单位：℃）；（d）700 百帕高度场（实线，单位：位势什米），温度场（虚线，单位：℃），风场（单位：米/秒），水汽通量散度场（阴影，单位：10^{-6} 克/（厘米^2·百帕·秒））

2.118　2008年7月26日昌吉州东部暴雨

【降雨实况】2008年7月26日(图2-118a):昌吉州天池站、木垒站日降水量分别为45.0毫米、30.6毫米。

【天气形势】2008年7月25日20时,100百帕南亚高压呈双体型,且东部脊偏偏强,长波槽位于西伯利亚至中亚地区;200百帕北疆处于低槽前西南急流中(图2-118b)。500百帕欧亚范围为两脊一槽的经向环流,乌拉尔山和贝加尔湖为高压脊,西伯利亚至北疆为低槽,北疆受低槽前西南气流影响(图2-118c)。700百帕天山北坡为偏西气流,昌吉州有风速辐合及风切变(图2-118d)。

此次暴雨特点是中高层北疆受西伯利亚至中亚低槽前西南气流影响,低层昌吉州有风速辐合及风切变,遇天山地形动力抬升明显,造成昌吉州东部暴雨。

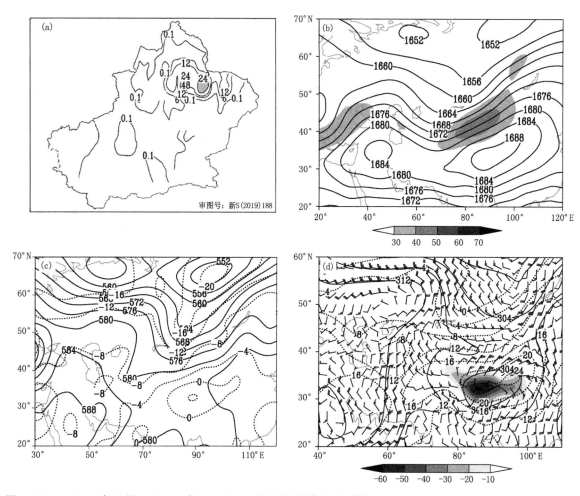

图2-118　(a)2008年7月25日20时至26日20时过程累计降水量(单位:毫米);以及25日20时(b)100百帕高度场(实线,单位:位势什米),阴影(单位:米/秒)表示风速≥30米/秒的200百帕急流;(c)500百帕高度场(实线,单位:位势什米),温度场(虚线,单位:℃);(d)700百帕高度场(实线,单位:位势什米),温度场(虚线,单位:℃),风场(单位:米/秒),水汽通量散度场(阴影,单位:10^{-6}克/(厘米^2·百帕·秒))

2.119　2008 年 8 月 19 日巴州北部暴雨

【降雨实况】2008 年 8 月 19 日(图 2-119a):巴州北部焉耆站、和硕站日降水量分别为 36.0 毫米、24.6 毫米。

【天气形势】2008 年 8 月 19 日 20 时,100 百帕南亚高压呈双体型,长波槽位于西伯利亚至中亚地区;200 百帕新疆处于低槽前西南急流中(图 2-119b)。500 百帕欧亚范围为两脊一槽的经向环流,伊朗副热带高压向北发展与东欧高压脊叠加,环流经向度大,西伯利亚至巴尔喀什湖为低槽,巴州北疆受低槽前西南气流影响,蒙古至贝加尔湖为高压脊(图 2-119c)。700 百帕巴州北部为西北气流,有风速辐合(图 2-119d)。

此次暴雨特点是中高层巴州北部受巴尔喀什湖低槽前西南气流影响,低层西北气流遇天山地形动力抬升明显,造成暴雨。

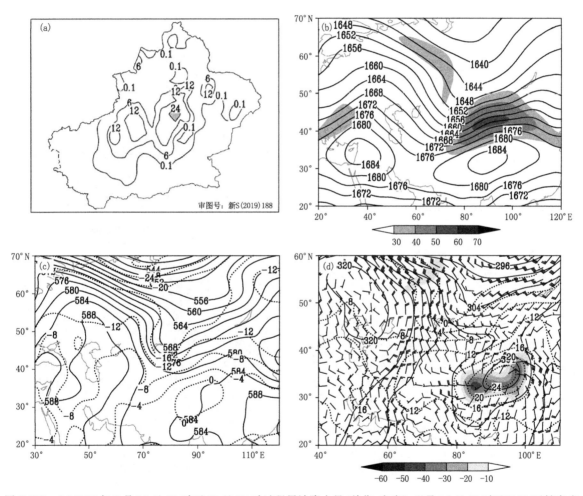

图 2-119　(a)2008 年 8 月 18 日 20 时至 19 日 20 时过程累计降水量(单位:毫米);以及 18 日 20 时(b)100 百帕高度场(实线,单位:位势什米),阴影(单位:米/秒)表示风速≥30 米/秒的 200 百帕急流;(c)500 百帕高度场(实线,单位:位势什米),温度场(虚线,单位:℃);(d)700 百帕高度场(实线,单位:位势什米),温度场(虚线,单位:℃),风场(单位:米/秒),水汽通量散度场(阴影,单位:10⁻⁶克/(厘米²·百帕·秒))

2.120　2008年9月6日伊犁州东南部山区暴雨

【降雨实况】2008年9月6日(图2-120a):伊犁州东南部山区新源站、特克斯站日降水量分别为34.6毫米、30.4毫米。

【天气形势】2008年9月5日20时,100百帕南亚高压呈带状分布,且西部脊偏强,长波槽位于巴尔喀什湖附近;200百帕北疆处于低槽前西南急流中(图2-120b)。500百帕欧亚范围中高纬为两脊两槽的经向环流,伊朗副热带高压向北发展与东欧高压脊叠加,环流经向度较大,西西伯利亚至巴尔喀什湖附近为低槽,北疆受低槽前西南气流影响,新疆东部为高压脊,贝加尔湖北部为低涡(图2-120c)。700百帕伊犁州受低槽影响,有西北风与西南风的切变(图2-120d)。

此次暴雨特点是中高层伊犁州受巴尔喀什湖低槽前西南气流影响,低层风切变遇向西开口的喇叭口地形,冷暖空气交汇造成暴雨。

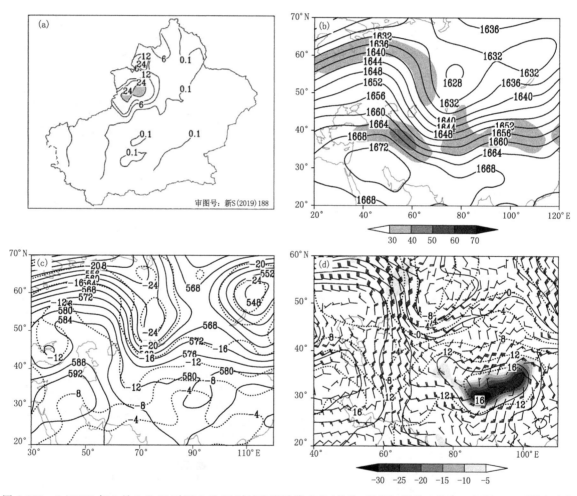

图2-120　(a)2008年9月5日20时至6日20时过程累计降水量(单位:毫米);以及5日20时(b)100百帕高度场(实线,单位:位势什米),阴影(单位:米/秒)表示风速≥30米/秒的200百帕急流;(c)500百帕高度场(实线,单位:位势什米),温度场(虚线,单位:℃);(d)700百帕高度场(实线,单位:位势什米),温度场(虚线,单位:℃),风场(单位:米/秒),水汽通量散度场(阴影,单位:10⁻⁶克/(厘米²·百帕·秒))

2.121　2009 年 6 月 30 日—7 月 1 日乌鲁木齐市南部山区、昌吉州东部山区、巴州北部山区暴雨

【降雨实况】2009 年 6 月 30 日—7 月 1 日(图 2-121a):6 月 30 日乌鲁木齐市小渠子站、大西沟站日降水量分别为 32.1 毫米、25.4 毫米,昌吉州天池站日降水量 43.6 毫米;7 月 1 日乌鲁木齐市大西沟站、昌吉州天池站、巴州巴仑台站日降水量分别为 29.8 毫米、25.5 毫米、35.0 毫米。

【天气形势】2009 年 6 月 29 日 20 时,100 百帕南亚高压呈双体型,长波槽位于西西伯利亚至中亚地区;200 百帕北疆处于低槽前西南急流中(图 2-121b)。500 百帕欧亚范围中高纬为两脊一槽的经向环流,里海至咸海为高压脊,西西伯利亚至中亚为低槽活动区,北疆受低槽前西南气流影响,蒙古至贝加尔湖为经向度较大的高压脊(图 2-121c)。700 百帕北疆为偏西气流,天山北坡有风速的辐合及切变(图 2-121d)。

此次暴雨特点是中高层北疆受中亚低槽前西南气流影响,低层天山北坡有风切变及辐合,遇天山地形动力强迫抬升,造成中天山附近暴雨。

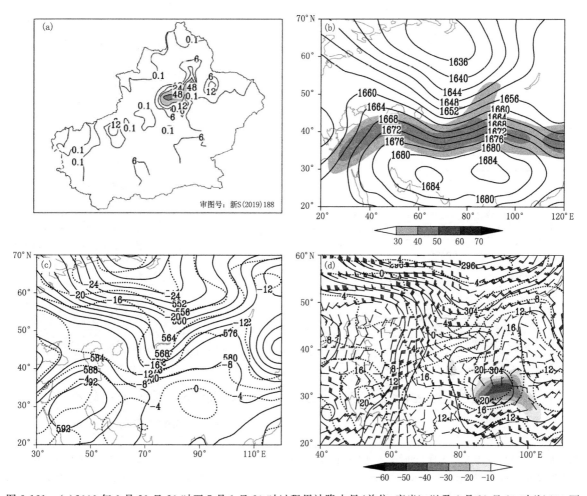

图 2-121　(a)2009 年 6 月 29 日 20 时至 7 月 1 日 20 时过程累计降水量(单位:毫米);以及 6 月 29 日 20 时(b)100 百帕高度场(实线,单位:位势什米),阴影(单位:米/秒)表示风速≥30 米/秒的 200 百帕急流;(c)500 百帕高度场(实线,单位:位势什米),温度场(虚线,单位:℃);(d)700 百帕高度场(实线,单位:位势什米),温度场(虚线,单位:℃),风场(单位:米/秒),水汽通量散度场(阴影,单位:10⁻⁶克/(厘米²·百帕·秒))

2.122　2009年8月4日乌鲁木齐市南部山区暴雨

【降雨实况】2009年8月4日(图2-122a):乌鲁木齐市南部山区小渠子站、牧试站站日降水量分别为54.2毫米、24.3毫米。

【天气形势】2009年8月3日20时,100百帕南亚高压呈单体型,中心位于青藏高原东部,长波槽位于西伯利亚;200百帕北疆处于槽底偏西急流中(图2-122b)。500百帕欧亚范围中高纬为一槽一脊的纬向环流,咸海至巴尔喀什湖北部为低涡,天山北坡受低涡底部偏西气流上短波槽影响,新疆东部为高压脊(图2-122c)。700百帕天山北坡为西北气流(图2-122d)。

此次暴雨特点是中高层中天山受低涡底部偏西气流分裂短波槽影响,低层天山北坡为西北气流,遇天山地形增强了动力抬升及辐合,造成山区暴雨。

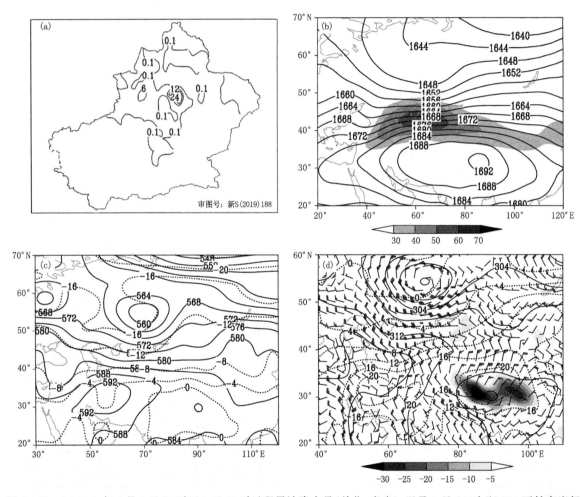

图2-122　(a)2009年8月3日20时至4日20时过程累计降水量(单位:毫米);以及3日20时(b)100百帕高度场(实线,单位:位势什米),阴影(单位:米/秒)表示风速≥30米/秒的200百帕急流;(c)500百帕高度场(实线,单位:位势什米),温度场(虚线,单位:℃);(d)700百帕高度场(实线,单位:位势什米),温度场(虚线,单位:℃),风场(单位:米/秒),水汽通量散度场(阴影,单位:10^{-6}克/(厘米^2·百帕·秒))

2.123　2009 年 9 月 9—10 日伊犁州南部山区、克州山区、阿克苏西部山区暴雨

【降雨实况】2009 年 9 月 9—10 日(图 2-123a):9 日克州乌恰站日降水量 33.8 毫米;10 日伊犁州特克斯站、克州阿合奇站、阿克苏地区乌什站日降水量分别为 29.0 毫米、44.5 毫米、30.5 毫米。

【天气形势】2009 年 9 月 9 日 20 时,100 百帕南亚高压呈单体型且主体偏东,长波槽位于中亚地区;200 百帕新疆处于低槽前西南急流中(图 2-123b)。500 百帕欧亚范围中高纬呈北脊南涡反位相叠加形势,西伯利亚为宽广的高压脊,巴尔喀什湖附近为低涡,新疆西部受低涡前西南气流影响,新疆东部为高压脊(图 2-123c)。700 百帕新疆偏西地区受气旋性风场影响,有风速辐合及西北风与偏东风的切变,并配合有 -10×10^{-6} 克/(厘米^2·百帕·秒)的水汽通量散度辐合中心,南疆盆地为偏东气流(图 2-123d)。

此次暴雨特点是中高层新疆偏西地区受低槽(涡)前西南气流影响,低层有气旋性风场辐合及切变,同时,南疆盆地偏东气流遇地形增强了动力抬升及辐合,造成偏西地区暴雨。

【灾情】克州阿合奇县暴雨洪水受灾人口 7270 人,4 人死亡,房屋倒塌、损坏;乌恰县农作物受损面积 137 公顷。阿克苏地区乌什县洪水造成 1308 人受灾,房屋损坏及倒塌、农作物受灾等。

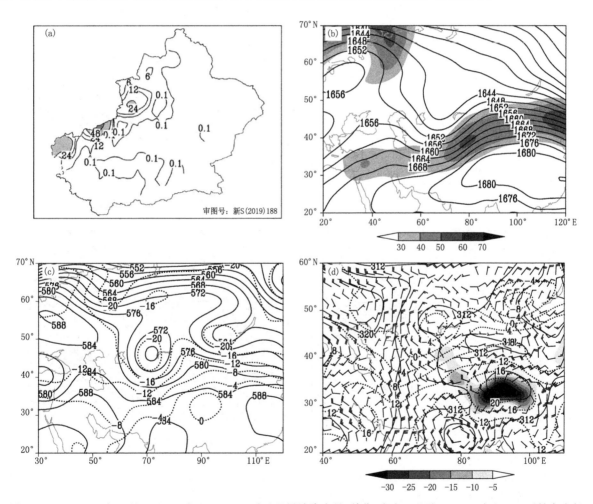

图 2-123　(a)2009 年 9 月 8 日 20 时至 10 日 20 时过程累计降水量(单位:毫米);以及 9 日 20 时(b)100 百帕高度场(实线,单位:位势什米),阴影(单位:米/秒)表示风速≥30 米/秒的 200 百帕急流;(c)500 百帕高度场(实线,单位:位势什米),温度场(虚线,单位:℃);(d)700 百帕高度场(实线,单位:位势什米),温度场(虚线,单位:℃),风场(单位:米/秒),水汽通量散度场(阴影,单位:10^{-6} 克/(厘米^2·百帕·秒))

2.124　2009年9月18日乌鲁木齐市南部山区、昌吉州东部、哈密市北部山区暴雨

【降雨实况】2009年9月18日(图2-124a):乌鲁木齐市小渠子站、昌吉州木垒站、哈密市巴里坤站日降水量分别为29.5毫米、29.4毫米、30.5毫米。

【天气形势】2009年9月17日20时,100百帕南亚高压呈单体型且主体偏东,长波槽位于西西伯利亚;200百帕新疆处于槽底偏西急流中(图2-124b)。500百帕欧亚范围中高纬为两脊一槽经向环流,乌拉尔山和贝加尔湖为高压脊,西西伯利亚至巴尔喀什湖为低槽,新疆受槽底偏西气流影响(图2-124c)。700百帕北疆为偏西气流,有明显的风速辐合(图2-124d)。

此次暴雨特点是中高层北疆受西西伯利亚低槽底部偏西气流影响,700百帕西风风速辐合明显,遇地形增强了动力抬升,造成暴雨。

【灾情】吐鲁番市托克逊县因上游山区洪水,造成农作物受灾面积80公顷,绝收面积45公顷。

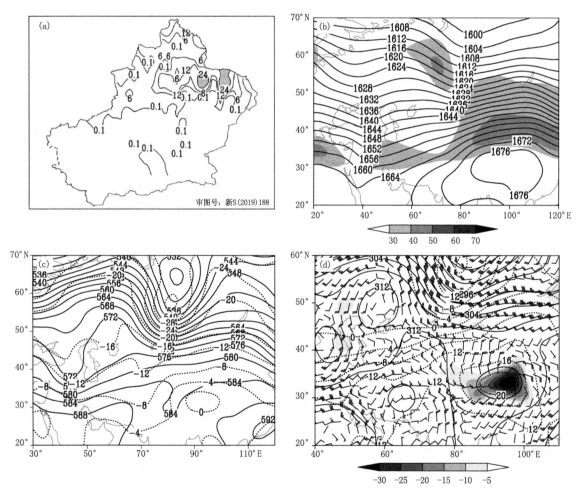

图2-124　(a)2009年9月17日20时至18日20时过程累计降水量(单位:毫米);以及17日20时(b)100百帕高度场(实线,单位:位势什米),阴影(单位:米/秒)表示风速≥30米/秒的200百帕急流;(c)500百帕高度场(实线,单位:位势什米),温度场(虚线,单位:℃);(d)700百帕高度场(实线,单位:位势什米),温度场(虚线,单位:℃),风场(单位:米/秒),水汽通量散度场(阴影,单位:10^{-6}克/(厘米^2·百帕·秒))

2.125　2010 年 6 月 5—6 日喀什地区、阿克苏地区西部、和田地区暴雨

【降雨实况】2010 年 6 月 5—6 日(图 2-125a):5 日喀什地区麦盖提站、阿克苏地区柯坪站、和田地区策勒站日降水量分别为 43.2 毫米、27.0 毫米、25.6 毫米;6 日和田地区皮山站、民丰站日降水量分别为 28.5 毫米、43.4 毫米。

【天气形势】2010 年 6 月 4 日 20 时,100 百帕南亚高压呈带状分布,高压主体在 20°N 以南,长波槽位于西西伯利亚;200 百帕新疆西部处于脊前西北气流中(图 2-125b)。500 百帕欧亚范围中纬度地区为两脊一槽的经向环流,欧洲地区和贝加尔湖为高压脊,西西伯利亚地区为宽广的低槽活动区,中亚地区有短波槽活动,新疆西部受短波槽前西南气流影响(图 2-125c)。700 百帕在新疆西部有明显的气旋性风场切变及辐合,并有 -10×10^{-6} 克/(厘米^2·百帕·秒)的水汽通量散度辐合中心,南疆盆地为东北气流(图 2-125d)。

此次暴雨中层南疆西部受中亚短波槽影响,低层南疆西部气旋性风场辐合及切变及南疆盆地东北气流遇到地形时强迫抬升,冷暖空气交汇剧烈,有利于对流触发,造成南疆西部暴雨。

【灾情】巴州且末县洪水死亡 1 人,房屋倒塌等。和田地区墨玉县、洛浦县、策勒县、于田县等地人口受灾、房屋损坏、农作物受损等;民丰县受灾。喀什地区英吉沙县、麦盖提县损坏房屋,农作物受灾等。克州阿克陶县受灾。

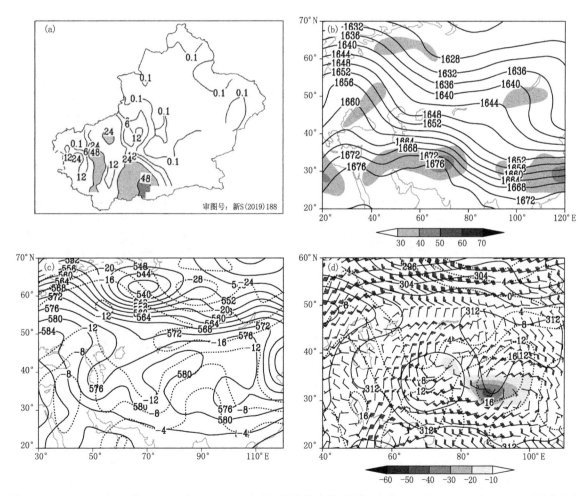

图 2-125　(a)2010 年 6 月 4 日 20 时至 6 日 20 时过程累计降水量(单位:毫米);以及 4 日 20 时(b)100 百帕高度场(实线,单位:位势什米),阴影(单位:米/秒)表示风速≥30 米/秒的 200 百帕急流;(c)500 百帕高度场(实线,单位:位势什米),温度场(虚线,单位:℃);(d)700 百帕高度场(实线,单位:位势什米),温度场(虚线,单位:℃),风场(单位:米/秒),水汽通量散度场(阴影,单位:10^{-6}克/(厘米^2·百帕·秒))

2.126　2010年6月22日伊犁州北部暴雨

【降雨实况】2010年6月22日(图2-126a):伊犁州北部霍尔果斯站、霍城站日降水量分别为82.9毫米、39.0毫米。

【天气形势】2010年6月21日20时,100百帕南亚高压呈单体型且主体偏西,长波槽位于东欧和蒙古至河西走廊;200百帕新疆处于高压脊前西北气流中(图2-126b)。500百帕欧亚范围为两槽一脊的经向环流,乌拉尔山附近为低槽,西伯利亚至新疆为宽广的高压脊,伊犁州受高压脊前西北气流控制(图2-126c)。700百帕伊犁州为西北气流,有风速辐合(图2-126d)。

此次暴雨特点是整层伊犁州处于高压脊前西北气流中,低层风速辐合,遇地形冷暖空气交汇,造成伊犁州北部暴雨。

【灾情】伊犁州霍城县农作物受灾;特克斯县人口受灾、农作物受灾等;伊宁县喀拉亚奇乡西北部库鲁萨依沟洪水使3名基建矿井施工工人被困。

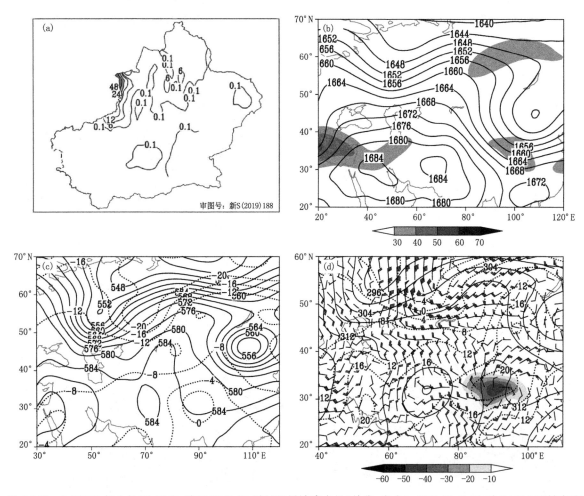

图2-126　(a)2010年6月21日20时至22日20时过程累计降水量(单位:毫米);以及21日20时(b)100百帕高度场(实线,单位:位势什米),阴影(单位:米/秒)表示风速≥30米/秒的200百帕急流;(c)500百帕高度场(实线,单位:位势什米),温度场(虚线,单位:℃);(d)700百帕高度场(实线,单位:位势什米),温度场(虚线,单位:℃),风场(单位:米/秒),水汽通量散度场(阴影,单位:10^{-6}克/(厘米^2·百帕·秒))

2.127　2010 年 7 月 29 日和 31 日喀什地区、克州北部山区、阿克苏地区暴雨

【降雨实况】2010 年 7 月 29 日和 31 日(图 2-127a):29 日喀什地区巴楚站日降水量 27.3 毫米,阿克苏地区阿克苏站、拜城站、柯坪站日降水量分别为 28.2 毫米、31.7 毫米、27.3 毫米;31 日喀什地区伽师站、岳普湖站、麦盖提站日降水量分别为 42.0 毫米、62.8 毫米、27.8 毫米,克州阿合奇站日降水量 25.1 毫米。

【天气形势】2010 年 7 月 28 日 20 时,100 百帕南亚高压呈双体型,长波槽位于乌拉尔山至里海南端,槽底南伸至 35°N 附近;200 百帕新疆处于低槽前西南急流中(图 2-127b)。500 百帕欧亚范围中高纬为两脊两槽的经向环流,欧洲为高压脊,经向度较大,西西伯利亚至中亚为低槽活动区,南疆西部受低槽前西南气流影响,新疆为高压脊,贝加尔湖东南部为低涡(图 2-127c)。700 百帕南疆西部有气旋性风场的辐合及切变,南疆盆地为东北气流(图 2-127d)。

此次暴雨 500 百帕南疆西部受中亚低槽分裂波动影响,700 百帕有风场辐合及切变,南疆盆地东北气流遇到地形时强迫抬升,有利于辐合上升运动,使得南疆西部产生暴雨。

【灾情】喀什地区、克州、阿克苏地区多个县受暴雨影响,19030 人受灾,转移安置 4860 人,房屋损坏 18884 间,农作物受灾面积 42994 公顷。

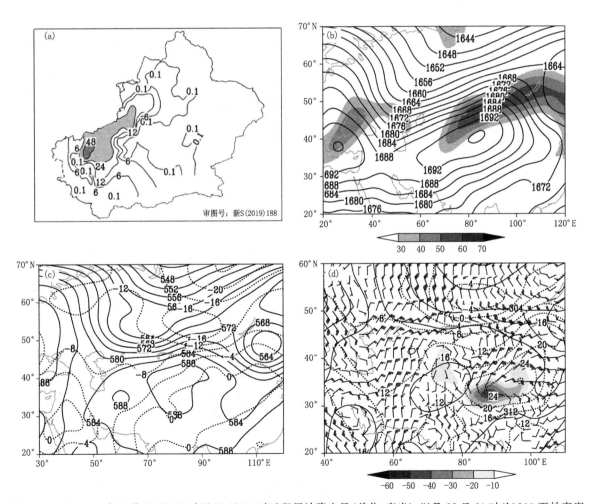

图 2-127　(a)2010 年 7 月 28 日 20 时至 31 日 20 时过程累计降水量(单位:毫米);以及 28 日 20 时(b)100 百帕高度场(实线,单位:位势什米),阴影(单位:米/秒)表示风速≥30 米/秒的 200 百帕急流;(c)500 百帕高度场(实线,单位:位势什米),温度场(虚线,单位:℃);(d)700 百帕高度场(实线,单位:位势什米),温度场(虚线,单位:℃),风场(单位:米/秒),水汽通量散度场(阴影,单位:10^{-6} 克/(厘米^2·百帕·秒))

2.128　2010年9月17日克州山区、阿克苏地区西部山区暴雨

【降雨实况】2010年9月17日(图2-128a):克州乌恰站、阿合奇站和阿克苏地区乌什站日降水量分别为27.8毫米、45.2毫米、26.2毫米。

【天气形势】2010年9月16日20时,100百帕南亚高压呈双体型且东部高压脊偏强,长波槽位于西西伯利亚至中亚地区,槽底南伸至35°N附近;200百帕新疆处于低槽前西南急流中(图2-128b)。500百帕欧亚范围中高纬为两脊一槽的纬向环流,西伯利亚为宽广的低压槽区,南欧和新疆东南部为高压脊,里海附近为低槽,南疆西部受低槽分裂短波东移影响(图2-128c)。700百帕在南疆西部有气旋性风场辐合及切变(图2-128d)。

此次暴雨500百帕南疆西部受中亚低槽分裂短波影响,700百帕南疆西部有风场辐合及切变,冷暖空气交汇,有利于南疆西部山区产生暴雨。

【灾情】暴雨洪水造成克州阿图什市5人死亡,1人失联。喀什地区、克州、阿克苏地区共37688人受灾,19000人饮水困难,转移安置人口8071人、房屋倒塌1290间,房屋损坏1827间,农作物受灾面积1644公顷。

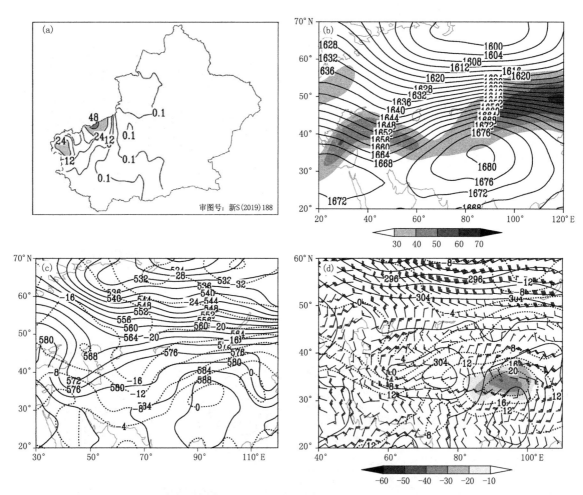

图2-128　(a)2010年9月16日20时至17日20时过程累计降水量(单位:毫米);以及16日20时(b)100百帕高度场(实线,单位:位势什米),阴影(单位:米/秒)表示风速≥30米/秒的200百帕急流;(c)500百帕高度场(实线,单位:位势什米),温度场(虚线,单位:℃);(d)700百帕高度场(实线,单位:位势什米),温度场(虚线,单位:℃),风场(单位:米/秒),水汽通量散度场(阴影,单位:10⁻⁶克/(厘米²·百帕·秒))

2. 129　2011 年 7 月 15 日伊犁州南部山区暴雨

【降雨实况】2011 年 7 月 15 日(图 2-129a):伊犁州南部山区昭苏站、特克斯站日降水量分别为 25.0 毫米、37.2 毫米。

【天气形势】2011 年 7 月 14 日 20 时,100 百帕南亚高压呈带状分布,长波槽位于西西伯利亚至巴尔喀什湖附近;200 百帕北疆处于低槽前西南急流中(图 2-129b)。500 百帕欧亚范围中高纬为两脊一槽的经向环流,东欧至乌拉尔山的高压脊向东北经向发展,西西伯利亚为较深厚的低涡,槽底南伸至 40°N 附近,北疆西部受低槽前西南气流影响,下游蒙古至贝加尔湖为高压脊(图 2-129c)。700 百帕伊犁州受低槽分裂短波影响,有西北风风速辐合及与西南风的切变(图 2-129d)。

此次暴雨特点是中高层北疆受西西伯利亚低涡前西南气流影响,低层风切变及风速辐合明显,遇到天山地形时强迫抬升,有利于辐合上升运动,造成伊犁州南部山区暴雨。

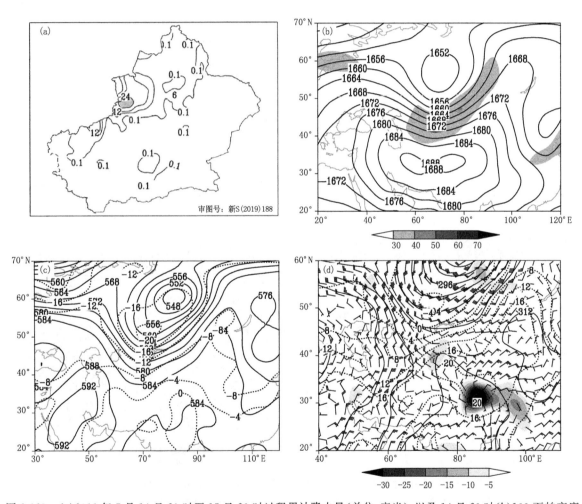

图 2-129　(a)2011 年 7 月 14 日 20 时至 15 日 20 时过程累计降水量(单位:毫米);以及 14 日 20 时(b)100 百帕高度场(实线,单位:位势什米),阴影(单位:米/秒)表示风速≥30 米/秒的 200 百帕急流;(c)500 百帕高度场(实线,单位:位势什米),温度场(虚线,单位:℃);(d)700 百帕高度场(实线,单位:位势什米),温度场(虚线,单位:℃),风场(单位:米/秒),水汽通量散度场(阴影,单位:10^{-6} 克/(厘米²·百帕·秒))

2.130 2011年7月21日阿勒泰地区暴雨

【降雨实况】2011年7月21日(图2-130a):阿勒泰地区福海站、富蕴站、青河站日降水量分别为25.7毫米、31.3毫米、36.7毫米。

【天气形势】2011年7月20日20时,100百帕南亚高压呈带状分布,长波槽位于西西伯利亚至巴尔喀什湖附近;200百帕北疆处于低槽前西南急流中(图2-130b)。500百帕欧亚范围中高纬为两脊一槽的经向环流,东欧高压脊经向发展,西西伯利亚至巴尔喀什湖为低槽活动区,北疆受低槽前西南气流影响,新疆东部为高压脊(图2-130c)。700百帕阿勒泰地区有西北风与西南风切变(图2-130d)。

此次暴雨特点是中高层北疆受西西伯利亚至巴尔喀什湖低槽前西南气流影响,低层阿勒泰地区为气旋性风场配合暖平流,同时,受阿勒泰地形影响产生暴雨。

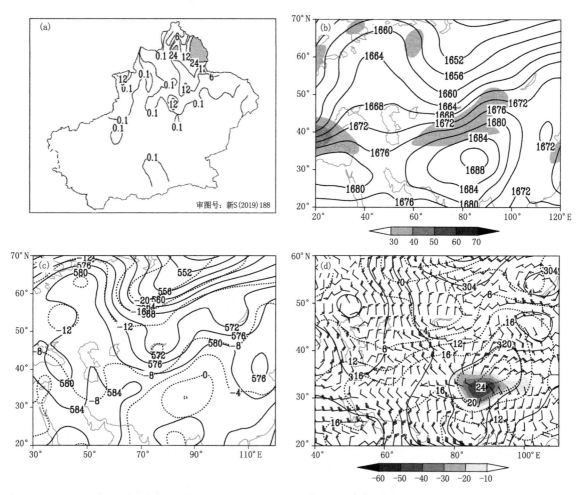

图2-130 (a)2011年7月20日20时至21日20时过程累计降水量(单位:毫米);以及20日20时(b)100百帕高度场(实线,单位:位势什米),阴影(单位:米/秒)表示风速≥30米/秒的200百帕急流;(c)500百帕高度场(实线,单位:位势什米),温度场(虚线,单位:℃);(d)700百帕高度场(实线,单位:位势什米),温度场(虚线,单位:℃),风场(单位:米/秒),水汽通量散度场(阴影,单位:10^{-6}克/(厘米^2·百帕·秒))

2.131　2011 年 8 月 12 日伊犁州暴雨

【降雨实况】2011 年 8 月 12 日(图 2-131a):伊犁州尼勒克站、巩留站、昭苏站、特克斯站日降水量分别为 24.6 毫米、33.6 毫米、43.3 毫米、33.3 毫米。

【天气形势】2011 年 8 月 11 日 20 时,100 百帕南亚高压呈带状分布,长波槽位于巴尔喀什湖及其以南地区;200 百帕北疆处于低槽前西南急流中(图 2-131b)。500 百帕欧亚范围为两脊一槽的经向环流,乌拉尔山为宽广的经向度较大的高压脊,西伯利亚至中亚为低槽活动区,伊犁州受低槽前西南气流影响,新疆东部为浅高压脊(图 2-131c)。700 百帕伊犁州有气旋性风切变及辐合(图 2-131d)。

此次暴雨特点是中高层伊犁州受中亚低槽前西南气流影响,700 百帕气旋性风切变及辐合明显,遇到天山地形时强迫抬升,有利于辐合上升运动,造成伊犁州暴雨。

【灾情】伊犁州伊宁县暴雨洪水造成农作物受灾。

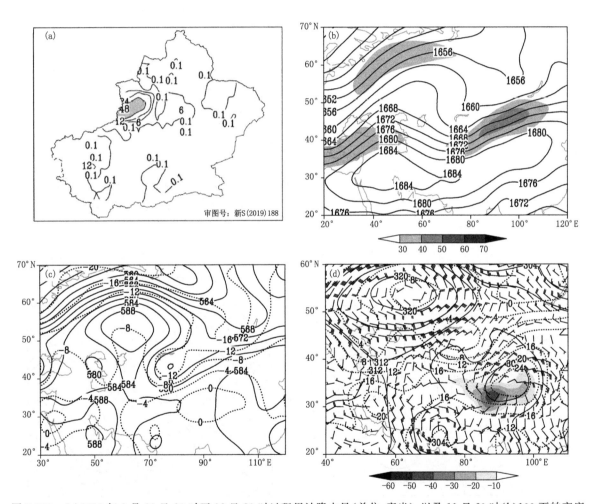

图 2-131　(a)2011 年 8 月 11 日 20 时至 12 日 20 时过程累计降水量(单位:毫米);以及 11 日 20 时(b)100 百帕高度场(实线,单位:位势什米),阴影(单位:米/秒)表示风速≥30 米/秒的 200 百帕急流;(c)500 百帕高度场(实线,单位:位势什米),温度场(虚线,单位:℃);(d)700 百帕高度场(实线,单位:位势什米),温度场(虚线,单位:℃),风场(单位:米/秒),水汽通量散度场(阴影,单位:10⁻⁶ 克/(厘米²·百帕·秒))

2.132 2012年6月4日巴州北部暴雨

【降雨实况】2012年6月4日(图2-132a),巴州北部和静站、库尔勒站日降水量分别为75.9毫米、74.6毫米。

【天气形势】2012年6月3日20时,100百帕南亚高压呈带状分布,长波槽位于中亚偏南地区;200百帕新疆处于低槽前偏西急流中(图2-132b)。500百帕欧亚范围为两槽一脊的经向环流,伊朗副热带高压脊向北发展与西西伯利亚高压脊叠加,经向度较大,欧洲为深厚的低涡,新疆西部至中亚南部为低槽活动区,巴州北部受中亚低槽分裂短波槽东移影响(图2-132c)。700百帕巴州北部为西北气流,有风速辐合(图2-132d)。

此次暴雨中高层巴州北部受中亚偏南低槽东移影响,低层西北气流风速辐合,同时,遇到天山地形强迫抬升,冷暖空气交汇有利于强对流发展,产生暴雨。

【灾情】巴州库尔勒市、和静县、和硕县暴雨洪水及冰雹,人口受灾、房屋损坏、农作物受灾、大棚损坏等。

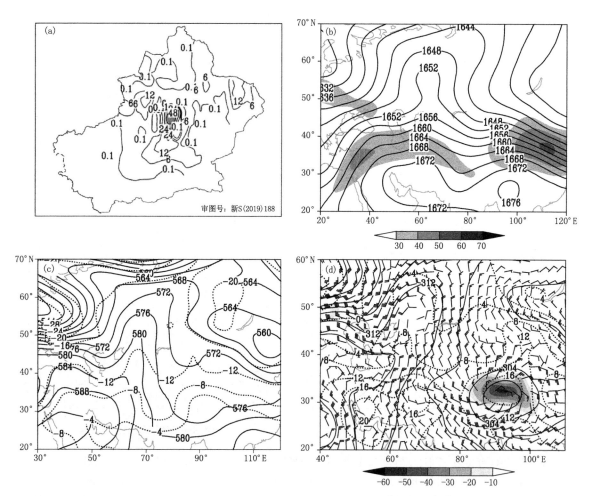

图2-132 (a)2012年6月3日20时至4日20时过程累计降水量(单位:毫米);以及3日20时(b)100百帕高度场(实线,单位:位势什米),阴影(单位:米/秒)表示风速≥30米/秒的200百帕急流;(c)500百帕高度场(实线,单位:位势什米),温度场(虚线,单位:℃);(d)700百帕高度场(实线,单位:位势什米),温度场(虚线,单位:℃),风场(单位:米/秒),水汽通量散度场(阴影,单位:10⁻⁶克/(厘米²·百帕·秒))

2.133　2012 年 7 月 14 日阿勒泰地区东部、克拉玛依市、昌吉州东部暴雨

【降雨实况】2012 年 7 月 14 日 (图 2-133a):阿勒泰地区富蕴站日降水量 25.5 毫米,克拉玛依市克拉玛依站日降水量 37.9 毫米,昌吉州吉木萨尔站、奇台站日降水量分别为 26.0 毫米、28.0 毫米。

【天气形势】2012 年 7 月 13 日 20 时,100 百帕南亚高压呈双体型,且西部脊偏强,长波槽位于巴尔喀什湖及其南部的中亚地区;200 百帕新疆处于低槽前西南急流中(图 2-133b)。500 百帕欧亚范围为两脊一槽的经向环流,伊朗副热带高压向北发展与乌拉尔山高压脊叠加,经向度较大,巴尔喀什湖附近为低涡,新疆东部为高压脊,北疆受低涡前偏南气流影响(图 2-133c)。700 百帕北疆受气旋性风场影响,风切变及辐合明显(图 2-133d)。

此次暴雨特点是中层北疆受中亚低涡前偏南气流影响,700 百帕气旋性风场辐合及切变明显,同时,遇到地形增强了动力抬升及辐合,造成北疆暴雨。

【灾情】克拉玛依市暴雨洪水房屋倒塌及损坏等。阿勒泰地区富蕴县乌河库尔特乡、恰库尔图镇暴雨洪涝、房屋损坏及倒塌等。

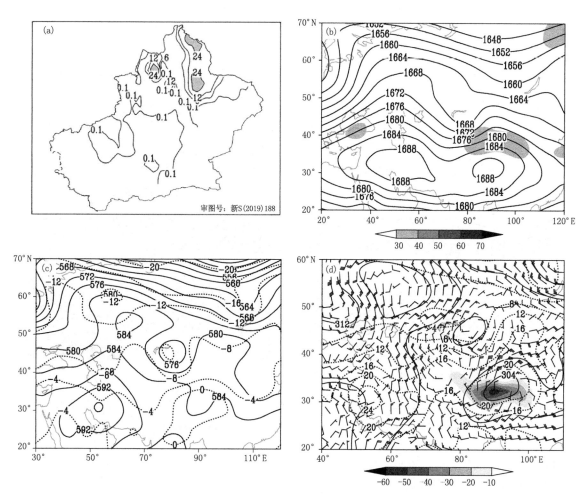

图 2-133　(a)2012 年 7 月 13 日 20 时至 14 日 20 时过程累计降水量(单位:毫米);以及 13 日 20 时(b)100 百帕高度场(实线,单位:位势什米),阴影(单位:米/秒)表示风速≥30 米/秒的 200 百帕急流;(c)500 百帕高度场(实线,单位:位势什米),温度场(虚线,单位:℃);(d)700 百帕高度场(实线,单位:位势什米),温度场(虚线,单位:℃),风场(单位:米/秒),水汽通量散度场(阴影,单位:10⁻⁶克/(厘米²·百帕·秒))

2.134　2012年7月28日乌鲁木齐市南部山区、巴州北部山区暴雨

【降雨实况】2012年7月28日(图2-134a)：乌鲁木齐市大西沟站、巴州巴仑台站日降水量分别为28.3毫米、34.5毫米。

【天气形势】2012年7月27日20时，100百帕南亚高压呈双体型，长波槽位于中亚地区，槽底南伸至35°N附近；200百帕新疆处于低槽前西南急流中(图2-134b)。500百帕欧亚范围为两脊一槽的纬向环流，南欧和新疆东部为高压脊，中亚低涡位于咸海与巴尔喀什湖之间，北疆受低涡分裂短波影响(图2-134c)。700百帕中天山受低涡分裂短波影响，有西北风风速辐合(图2-134d)。

此次暴雨中层天山附近受中亚低涡分裂短波东移影响，700百帕有风速辐合，遇到天山地形时强迫抬升，有利于辐合上升运动，使得中天山附近产生暴雨。

【灾情】巴州和静县、和硕县洪涝造成受灾人口、转移安置、房屋损坏等；农作物受灾面积1793公顷。

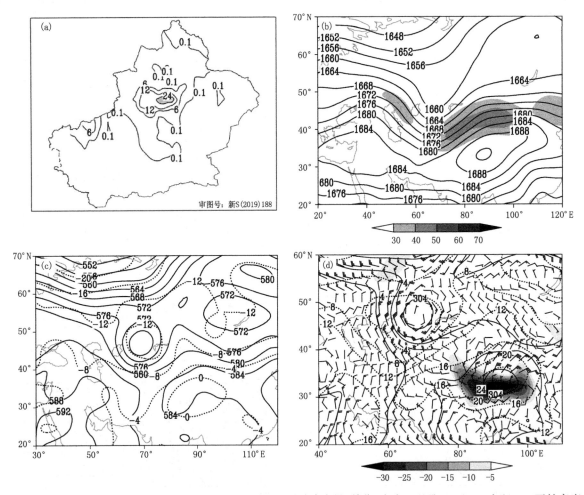

图2-134　(a)2012年7月27日20时至28日20时过程累计降水量(单位：毫米)；以及27日20时(b)100百帕高度场(实线，单位：位势什米)，阴影(单位：米/秒)表示风速≥30米/秒的200百帕急流；(c)500百帕高度场(实线，单位：位势什米)，温度场(虚线，单位：℃)；(d)700百帕高度场(实线，单位：位势什米)，温度场(虚线，单位：℃)，风场(单位：米/秒)，水汽通量散度场(阴影，单位：10^{-6}克/(厘米²·百帕·秒))

2.135　2012 年 8 月 3 日昌吉州东部暴雨

【降雨实况】2012 年 8 月 3 日(图 2-135a):昌吉州东部阜康站、天池站日降水量分别为 24.6 毫米、41.1 毫米。

【天气形势】2012 年 8 月 2 日 20 时,100 百帕南亚高压呈带状分布,且西部脊偏强,长波槽位于西伯利亚至中亚地区;200 百帕北疆处于低槽前西南急流中(图 2-135b)。500 百帕欧亚范围为两脊一槽的经向环流,乌拉尔山高压脊经向发展,巴尔喀什湖附近为低涡,其分裂短波东移影响北疆,新疆东部为浅高压脊(图 2-135c)。700 百帕中天山北坡受低槽前偏西气流影响,有风速辐合及风切变(图 2-135d)。

此次暴雨中高层北疆受中亚低槽(涡)分裂短波影响,低层中天山北坡有风切变及风速辐合,遇到天山地形时强迫抬升,有利于辐合上升运动,造成昌吉州东部暴雨。

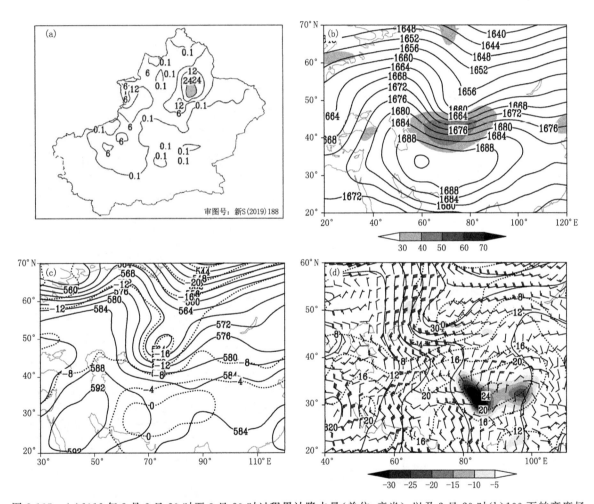

图 2-135　(a)2012 年 8 月 2 日 20 时至 3 日 20 时过程累计降水量(单位:毫米);以及 2 日 20 时(b)100 百帕高度场(实线,单位:位势什米),阴影(单位:米/秒)表示风速≥30 米/秒的 200 百帕急流;(c)500 百帕高度场(实线,单位:位势什米),温度场(虚线,单位:℃);(d)700 百帕高度场(实线,单位:位势什米),温度场(虚线,单位:℃),风场(单位:米/秒),水汽通量散度场(阴影,单位:10⁻⁶克/(厘米²·百帕·秒))

2.136　2012年9月22日乌鲁木齐市、昌吉州东部暴雨

【降雨实况】2012年9月22日(图2-136a)：乌鲁木齐市乌鲁木齐站和昌吉州天池站、木垒站日降水量分别为24.4毫米、35.1毫米、36.1毫米。

【天气形势】2012年9月21日20时，100百帕南亚高压呈带状分布，且西部脊偏强，长波槽位于西伯利亚至中亚地区；200百帕北疆处于低槽前西南急流中(图2-136b)。500百帕欧亚范围为两脊一槽的经向环流，乌拉尔山高压脊向东北发展，经向度较大，巴尔喀什湖北部为较深厚的低涡，北疆受低涡前西南气流影响，蒙古至贝加尔湖为高压脊(图2-136c)。700百帕中天山北坡受低涡前偏西气流影响，有风速辐合(图2-136d)。

此次暴雨中高层北疆受中亚低槽(涡)前西南气流影响，低层中天山北坡有西风风速辐合，遇到天山地形时强迫抬升，冷暖空气交汇有利于中天山附近产生暴雨。

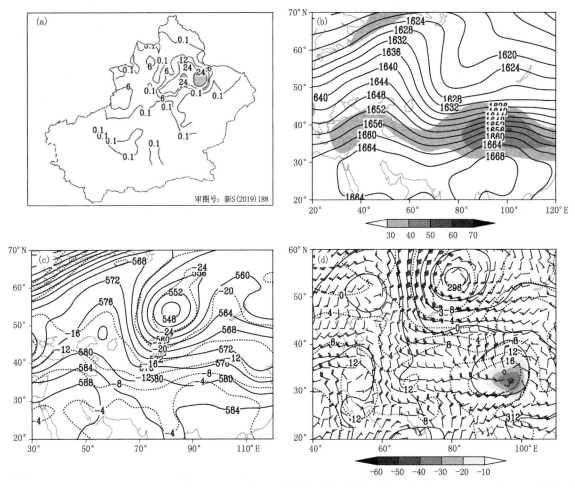

图2-136　(a)2012年9月21日20时至22日20时过程累计降水量(单位：毫米)；以及21日20时(b)100百帕高度场(实线，单位：位势什米)，阴影(单位：米/秒)表示风速≥30米/秒的200百帕急流；(c)500百帕高度场(实线，单位：位势什米)，温度场(虚线，单位：℃)；(d)700百帕高度场(实线，单位：位势什米)，温度场(虚线，单位：℃)，风场(单位：米/秒)，水汽通量散度场(阴影，单位：10⁻⁶克/(厘米²·百帕·秒))

2.137　2013 年 5 月 27—28 日喀什地区、克州北部山区、阿克苏地区西部、和田地区暴雨

【降雨实况】2013 年 5 月 27—28 日(图 2-137a):27 日喀什地区叶城站日降水量 31.1 毫米,克州阿合奇站日降水量 42.0 毫米,阿克苏地区乌什站、柯坪站日降水量分别为 25.7 毫米、30.5 毫米;28 日喀什地区叶城站、和田地区皮山站日降水量分别为 58.5 毫米、25.9 毫米。

【天气形势】2013 年 5 月 26 日 20 时,100 百帕南亚高压呈单体型主体偏东,长波槽位于西伯利亚至中亚地区,槽底南伸至 30°N 附近(图 2-137b);200 百帕南疆西部处于低槽前西南急流中。500 百帕欧亚范围为两脊一槽的经向环流,里海至咸海的高压脊向北发展,西伯利亚和中亚南部为低涡活动区,南疆西部受中南南部低涡分裂短波东移影响,甘肃为浅高压脊(图 2-137c)。700 百帕在南疆西部有气旋性风场辐合及切变,南疆盆地为东北气流(图 2-137d)。

此次暴雨 500 百帕南疆西部受中亚偏南低涡分裂短波影响,700 百帕南疆西部有气旋性风场辐合及切变,低层南疆盆地东北气流遇到地形强迫抬升,有利于南疆西部暴雨。

【灾情】喀什地区各县、克州、阿克苏地区、和田地区暴雨造成 186799 人受灾,2 人死亡,2600 人饮水困难,转移安置 2810 人,房屋损坏 31851 间,倒塌 4469 间,受灾农作物 17497 公顷,728 座大棚损坏。

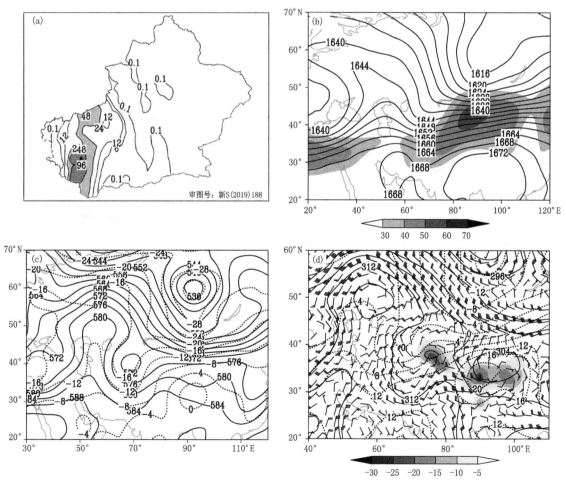

图 2-137　(a)2013 年 5 月 26 日 20 时至 28 日 20 时过程累计降水量(单位:毫米);以及 26 日 20 时(b)100 百帕高度场(实线,单位:位势什米),阴影(单位:米/秒)表示风速≥30 米/秒的 200 百帕急流;(c)500 百帕高度场(实线,单位:位势什米),温度场(虚线,单位:℃);(d)700 百帕高度场(实线,单位:位势什米),温度场(虚线,单位:℃),风场(单位:米/秒),水汽通量散度场(阴影,单位:10^{-6}克/(厘米²·百帕·秒))

2.138 2013年6月16—19日克州、阿克苏地区西部、巴州北部暴雨

【降雨实况】2013年6月16—19日(图2-138a):16日克州阿克陶站日降水量29.8毫米;17日阿克苏地区阿克苏站、温宿站日降水量分别为31.8毫米、67.8毫米;18日阿克苏地区阿克苏站、柯坪站日降水量分别为31.3毫米、40.6毫米;19日巴州巴音布鲁克站、轮台站日降水量分别为28.9毫米、32.9毫米。

【天气形势】2013年6月16日20时,100百帕南亚高压呈典型的双体型,长波槽位于巴尔喀什湖及其以南的中亚地区,槽底南伸至30°N附近;200百帕南疆西部处于低槽前西南急流中(图2-138b)。500百帕欧亚范围为两脊一槽的经向环流,里海至咸海的高压脊向北发展,西西伯利亚至中亚为低槽活动区,南疆西部受低槽前西南气流影响,新疆东部至贝加尔湖为经向度较大的高压脊(图2-138c)。700百帕南疆西部有气旋性风场辐合及切变,南疆盆地为东北气流(图2-138d)。

此次暴雨500百帕南疆西部受中亚低槽前西南气流影响,700百帕南疆西部为气旋性风场辐合及切变,同时低层南疆盆地为东北气流,遇到地形强迫抬升及冷暖空气交汇,有利于南疆西部暴雨。

【灾情】阿克苏地区暴雨洪涝造成阿克苏市、库车县、乌什县3人死亡,87人受伤,85人被困,3000人饮水困难,转移安置5393人,房屋损坏4413间,倒塌2686间,农作物受灾33450公顷。

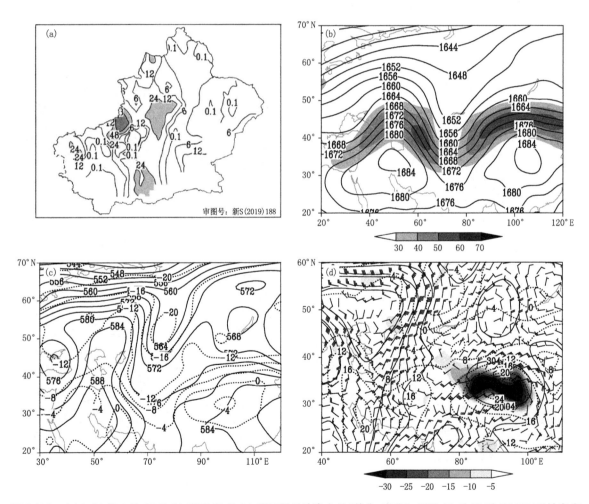

图2-138 (a)2013年6月15日20时至19日20时过程累计降水量(单位:毫米);以及16日20时(b)100百帕高度场(实线,单位:位势什米),阴影(单位:米/秒)表示风速≥30米/秒的200百帕急流;(c)500百帕高度场(实线,单位:位势什米),温度场(虚线,单位:℃);(d)700百帕高度场(实线,单位:位势什米),温度场(虚线,单位:℃),风场(单位:米/秒),水汽通量散度场(阴影,单位:10⁻⁶克/(厘米²·百帕·秒))

2.139 2013 年 6 月 20—21 日阿勒泰地区东部、昌吉州东部暴雨

【降雨实况】2013 年 6 月 20—21 日（图 2-139a）：20 日昌吉州北塔山站日降水量 26.7 毫米；21 日阿勒泰地区富蕴站、青河站日降水量分别为 28.3 毫米、41.3 毫米。

【天气形势】2013 年 6 月 20 日 20 时，100 百帕南亚高压呈带状分布，且东部脊偏强，长波槽位于巴尔喀什湖附近；200 百帕北疆处于低槽前西南急流中（图 2-139b）。500 百帕欧亚范围为两脊一槽的经向环流，乌拉尔山为高压脊，北疆为低涡，北疆东部受低涡前西南气流影响，贝加尔湖至东西伯利亚为经向度较大的高压脊（图 2-139c）。700 百帕北疆东部受低涡气旋性风场影响，有风切变及风速辐合（图2-139d）。

此次暴雨中层北疆东部受低涡前西南气流影响，低层有气旋性风切变及辐合，遇到地形时强迫抬升，冷暖空气交汇有利于北疆东部产生暴雨。

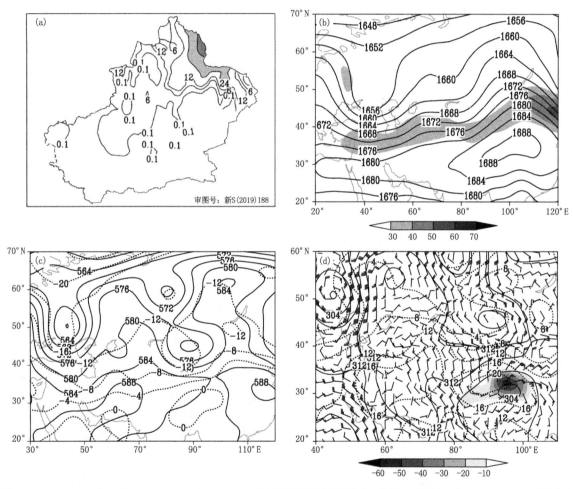

图 2-139　(a)2013 年 6 月 19 日 20 时至 21 日 20 时过程累计降水量（单位：毫米）；以及 20 日 20 时(b)100 百帕高度场（实线，单位：位势什米），阴影（单位：米/秒）表示风速≥30 米/秒的 200 百帕急流；(c)500 百帕高度场（实线，单位：位势什米），温度场（虚线，单位：℃）；(d)700 百帕高度场（实线，单位：位势什米），温度场（虚线，单位：℃），风场（单位：米/秒），水汽通量散度场（阴影，单位：10^{-6} 克/（厘米^2·百帕·秒））

2.140 2013年7月16日昌吉州东部暴雨

【降雨实况】2013年7月16日(图2-140a):昌吉州东部天池站、北塔山站日降水量分别为67.0毫米、29.0毫米。

【天气形势】2013年7月15日20时,100百帕南亚高压呈带状分布,中纬度为西风急流;200百帕北疆处于西风急流中(图2-140b)。500百帕欧亚范围为两脊一槽的经向环流,伊朗副热带高压向北发展与里海高压脊叠加,咸海至巴尔喀什湖北部为低涡,北疆受低涡分裂短波影响,新疆东部至中西伯利亚为经向度较大的高压脊(图2-140c)。700百帕北疆东部受低涡底部偏西气流影响,风速辐合明显(图2-140d)。

此次暴雨中层北疆东部受低涡分裂短波影响,低层风速辐合明显,遇到地形时强迫抬升,冷暖空气交汇,造成昌吉州东部暴雨。

【灾情】阿勒泰地区富蕴县、青河县暴雨洪水造成1419人受灾,房屋倒塌167间,损坏1252间,农作物受灾282公顷。

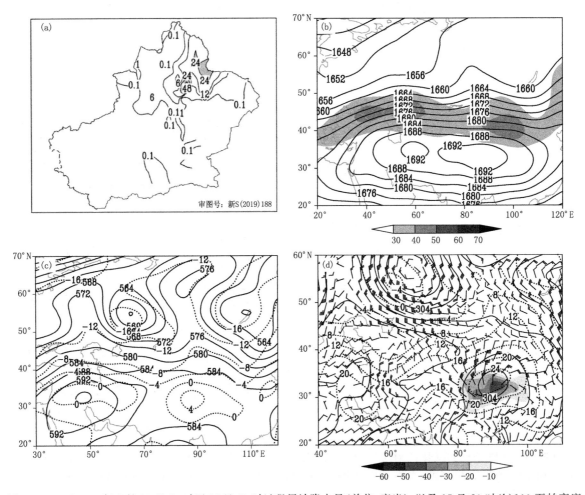

图2-140 (a)2013年7月15日20时至16日20时过程累计降水量(单位:毫米);以及15日20时(b)100百帕高度场(实线,单位:位势什米),阴影(单位:米/秒)表示风速≥30米/秒的200百帕急流;(c)500百帕高度场(实线,单位:位势什米),温度场(虚线,单位:℃);(d)700百帕高度场(实线,单位:位势什米),温度场(虚线,单位:℃),风场(单位:米/秒),水汽通量散度场(阴影,单位:10^{-6}克/(厘米²·百帕·秒))

2.141 2014 年 9 月 20 日乌鲁木齐市、昌吉州东部暴雨

【降雨实况】2014 年 9 月 20 日(图 2-141a):乌鲁木齐市乌鲁木齐站、米东站和昌吉州木垒站日降水量分别为 27.9 毫米、29.7 毫米、24.7 毫米。

【天气形势】2014 年 9 月 19 日 20 时,100 百帕南亚高压呈带状分布,长波槽位于西西伯利亚至巴尔喀什湖附近;200 百帕北疆处于低槽前西南急流中(图 2-141b)。500 百帕欧亚范围为两脊一槽的经向环流,伊朗副热带高压向北发展与里海至咸海的高压脊叠加,西西伯利亚至巴尔喀什湖为低槽,北疆受低槽前西南气流影响,蒙古至贝加尔湖为经向度较大的高压脊(图 2-141c)。700 百帕中天山北坡有风速辐合及风切变(图 2-141d)。

此次暴雨中高层北疆受低槽前西南气流影响,低层有风速辐合及风切变,遇到天山地形时强迫抬升,冷暖空气交汇,造成中天山附近暴雨。

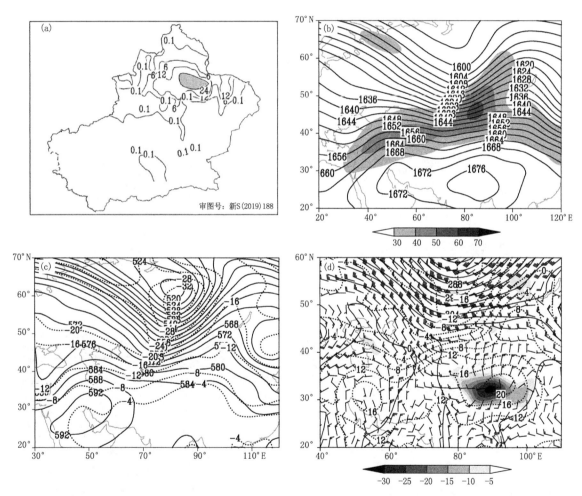

图 2-141 (a)2014 年 9 月 19 日 20 时至 20 日 20 时过程累计降水量(单位:毫米);以及 19 日 20 时(b)100 百帕高度场(实线,单位:位势什米),阴影(单位:米/秒)表示风速≥30 米/秒的 200 百帕急流;(c)500 百帕高度场(实线,单位:位势什米),温度场(虚线,单位:℃);(d)700 百帕高度场(实线,单位:位势什米),温度场(虚线,单位:℃),风场(单位:米/秒),水汽通量散度场(阴影,单位:10⁻⁶克/(厘米²·百帕·秒))

2.142　2015年8月11—12日乌鲁木齐市南部山区、昌吉州东部、巴州北部山区、哈密市北部山区暴雨

【降雨实况】2015年8月11—12日(图2-142a)：11日乌鲁木齐市小渠子站、大西沟站日降水量分别为26.5毫米、29.1毫米，昌吉州天池站日降水量52.7毫米，巴州巴音布鲁克站日降水量24.5毫米；12日昌吉州奇台站、天池站、木垒站日降水量分别为29.1毫米、37.6毫米、36.3毫米，哈密市巴里坤站日降水量28.2毫米。

【天气形势】2015年8月10日20时，100百帕南亚高压呈带状分布，长波槽位于西西伯利亚至巴尔喀什湖附近；200百帕北疆处于低槽前西南急流中(图2-142b)。500百帕欧亚范围为两脊一槽的纬向环流，伊朗副热带高压向北发展与里海高压脊叠加，西西伯利亚至巴尔喀什湖为宽广的低槽，北疆受低槽前西南气流影响，下游蒙古为高压脊(图2-142c)。700百帕北疆受低槽分裂短波影响，有西北风与西南风切变(图2-142d)。

此次暴雨中高层北疆受低槽前西南气流影响，低层有风切变，遇到天山地形时强迫抬升，冷暖空气交汇，造成中天山及以东暴雨。

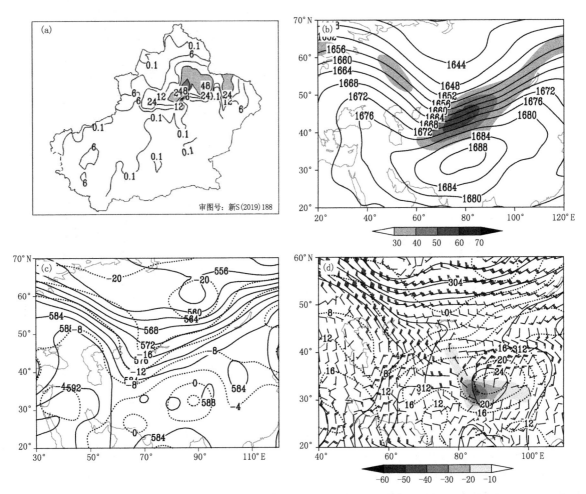

图2-142　(a)2015年8月10日20时至12日20时过程累计降水量(单位：毫米)；以及10日20时(b)100百帕高度场(实线，单位：位势什米)，阴影(单位：米/秒)表示风速≥30米/秒的200百帕急流；(c)500百帕高度场(实线，单位：位势什米)，温度场(虚线，单位：℃)；(d)700百帕高度场(实线，单位：位势什米)，温度场(虚线，单位：℃)，风场(单位：米/秒)，水汽通量散度场(阴影，单位：10^{-6}克/(厘米²·百帕·秒))

【灾情】昌吉州阜康市暴雨洪水导致滋泥泉子镇、九运街镇、水磨沟乡、上户沟乡、三工河乡农作物受灾,冲毁水渠河道、供水管道、高速公路、电围栏等。巴州和静县巴仑台山区大雨引发山洪,导致国道 216 双线封闭,80 辆车百余人被困。

2.143 2015 年 8 月 29—30 日乌鲁木齐市南部山区、昌吉州东部山区、巴州北部山区暴雨

【降雨实况】2015 年 8 月 29—30 日(图 2-143a):29 日乌鲁木齐市大西沟站日降水量 26.6 毫米;30 日乌鲁木齐市大西沟站、昌吉州天池站、巴州巴仑台站日降水量分别为 29.1 毫米、37.5 毫米、42.4 毫米。

【天气形势】2015 年 8 月 29 日 20 时,100 百帕南亚高压呈带状分布,长波槽位于西西伯利亚至巴尔喀什湖附近;200 百帕北疆处于低槽前西南急流中(图 2-143b)。500 百帕欧亚范围为两脊一槽的纬向环流,伊朗副热带高压在里海南部,西西伯利亚至中亚为宽广的低槽,北疆受中亚低槽分裂短波影响,下游蒙古为高压脊(图 2-143c)。700 百帕受弱短波影响,中天山附近有西北风与西南风切变(图 2-143d)。

此次暴雨中高层北疆受中亚低槽分裂短波影响,低层有风切变,遇到天山地形时强迫抬升,冷暖空气交汇,造成中天山附近暴雨。

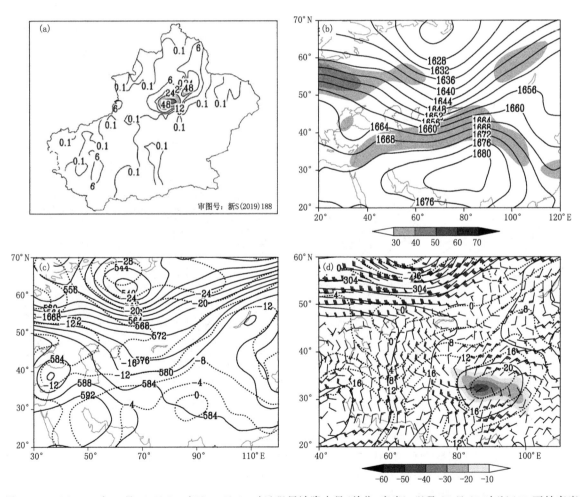

图 2-143 (a)2015 年 8 月 28 日 20 时至 30 日 20 时过程累计降水量(单位:毫米);以及 29 日 20 时(b)100 百帕高度场(实线,单位:位势什米),阴影(单位:米/秒)表示风速≥30 米/秒的 200 百帕急流;(c)500 百帕高度场(实线,单位:位势什米),温度场(虚线,单位:℃);(d)700 百帕高度场(实线,单位:位势什米),温度场(虚线,单位:℃),风场(单位:米/秒),水汽通量散度场(阴影,单位:10⁻⁶克/(厘米²・百帕・秒))

2.144 2015年9月8日阿克苏地区暴雨

【降雨实况】2015年9月8日(图2-144a),阿克苏地区柯坪站、阿瓦提站、阿拉尔站日降水量分别为25.0毫米、24.8毫米、25.7毫米。

【天气形势】2015年9月7日20时,100百帕南亚高压呈双体型,长波槽位于巴尔喀什湖及其以南的中亚地区,槽底南伸至30°N附近;200百帕南疆西部处于低槽前西南急流中(图2-144b)。500百帕欧亚范围为一脊一槽的经向环流,里海至咸海的高压脊向北发展,西伯利亚至中亚为低槽活动区,南疆西部受低槽前西南气流影响(图2-144c)。700百帕南疆盆地为气旋性风场,受其影响阿克苏地区有偏东风与偏北风的切变(图2-144d)。

此次暴雨中高层南疆西部受中亚低槽前西南气流影响,700百帕阿克苏地区有偏东风与偏北风的切变,遇到地形强迫抬升及冷暖空气交汇明显,造成阿克苏地区暴雨。

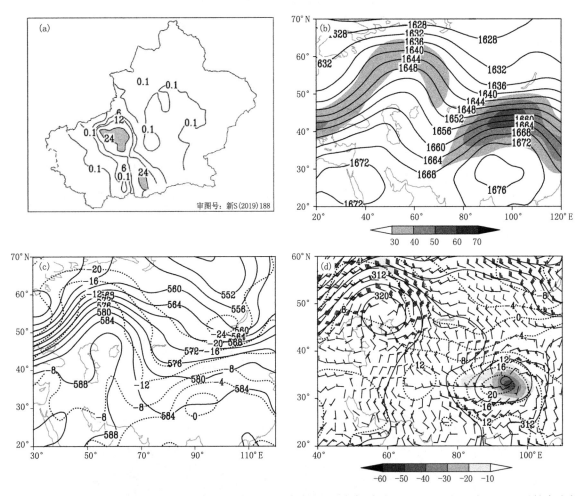

图2-144 (a)2015年9月7日20时至8日20时过程累计降水量(单位:毫米);以及7日20时(b)100百帕高度场(实线,单位:位势什米),阴影(单位:米/秒)表示风速≥30米/秒的200百帕急流;(c)500百帕高度场(实线,单位:位势什米),温度场(虚线,单位:℃);(d)700百帕高度场(实线,单位:位势什米),温度场(虚线,单位:℃),风场(单位:米/秒),水汽通量散度场(阴影,单位:10^{-6}克/(厘米^2·百帕·秒))

2.145 2015 年 9 月 21 日塔城地区北部、阿勒泰地区暴雨

【降雨实况】2015 年 9 月 21 日(图 2-145a):塔城地区塔城站、额敏站和阿勒泰站日降水量分别为 64.6 毫米、24.7 毫米、25.1 毫米。

【天气形势】2015 年 9 月 20 日 20 时,100 百帕南亚高压呈单体型,长波槽位于西伯利亚地区;200 百帕北疆处于低槽底部偏西急流中(图 2-145b)。500 百帕欧亚范围为一脊一槽的纬向环流,伊朗副热带高压向北发展至里海以北,西西伯利亚为宽广的低槽活动区,北疆受槽底西风气流分裂短波影响(图 2-145c)。700 百帕北疆北部受槽底西风急流影响,风速辐合明显,锋区较强(图 2-145d)。

此次暴雨中高层北疆北部受西伯利亚低槽底部西风锋区分裂短波影响,低层偏西急流风速辐合明显,遇到阿勒泰山地形时强迫抬升,冷暖空气交汇有利于对流造成暴雨。

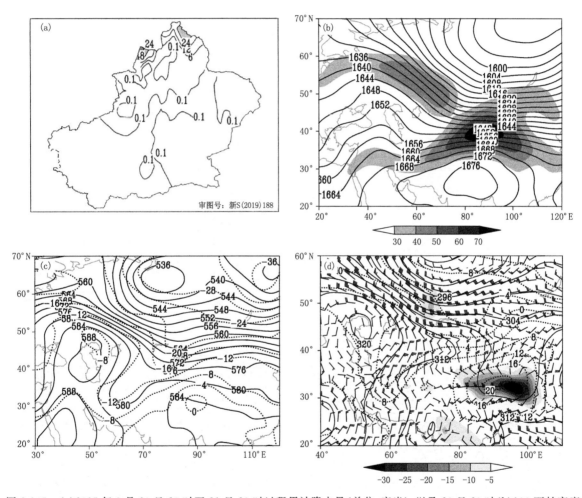

图 2-145 (a)2015 年 9 月 20 日 20 时至 21 日 20 时过程累计降水量(单位:毫米);以及 20 日 20 时(b)100 百帕高度场(实线,单位:位势什米),阴影(单位:米/秒)表示风速≥30 米/秒的 200 百帕急流;(c)500 百帕高度场(实线,单位:位势什米),温度场(虚线,单位:℃);(d)700 百帕高度场(实线,单位:位势什米),温度场(虚线,单位:℃),风场(单位:米/秒),水汽通量散度场(阴影,单位:10⁻⁶克/(厘米²·百帕·秒))

2.146 2016年5月17—18日伊犁州东部山区、塔城地区南部暴雨

【降雨实况】2016年5月17—18日(图2-146a):17日伊犁州新源站、塔城地区乌苏站日降水量分别为27.4毫米、30.1毫米;18日塔城地区乌苏站、沙湾站日降水量分别为41.9毫米、30.6毫米。

【天气形势】2016年5月16日20时,100百帕南亚高压呈带状分布,高压主体在20°N以南,长波槽位于西伯利亚地区;200百帕北疆处于槽底偏西气流中(图2-146b)。500百帕欧亚范围中高纬为一脊一槽的经向环流,伊朗副热带高压在里海南部,东欧至乌拉尔山为宽广的高压脊,西西伯利亚为低槽,北疆受槽底西风气流分裂短波影响(图2-146c)。700百帕伊犁州至西天山北坡为西风气流风速辐合明显(图2-146d)。

此次暴雨中高层北疆西部受西伯利亚低槽底部西风气流分裂短波影响,低层西风风速辐合明显,同时,遇到天山地形时强迫抬升,冷暖空气交汇,造成暴雨。

【灾情】伊犁州新源县暴雨引发洪水、泥石流,造成阿热勒托别镇、吐尔根乡、则克台镇、别斯托别乡4个乡镇居民受灾;尼勒克县暴雨洪水造成人口受灾、房屋倒塌、死亡大畜、损毁交通设施等;霍城县暴雨洪水造成萨尔布拉克镇、芦草沟镇、大西沟乡、果子沟牧场、清水河镇、三宫乡、兰干乡7个乡镇场受灾。塔

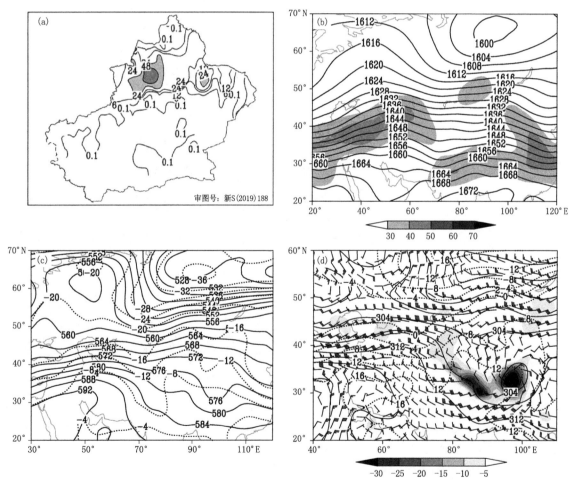

图2-146 (a)2016年5月16日20时至18日20时过程累计降水量(单位:毫米);以及16日20时(b)100百帕高度场(实线,单位:位势什米),阴影(单位:米/秒)表示风速≥30米/秒的200百帕急流;(c)500百帕高度场(实线,单位:位势什米),温度场(虚线,单位:℃);(d)700百帕高度场(实线,单位:位势什米),温度场(虚线,单位:℃),风场(单位:米/秒),水汽通量散度场(阴影,单位:10⁻⁶克/(厘米²·百帕·秒))

城地区乌苏市暴雨洪水致使人口受灾、农作物及房屋受损。

2.147　2016 年 7 月 9 日阿克苏地区、巴州北部暴雨

【降雨实况】2016 年 7 月 9 日(图 2-147a):阿克苏地区新和站、巴州和静站、和硕站日降水量分别为 30.3 毫米、30.2 毫米、29.4 毫米。

【天气形势】2016 年 7 月 8 日 20 时,100 百帕南亚高压呈双体型,且东部脊偏强,长波槽位于巴尔喀什湖附近;200 百帕南疆西部处于低槽前西南急流中(图 2-147b)。500 百帕欧亚范围为两脊一槽的经向环流,乌拉尔山高压脊向东北发展,西伯利亚至中亚为低槽活动区,南疆西部受低槽前西南气流影响,下游蒙古为高压脊(图 2-147c)。700 百帕阿克苏地区至巴州北部为偏北气流(图 2-147d)。

此次暴雨中高层南疆受中亚低槽前西南气流影响,700 百帕偏北气流携带冷空气与中高层西南暖湿气流在阿克苏地区及巴州北部汇合,造成局部区域暴雨。

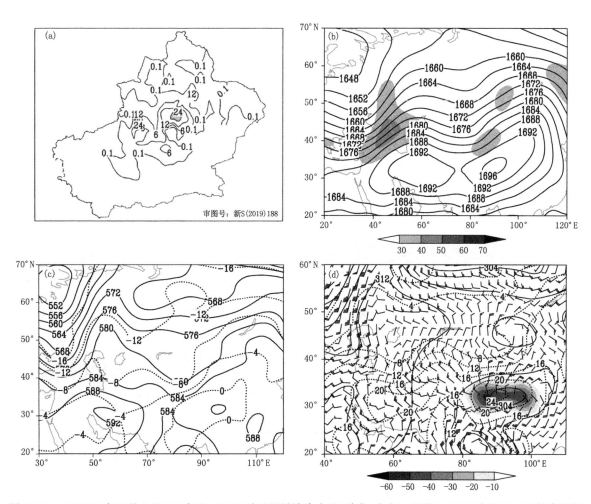

图 2-147　(a)2016 年 7 月 8 日 20 时至 9 日 20 时过程累计降水量(单位:毫米);以及 8 日 20 时(b)100 百帕高度场(实线,单位:位势什米),阴影(单位:米/秒)表示风速≥30 米/秒的 200 百帕急流;(c)500 百帕高度场(实线,单位:位势什米),温度场(虚线,单位:℃);(d)700 百帕高度场(实线,单位:位势什米),温度场(虚线,单位:℃),风场(单位:米/秒),水汽通量散度场(阴影,单位:10⁻⁶克/(厘米²·百帕·秒))

2.148 2016 年 8 月 24 日巴州北部暴雨

【降雨实况】2016 年 8 月 24 日(图 2-148a):巴州北部尉犁站、库尔勒站日降水量分别为 35.7 毫米、29.9 毫米。

【天气形势】2016 年 8 月 23 日 20 时,100 百帕南亚高压呈带状分布,长波槽位于巴尔喀什湖附近;200 百帕南疆西部处于低槽前西南急流中(图 2-148b)。500 百帕欧亚范围为两脊一槽的经向环流,东欧至乌拉尔山高压脊向北发展,巴尔喀什湖南部为低槽,南疆受低槽前西南气流影响,下游甘肃为浅高压脊(图 2-148c)。700 百帕巴州北部为偏北气流(图 2-148d)。

此次暴雨中高层南疆受中亚低槽前西南气流影响,700 百帕偏北气流携带冷空气与中高层西南暖湿气流在巴州北部汇合,造成暴雨。

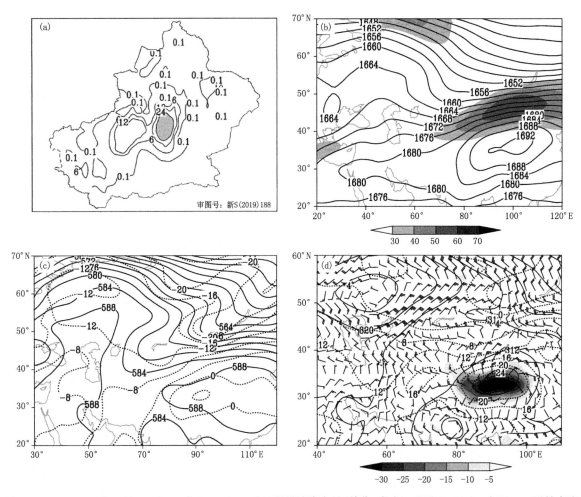

图 2-148 (a)2016 年 8 月 23 日 20 时至 24 日 20 时过程累计降水量(单位:毫米);以及 23 日 20 时(b)100 百帕高度场(实线,单位:位势什米),阴影(单位:米/秒)表示风速≥30 米/秒的 200 百帕急流;(c)500 百帕高度场(实线,单位:位势什米),温度场(虚线,单位:℃);(d)700 百帕高度场(实线,单位:位势什米),温度场(虚线,单位:℃),风场(单位:米/秒),水汽通量散度场(阴影,单位:10⁻⁶克/(厘米²·百帕·秒))

2.149　2016 年 9 月 2—3 日喀什地区北部、阿克苏地区西部、和田地区东部暴雨

【降雨实况】2016 年 9 月 2—3 日(图 2-149a):2 日喀什地区伽师站、巴楚站日降水量分别为 31.6 毫米、24.7 毫米;3 日阿克苏地区阿瓦提站日降水量 25.0 毫米,和田地区民丰站、于田站日降水量分别为 25.2 毫米、35.3 毫米。

【天气形势】2016 年 9 月 2 日 20 时,100 百帕南亚高压呈带状分布,里海北部为低槽;200 百帕南疆西部处于高压脊中(图 2-149b)。500 百帕欧亚范围中纬度为两槽一脊的纬向环流,乌拉尔山南端为较深厚的低涡,新疆为高压脊,南疆西部受低涡分裂弱短波影响,下游蒙古至贝加尔湖为低槽区(图 2-149c)。700 百帕南疆西部有西北风与东北风的切变(图 2-149d)。

此次暴雨中高层南疆西部受低涡分裂弱短波影响,700 百帕有西北风与东北风的切变,低层南疆盆地为东北气流,遇到地形强迫抬升及冷暖空气交汇明显,有利于触发对流造成暴雨。

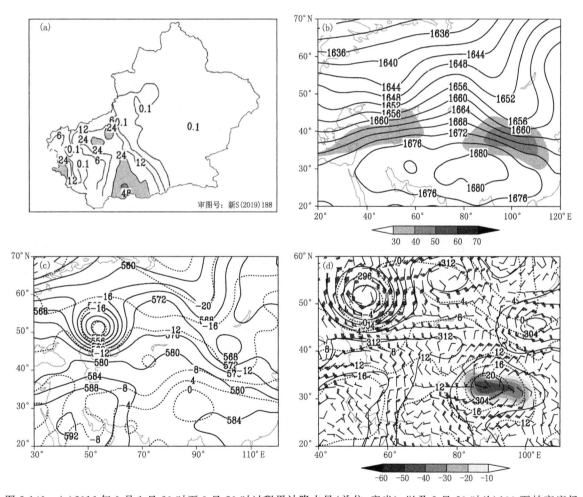

图 2-149　(a)2016 年 9 月 1 日 20 时至 3 日 20 时过程累计降水量(单位:毫米);以及 2 日 20 时(b)100 百帕高度场(实线,单位:位势什米),阴影(单位:米/秒)表示风速≥30 米/秒的 200 百帕急流;(c)500 百帕高度场(实线,单位:位势什米),温度场(虚线,单位:℃);(d)700 百帕高度场(实线,单位:位势什米),温度场(虚线,单位:℃),风场(单位:米/秒),水汽通量散度场(阴影,单位:10^{-6} 克/(厘米²·百帕·秒))

2.150 2016年9月14日伊犁州南部山区暴雨

【降雨实况】2016年9月14日(图2-150a),伊犁州南部山区昭苏站、特克斯站日降水量分别为43.0毫米、40.4毫米。

【天气形势】2016年9月13日20时,100百帕南亚高压呈带状分布,乌拉尔山附近为深厚的低涡;200百帕北疆处于低涡前西南急流中(图2-150b)。500百帕欧亚范围中高纬为两槽一脊的经向环流,乌拉尔山附近为深厚的低涡,北疆西部受低涡前西南气流影响,新疆东部至东西伯利亚为经向度较大的高压脊,贝加尔湖以东为低涡(图2-150c)。700百帕伊犁州受低涡分裂短波影响,有偏西风与西南风的切变及风速辐合(图2-150d)。

此次暴雨中高层北疆西部受低涡前西南气流影响,低层风切变及风速辐合明显,遇到天山地形时强迫抬升,冷暖空气交汇,造成山区暴雨。

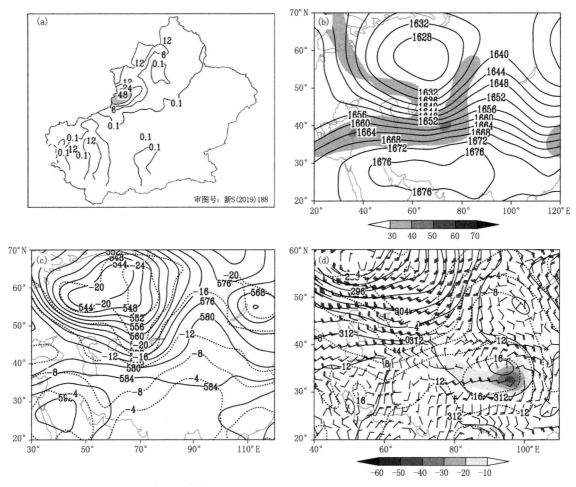

图2-150 (a)2016年9月13日20时至14日20时过程累计降水量(单位:毫米);以及13日20时(b)100百帕高度场(实线,单位:位势什米),阴影(单位:米/秒)表示风速≥30米/秒的200百帕急流;(c)500百帕高度场(实线,单位:位势什米),温度场(虚线,单位:℃);(d)700百帕高度场(实线,单位:位势什米),温度场(虚线,单位:℃),风场(单位:米/秒),水汽通量散度场(阴影,单位:10^{-6}克/(厘米²·百帕·秒))

2.151　2017 年 5 月 27 日伊犁州暴雨

【降雨实况】2017 年 5 月 27 日(图 2-151a):伊犁州察布查尔县站、新源站、特克斯站日降水量分别为38.7 毫米、26.4 毫米、24.6 毫米。

【天气形势】2017 年 5 月 26 日 20 时,100 百帕南亚高压呈带状分布,高压主体在 20°N 以南,西伯利亚低槽在 50°N 以北;200 百帕北疆处于脊顶偏西气流中(图 2-151b)。500 百帕欧亚范围为一脊一槽两支锋区型,南支伊朗副热带高压向北发展至咸海南部,北支乌拉尔山为宽广的高压脊,西伯利亚低槽在50°N以北,北疆西部受西风气流上弱短波影响(图 2-151c)。700 百帕伊犁州为偏北气流(图 2-151d)。

此次暴雨中高层北疆西部受西风气流上弱短波影响,低层偏北气流,遇到天山地形时强迫抬升,冷暖空气交汇,造成部分区域暴雨。

【灾情】伊犁州察布查尔县暴雨造成察布查尔镇受灾;新源县暴雨洪水造成阿热勒托别镇、则克台镇、吐尔根乡等 9 个乡镇受灾;特克斯县暴雨造成乔拉克铁热克镇萨尔阔布村、乔拉克铁热克社区受灾。

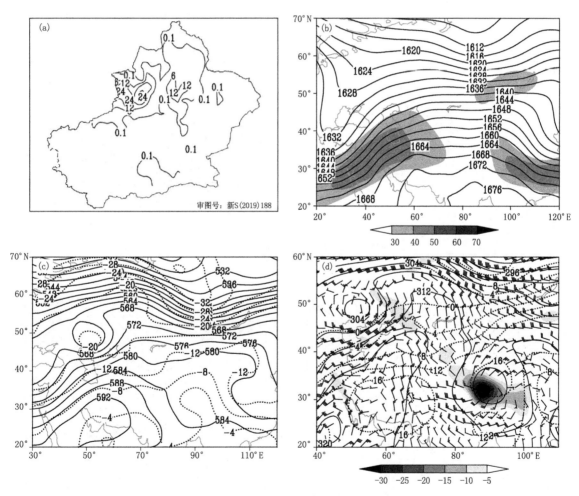

图 2-151　(a)2017 年 5 月 26 日 20 时至 27 日 20 时过程累计降水量(单位:毫米);以及 26 日 20 时(b)100 百帕高度场(实线,单位:位势什米),阴影(单位:米/秒)表示风速≥30 米/秒的 200 百帕急流;(c)500 百帕高度场(实线,单位:位势什米),温度场(虚线,单位:℃);(d)700 百帕高度场(实线,单位:位势什米),温度场(虚线,单位:℃),风场(单位:米/秒),水汽通量散度场(阴影,单位:10⁻⁶克/(厘米²·百帕·秒))

2.152 2017年6月7—8日伊犁州东南部山区、博州东部、阿勒泰地区、昌吉州东部山区暴雨

【降雨实况】2017年6月7—8日(图2-152a):7日伊犁州新源站、特克斯站日降水量分别为31.5毫米、38.5毫米,博州精河站日降水量27.2毫米;8日阿勒泰地区阿勒泰站、昌吉州天池站日降水量分别为31.1毫米、52.1毫米。

【天气形势】2017年6月6日20时,100百帕南亚高压呈带状分布,高压主体在25°N以南,长波槽位于中亚地区;200百帕北疆处于低槽前西南气流中(图2-152b)。500百帕欧亚范围中高纬为两脊一槽的纬向环流,伊朗副热带高压向北发展与里海高压脊叠加,西西伯利亚至中亚为低槽,北疆西部受低槽前西南气流影响,下游新疆东部至中西伯利亚为高压脊(图2-152c)。700百帕受低槽分裂短波影响,北疆西部、东部有明显风切变(图2-152d)。

此次暴雨中高层北疆受中亚低槽前西南气流影响,低层风切变明显,遇到地形时强迫抬升,冷暖空气交汇,造成部分区域暴雨。

【灾情】伊犁州特克斯县暴雨洪水淹没温室大棚,破坏农作物;巩留县暴雨洪水损坏房屋、棚圈、围墙、

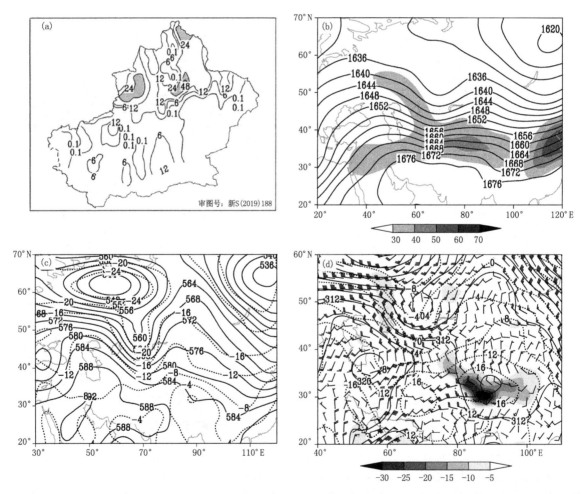

图2-152 (a)2017年6月6日20时至8日20时过程累计降水量(单位:毫米);以及6日20时(b)100百帕高度场(实线,单位:位势什米),阴影(单位:米/秒)表示风速≥30米/秒的200百帕急流;(c)500百帕高度场(实线,单位:位势什米),温度场(虚线,单位:℃);(d)700百帕高度场(实线,单位:位势什米),温度场(虚线,单位:℃),风场(单位:米/秒),水汽通量散度场(阴影,单位:10⁻⁶克/(厘米²·百帕·秒))

牧道等,冲毁草场、农作物、桥涵、水渠、农田灌渠等,吉尔格朗乡喀拉吐木苏克村三组发生一处泥石流,冲毁挡土墙、灌溉水坝、次生林等。

2.153　2017 年 6 月 29 日伊犁州东南部山区暴雨

【降雨实况】2017 年 6 月 29 日(图 2-153a):伊犁州东南部山区新源站、特克斯站日降水量分别为 33.2 毫米、35.1 毫米。

【天气形势】2017 年 6 月 28 日 20 时,100 百帕南亚高压呈带状分布,且东部脊偏强,长波槽位于巴尔喀什湖附近;200 百帕北疆西部处于低槽前西南气流中(图 2-153b)。500 百帕欧亚范围中低纬为两脊一槽的纬向环流,伊朗副热带高压向北发展与咸海高压脊叠加,巴尔喀什湖南部为低槽,北疆西部受低槽前西南气流影响,下游新疆东部至贝加尔湖为宽广的高压脊(图 2-153c)。700 百帕伊犁州有气旋性风场辐合及切变(图 2-153d)。

此次暴雨中高层北疆受中亚低槽前西南气流影响,低层气旋性风场辐合及切变,遇到地形时强迫抬升,冷暖空气交汇,造成山区暴雨。

【灾情】伊犁州特克斯县暴雨洪水使特克斯镇受灾;新源县暴雨造成 316 省道则克台段山体滑坡,一辆卡车被埋,2 人死亡。

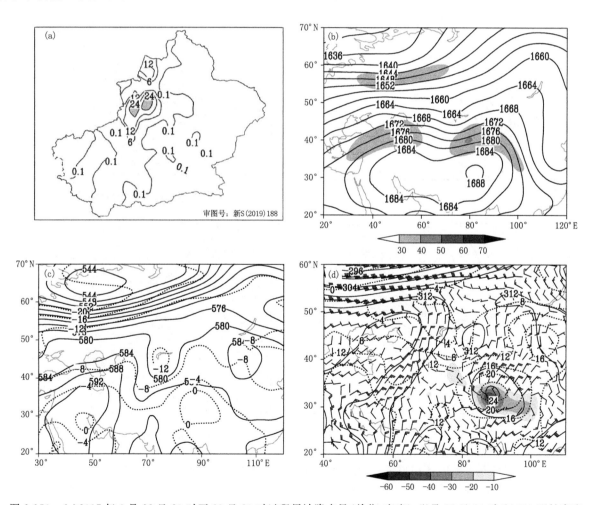

图 2-153　(a)2017 年 6 月 28 日 20 时至 29 日 20 时过程累计降水量(单位:毫米);以及 28 日 20 时(b)100 百帕高度场(实线,单位:位势什米),阴影(单位:米/秒)表示风速≥30 米/秒的 200 百帕急流;(c)500 百帕高度场(实线,单位:位势什米),温度场(虚线,单位:℃);(d)700 百帕高度场(实线,单位:位势什米),温度场(虚线,单位:℃),风场(单位:米/秒),水汽通量散度场(阴影,单位:10^{-6} 克/(厘米²·百帕·秒))

2.154 2017年7月16日乌鲁木齐市南部山区、喀什地区、和田地区、巴州北部山区暴雨

【降雨实况】2017年7月16日(图2-154a):乌鲁木齐市大西沟站、喀什地区叶城站、和田地区皮山站、巴州巴仑台站日降水量分别为26.8毫米、47.1毫米、24.1毫米、27.5毫米。

【天气形势】2017年7月15日20时,100百帕南亚高压呈带状分布,西西伯利亚为低涡;200百帕新疆处于低涡前西南急流中(图2-154b)。500百帕欧亚范围中高纬为两脊一槽的经向环流,东欧高压脊向北经向发展,西西伯利亚为深厚的低涡,新疆受低涡前西南气流影响,下游蒙古至贝加尔湖为高压脊(图2-154c)。700百帕中天山及南疆西部受低槽分裂短波影响,有风切变及辐合,南疆盆地为偏东气流(图2-154d)。

此次暴雨中高层新疆受西西伯利亚低涡前西南气流影响,700百帕中天山及南疆西部有明显切变及辐合,低层南疆盆地为偏东气流,遇到地形强迫抬升,冷暖空气交汇有利于触发对流,造成暴雨。

【灾情】和田地区皮山县强降水造成赛图拉镇1人失踪。

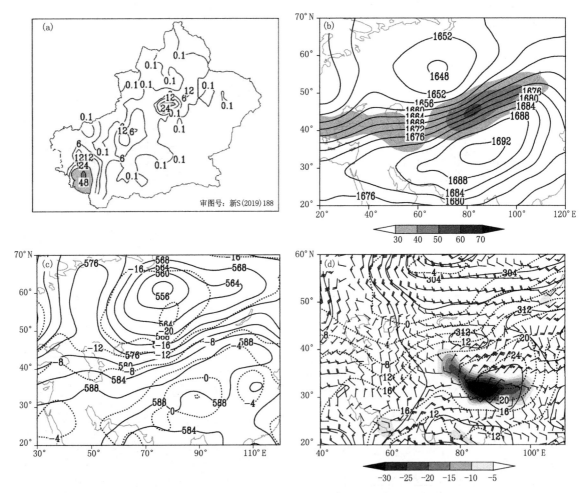

图2-154 (a)2017年7月15日20时至16日20时过程累计降水量(单位:毫米);以及15日20时(b)100百帕高度场(实线,单位:位势什米),阴影(单位:米/秒)表示风速≥30米/秒的200百帕急流;(c)500百帕高度场(实线,单位:位势什米),温度场(虚线,单位:℃);(d)700百帕高度场(实线,单位:位势什米),温度场(虚线,单位:℃),风场(单位:米/秒),水汽通量散度场(阴影,单位:10^{-6}克/(厘米^2·百帕·秒))

2.155 2018 年 5 月 7 日乌鲁木齐市南部山区、昌吉州东部山区暴雨

【降雨实况】2018 年 5 月 7 日(图 2-155a):乌鲁木齐市小渠子站、牧试站站和昌吉州天池站日降水量分别为 35.8 毫米、24.4 毫米、29.0 毫米。

【天气形势】2018 年 5 月 6 日 20 时,100 百帕南亚高压呈带状分布,高压主体在 20°N 以南,长波槽位于西西伯利亚至巴尔喀什湖附近;200 百帕北疆处于槽底偏西急流中(图 2-155b)。500 百帕欧亚范围中高纬为两脊一槽的经向环流,里海高压脊向北发展,西西伯利亚为低涡,低槽伸至巴尔喀什湖附近,北疆受低槽前西南气流影响,下游蒙古至贝加尔湖为经向度较大的高压脊(图 2-155c)。700 百帕天山北坡受槽底偏西气流影响,中天山有风速辐合(图 2-155d)。

此次暴雨中高层北疆受中亚低槽前西南气流影响,低层偏西气流风速辐合,遇到天山地形时强迫抬升,冷暖空气交汇,造成山区暴雨。

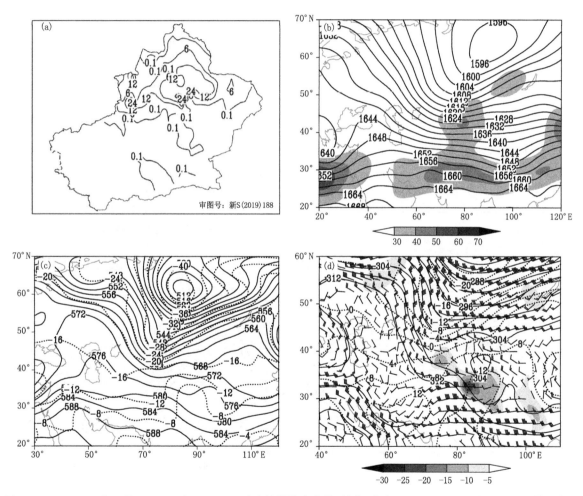

图 2-155 (a)2018 年 5 月 6 日 20 时至 7 日 20 时过程累计降水量(单位:毫米);以及 6 日 20 时(b)100 百帕高度场(实线,单位:位势什米),阴影(单位:米/秒)表示风速≥30 米/秒的 200 百帕急流;(c)500 百帕高度场(实线,单位:位势什米),温度场(虚线,单位:℃);(d)700 百帕高度场(实线,单位:位势什米),温度场(虚线,单位:℃),风场(单位:米/秒),水汽通量散度场(阴影,单位:10⁻⁶克/(厘米²·百帕·秒))

2.156 2018年6月16—17日伊犁州南部山区、阿克苏地区暴雨

【降雨实况】2018年6月16—17日(图2-156a):16日伊犁州昭苏站、特克斯站日降水量分别为38.3毫米、26.3毫米;17日阿克苏地区阿拉尔站日降水量24.4毫米。

【天气形势】2018年6月15日20时,100百帕南亚高压呈带状分布,长波槽位于中亚地区;200百帕新疆西部处于低槽前西南气流中(图2-156b)。500百帕欧亚范围为两脊一槽的纬向环流,伊朗至里海为高压脊,乌拉尔山至西伯利亚为低涡活动区,低涡分裂短波槽至巴尔喀什湖南部,北疆西部受低槽前西南气流影响,下游新疆东部为浅高压脊(图2-156c)。700百帕北疆为弱的偏北气流,南疆盆地为偏东气流,新疆西部有风切变(图2-156d)。

此次暴雨中高层新疆西部受中亚低槽前西南气流影响,低层北疆偏北气流、南疆盆地偏东气流及风切变遇到地形时强迫抬升,冷暖空气交汇有利于触发对流,造成暴雨。

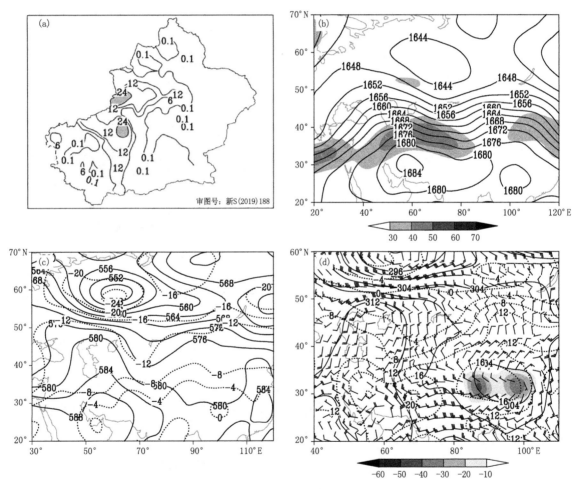

图2-156 (a)2018年6月15日20时至17日20时过程累计降水量(单位:毫米);以及15日20时(b)100百帕高度场(实线,单位:位势什米),阴影(单位:米/秒)表示风速≥30米/秒的200百帕急流;(c)500百帕高度场(实线,单位:位势什米),温度场(虚线,单位:℃);(d)700百帕高度场(实线,单位:位势什米),温度场(虚线,单位:℃),风场(单位:米/秒),水汽通量散度场(阴影,单位:10^{-6}克/(厘米^2·百帕·秒))

2.157　2018 年 8 月 12—13 日伊犁州、昌吉州东部、喀什地区暴雨

【降雨实况】2018 年 8 月 12—13 日(图 2-157a)：12 日伊犁州尼勒克站、喀什地区喀什站日降水量分别为 24.1 毫米、27.8 毫米；13 日昌吉州吉木萨尔站、奇台站、天池站日降水量分别为 34.1 毫米、26.3 毫米、28.5 毫米。

【天气形势】2018 年 8 月 12 日 20 时，100 百帕南亚高压呈带状分布，长波槽位于西西伯利亚至巴尔喀什湖附近；200 百帕新疆处于低槽前西南急流中(图 2-157b)。500 百帕欧亚范围中高纬为两脊一槽的经向环流，欧洲和贝加尔湖为较强的高压脊，西西伯利亚至巴尔喀什湖附近为低槽，新疆受低槽前西南气流影响(图 2-157c)。700 百帕北疆受短波影响，有西北风与西南风的切变，南疆西部有西北风与东北风的辐合(图 2-157d)。

此次暴雨中高层新疆受中亚低槽前西南气流影响，低层北疆风场切变及南疆西部风场辐合遇到地形时强迫抬升，冷暖空气交汇有利于对流触发，造成暴雨。

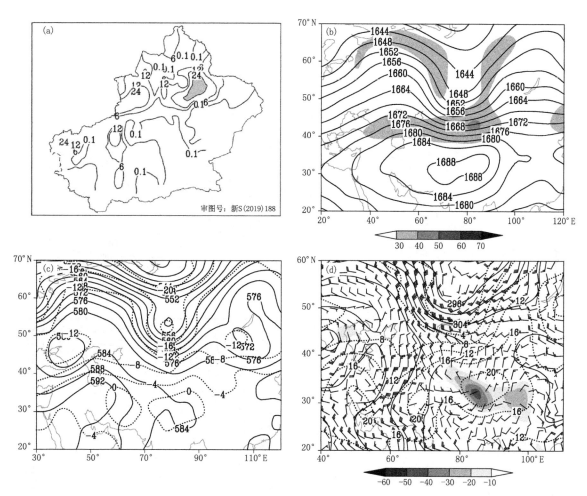

图 2-157　(a)2018 年 8 月 11 日 20 时至 13 日 20 时过程累计降水量(单位：毫米)；以及 12 日 20 时(b)100 百帕高度场(实线，单位：位势什米)，阴影(单位：米/秒)表示风速≥30 米/秒的 200 百帕急流；(c)500 百帕高度场(实线，单位：位势什米)，温度场(虚线，单位：℃)；(d)700 百帕高度场(实线，单位：位势什米)，温度场(虚线，单位：℃)，风场(单位：米/秒)，水汽通量散度场(阴影，单位：10^{-6} 克/(厘米^2·百帕·秒))

第3章 系统性暴雨过程

3.1 1963年6月14日伊犁州南部山区、乌鲁木齐市、昌吉州东部暴雨

【降雨实况】1963年6月14日(图3-1a):伊犁州特克斯站日降水量25.0毫米,乌鲁木齐市乌鲁木齐站、米东站、小渠子站日降水量分别为36.3毫米、41.6毫米、54.6毫米,昌吉州阜康站、天池站日降水量分别为24.4毫米、49.6毫米。

【天气形势】1963年6月13日20时,100百帕南亚高压呈单体型且主体偏东,高压脊经向发展明显,长波槽位于乌拉尔山至西西伯利亚地区;200百帕新疆处于低槽前西南急流中(图3-1b)。500百帕欧亚范围中高纬为两脊一槽的纬向环流,东欧和贝加尔湖为高压脊,西西伯利亚至乌拉尔山为较宽广的低压槽活动区,北疆受低槽前西南气流影响,南支伊朗副热带高压发展北抬至40°N附近(图3-1c)。700百帕

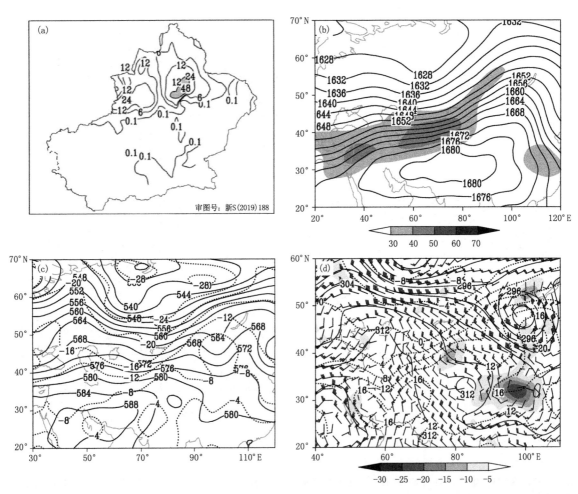

图3-1 (a)1963年6月13日20时至14日20时过程累计降水量(单位:毫米);以及13日20时(b)100百帕高度场(实线,单位:位势什米),阴影(单位:米/秒)表示风速≥30米/秒的200百帕急流;(c)500百帕高度场(实线,单位:位势什米),温度场(虚线,单位:℃);(d)700百帕高度场(实线,单位:位势什米),温度场(虚线,单位:℃),风场(单位:米/秒),水汽通量散度场(阴影,单位:10⁻⁶克/(厘米²·百帕·秒))

北疆处于高压脊前西北气流中,中天山北坡有 12～16 米/秒的西北风,遇天山地形动力强迫抬升明显,伊犁州南部山区有 -15×10^{-6} 克/(厘米^2·百帕·秒)的水汽通量散度辐合(图 3-1d)。

此次暴雨中高层北疆受低槽前西南气流影响,低层西北气流携带冷空气遇到天山地形强迫抬升,冷暖空气交汇剧烈,有利于对流触发,造成山区暴雨。

3.2　1963 年 8 月 6—8 日乌鲁木齐市、昌吉州、巴州北部山区暴雨

【降雨实况】1963 年 8 月 6—8 日(图 3-2a):6 日乌鲁木齐市大西沟站日降水量 24.4 毫米,昌吉州蔡家湖站、呼图壁站、天池站日降水量分别为 25.1 毫米、33.1 毫米、42.7 毫米;7 日乌鲁木齐市乌鲁木齐站、米东站、小渠子站、大西沟站、达坂城站日降水量分别为 31.2 毫米、37.4 毫米、52.7 毫米、36.5 毫米、26.9 毫米,昌吉州阜康站、天池站日降水量分别为 43.6 毫米、78.8 毫米,巴州巴仑台站日降水量 72.4 毫米;8 日昌吉州木垒站日降水量 27.2 毫米。

【天气形势】1963 年 8 月 6 日 20 时,100 百帕南亚高压呈单体型,高压主体位于新疆西部,长波槽位于乌拉尔山至西西伯利亚地区;200 百帕新疆处于低槽前西南急流中(图 3-2b)。500 百帕欧亚范围中高纬为两脊一槽,欧洲和贝加尔湖为高压脊,贝加尔湖高压脊向北发展经向度较大,西伯利亚至巴尔喀什湖为低槽,北疆受低槽前偏南气流影响,南支伊朗副热带高压发展北抬至 40°N 附近(图 3-2c)。700 百帕北

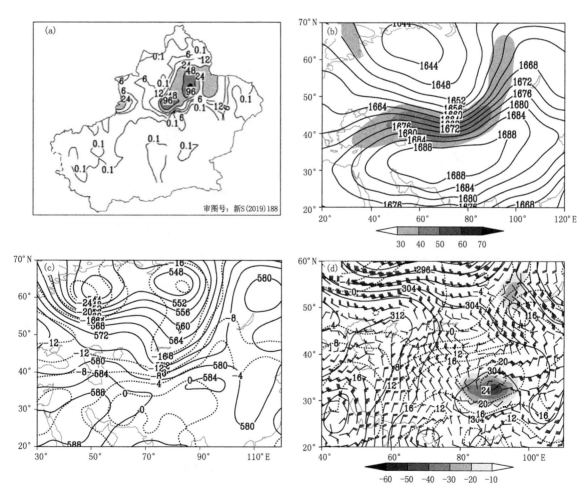

图 3-2　(a)1963 年 8 月 5 日 20 时至 8 日 20 时过程累计降水量(单位:毫米);以及 6 日 20 时(b)100 百帕高度场(实线,单位:位势什米),阴影(单位:米/秒)表示风速≥30 米/秒的 200 百帕急流;(c)500 百帕高度场(实线,单位:位势什米),温度场(虚线,单位:℃);(d)700 百帕高度场(实线,单位:位势什米),温度场(虚线,单位:℃),风场(单位:米/秒),水汽通量散度场(阴影,单位:10^{-6} 克/(厘米^2·百帕·秒))

疆有弱的风场扰动,中天山以东为12~16米/秒的西北急流(图3-2d)。

此次暴雨中高层北疆受低槽前偏南气流影响,水汽输送充沛,下游高压脊强烈发展阻滞低值系统移动,低层西北气流携带冷空气遇到天山地形时强迫抬升,冷暖空气交汇有利于对流触发,造成中天山附近暴雨。

3.3 1965 年 6 月 23—25 日乌鲁木齐市、昌吉州、巴州北部山区、哈密市北部暴雨

【降雨实况】1965 年 6 月 23—25 日(图 3-3a):23 日乌鲁木齐市大西沟站日降水量26.5毫米;24 日乌鲁木齐市米东站、小渠子站、大西沟站日降水量分别为33.4 毫米、29.7 毫米、29.5 毫米,昌吉州蔡家湖站、呼图壁站、昌吉站、阜康站、天池站日降水量分别为26.5 毫米、32.5 毫米、24.9 毫米、32.5 毫米、32.3毫米,巴州巴仑台站日降水量25.4毫米;25 日哈密市巴里坤站日降水量28.5毫米。

【天气形势】1965 年 6 月 23 日 20 时,100 百帕南亚高压呈单体型,高压中心(30°N、100°E)位置偏东,且高压脊向北发展,长波槽位于中亚地区;200 百帕新疆处于低槽前西南急流中(图 3-3b)。500 百帕欧亚范围中高纬呈北脊南涡反位相叠加的形势,中亚低涡位于巴尔喀什附近,其北部为宽广的高压脊,北疆受中亚低涡前西南气流影响,下游贝加尔湖附近高压脊发展(图 3-3c)。700 百帕北疆处于中亚低涡前部西

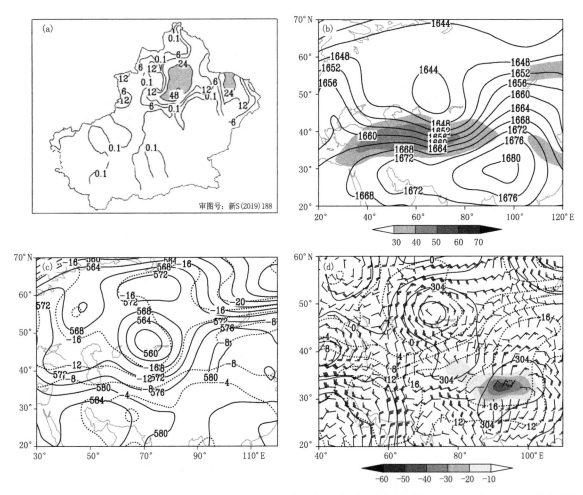

图 3-3 (a)1965 年 6 月 22 日 20 时至 25 日 20 时过程累计降水量(单位:毫米);以及 23 日 20 时(b)100 百帕高度场(实线,单位:位势什米),阴影(单位:米/秒)表示风速≥30 米/秒的 200 百帕急流;(c)500 百帕高度场(实线,单位:位势什米),温度场(虚线,单位:℃);(d)700 百帕高度场(实线,单位:位势什米),温度场(虚线,单位:℃),风场(单位:米/秒),水汽通量散度场(阴影,单位:10^{-6} 克/(厘米²·百帕·秒))

南气流中,天山北坡有西北风与西南风的切变,动力辐合条件较好(图 3-3d)。

此次暴雨中高层北疆处于中亚低涡前西南气流中,水汽输送充沛,下游高压脊强烈发展阻滞低值系统移动,低层西北气流携带冷空气遇到天山地形时强迫抬升,冷暖空气交汇剧烈,有利于对流触发,造成中天山及以东暴雨。

3.4　1966 年 6 月 30 日—7 月 1 日乌鲁木齐市、昌吉州东部、巴州北部山区暴雨

【降雨实况】1966 年 6 月 30 日—7 月 1 日(图 3-4a):6 月 30 日乌鲁木齐市乌鲁木齐站、米东站、小渠子站日降水量分别为 24.1 毫米、28.5 毫米、52.9 毫米,昌吉州阜康站、吉木萨尔站、天池站日降水量分别为 29.6 毫米、30.5 毫米、76.4 毫米,巴州巴仑台站日降水量 40.8 毫米;7 月 1 日昌吉州天池站日降水量 35.8 毫米。

【天气形势】1966 年 6 月 29 日 20 时,100 百帕南亚高压呈单体型,长波槽位于西西伯利亚至中亚地区;200 百帕北疆处于低槽前西南急流中(图 3-4b)。500 百帕欧亚范围为两脊一槽的经向环流,伊朗至里海的高压脊向北经向发展,新疆东部至蒙古为高压脊,西西伯利亚至中亚为低槽,北疆受低槽前西南气流影响(图 3-4c)。700 百帕北疆受低槽前西南急流影响(图 3-4d)。

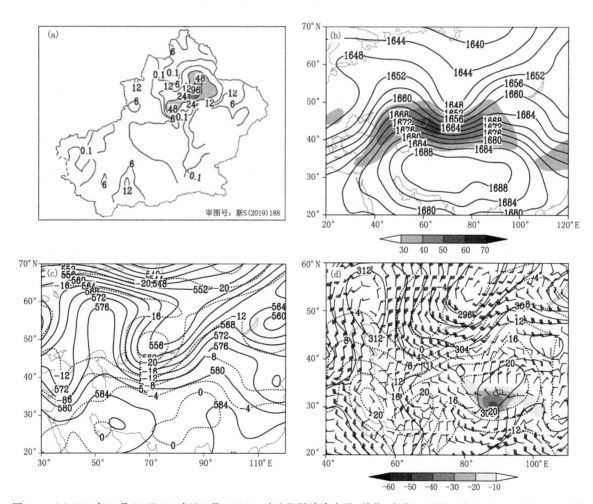

图 3-4　(a)1966 年 6 月 29 日 20 时至 7 月 1 日 20 时过程累计降水量(单位:毫米);以及 6 月 29 日 20 时(b)100 百帕高度场(实线,单位:位势什米),阴影(单位:米/秒)表示风速≥30 米/秒的 200 百帕急流;(c)500 百帕高度场(实线,单位:位势什米),温度场(虚线,单位:℃);(d)700 百帕高度场(实线,单位:位势什米),温度场(虚线,单位:℃),风场(单位:米/秒),水汽通量散度场(阴影,单位:10^{-6} 克/(厘米²·百帕·秒))

此次暴雨中高层北疆受中亚低槽前西南气流影响,水汽输送充沛,下游高压脊维持阻滞低值系统移动,低层西北气流携带冷空气遇到天山地形时强迫抬升,冷暖空气交汇剧烈,有利于对流触发,造成中天山附近暴雨。

3.5 1968年5月4日喀什地区北部、克州暴雨

【降雨实况】1968年5月4日(图3-5a):喀什地区伽师站、喀什站、岳普湖站、英吉沙站日降水量分别为34.8毫米、31.9毫米、25.1毫米、32.7毫米,克州阿图什站、阿克陶站、阿合奇站日降水量分别为32.7毫米、27.3毫米、24.7毫米。

【天气形势】1968年5月3日20时,100百帕南亚高压呈单体型,高压主体(30°N、100°E)位置偏东,长波槽位于东西伯利亚,极锋锋区和副热带锋区在新疆汇合;200百帕新疆处于偏西急流中(图3-5b)。500百帕欧亚范围中高纬为两槽一脊的纬向环流,与中低纬两脊一槽反位相叠加,里海至乌拉尔山的高压脊叠加发展,东西伯利亚和中亚南部为低槽活动区,中亚低槽南伸至25°N附近,并分裂短波影响南疆西部(图3-5c)。700百帕在南疆西部上游中亚地区有气旋性风场的辐合及切变,南疆盆地为10~12米/秒的东北气流(图3-5d)。

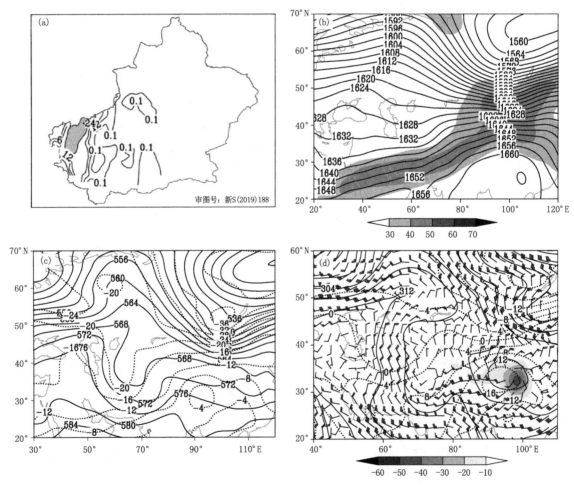

图3-5 (a)1968年5月3日20时至4日20时过程累计降水量(单位:毫米);以及3日20时(b)100百帕高度场(实线,单位:位势什米),阴影(单位:米/秒)表示风速≥30米/秒的200百帕急流;(c)500百帕高度场(实线,单位:位势什米);温度场(虚线,单位:℃);(d)700百帕高度场(实线,单位:位势什米),温度场(虚线,单位:℃),风场(单位:米/秒),水汽通量散度场(阴影,单位:10^{-6}克/(厘米^2·百帕·秒))

此次暴雨中高层南疆西部受中亚偏南低槽分裂波动影响,700 百帕有气旋性风场的辐合及切变,低层南疆盆地东北气流遇到昆仑山地形时强迫抬升,有利于辐合上升运动,造成南疆西部暴雨。

3.6　1969 年 5 月 30 日伊犁州、博州、塔城地区北部、乌鲁木齐市南部山区暴雨

【降雨实况】1969 年 5 月 30 日(图 3-6a):伊犁州察布查尔站、伊宁县站、新源站、特克斯站日降水量分别为 24.8 毫米、24.4 毫米、28.1 毫米、24.6 毫米,博州博乐站日降水量 24.7 毫米,塔城地区托里站日降水量 26.8 毫米,乌鲁木齐市小渠子站日降水量 25.4 毫米。

【天气形势】1969 年 5 月 29 日 20 时,100 百帕南亚高压呈单体型,高压主体(30°N、80°E)向北发展明显,长波槽位于东欧及其南部;200 百帕新疆处于低槽前西南急流中(图 3-6b)。500 百帕欧亚范围为一脊一槽的纬向环流,新疆东部至贝加尔湖地区为宽广的高压脊,乌拉尔山附近为低压槽区,槽底巴尔喀什湖附近有短波活动,北疆受低槽前西南气流影响(图 3-6c)。700 百帕北疆西部为偏西气流,天山北坡为西北气流(图 3-6d)。

此次暴雨中高层北疆受低槽前西南气流影响,低层伊犁州为偏西风,天山北坡为西北气流,遇到天山地形时强迫抬升,造成中天山附近暴雨。

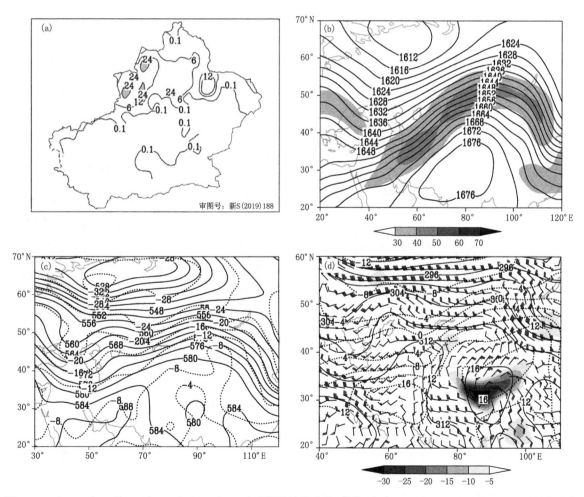

图 3-6　(a)1969 年 5 月 29 日 20 时至 30 日 20 时过程累计降水量(单位:毫米);以及 29 日 20 时(b)100 百帕高度场(实线,单位:位势什米),阴影(单位:米/秒)表示风速≥30 米/秒的 200 百帕急流;(c)500 百帕高度场(实线,单位:位势什米),温度场(虚线,单位:℃);(d)700 百帕高度场(实线,单位:位势什米),温度场(虚线,单位:℃),风场(单位:米/秒),水汽通量散度场(阴影,单位:10⁻⁶克/(厘米²·百帕·秒))

3.7 1969年6月26日阿勒泰地区东部、乌鲁木齐市、昌吉州东部暴雨

【降雨实况】1969年6月26日(图3-7a):阿勒泰地区富蕴站日降水量37.3毫米,乌鲁木齐市达坂城站日降水量28.5毫米,昌吉州北塔山站、天池站、木垒站日降水量分别为29.2毫米、34.4毫米、36.2毫米。

【天气形势】1969年6月25日20时,100百帕南亚高压呈带状分布,高压主体在青藏高原东部,高压脊明显向北发展,长波槽位于南欧;200百帕新疆受高压脊上偏西气流影响(图3-7b)。500百帕欧亚范围中高纬为两槽一脊的经向环流,在巴尔喀什湖附近为低涡,与其北部高压脊呈北脊南涡分布,北疆受低涡分裂波动影响(图3-7c)。700百帕巴尔喀什湖附近为气旋性风场,受其影响,天山北坡为低涡底部弱的偏西气流,阿勒泰地区东部为低涡前东南气流(图3-7d)。

此次暴雨受中亚低涡分裂波动影响,低层西北气流携带冷空气遇到天山和阿尔泰山地形强迫抬升,冷暖空气交汇有利于对流触发,造成山区暴雨。

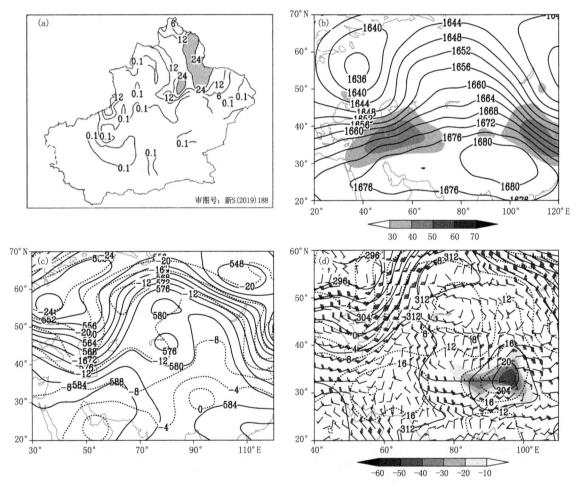

图3-7 (a)1969年6月25日20时至26日20时过程累计降水量(单位:毫米);以及25日20时(b)100百帕高度场(实线,单位:位势什米),阴影(单位:米/秒)表示风速≥30米/秒的200百帕急流;(c)500百帕高度场(实线,单位:位势什米),温度场(虚线,单位:℃);(d)700百帕高度场(实线,单位:位势什米),温度场(虚线,单位:℃),风场(单位:米/秒),水汽通量散度场(阴影,单位:10^{-6}克/(厘米²·百帕·秒))

3.8　1969 年 7 月 15—16 日伊犁州、乌鲁木齐市南部山区、克州北部山区、阿克苏地区西部山区、巴州南部暴雨

【降雨实况】1969 年 7 月 15—16 日（图 3-8a）：15 日伊犁州霍尔果斯站、霍城站、伊宁站、伊宁县站日降水量分别为 25.8 毫米、37.0 毫米、25.7 毫米、45.5 毫米，克州阿合奇站日降水量 56.9 毫米，阿克苏地区乌什站日降水量 30.2 毫米；16 日乌鲁木齐市大西沟站、巴州且末站日降水量分别为 26.1 毫米、24.8 毫米。

【天气形势】1969 年 7 月 14 日 20 时，100 百帕南亚高压呈带状分布，长波槽位于巴尔喀什湖及以南地区，槽底南伸至 35°N 附近；200 百帕新疆处于低槽前偏西急流中（图 3-8b）。500 百帕欧亚范围为两脊两槽的纬向环流，伊朗至咸海和新疆东部至蒙古为高压脊，巴尔喀什湖以南的中亚地区为低槽，新疆受低槽前西南气流影响（图 3-8c）。700 百帕北疆为弱的偏北气流，南疆盆地为 8～12 米/秒的偏东气流（图 3-8d）。

此次暴雨在中高层中亚低槽前西南气流影响下，低层北疆西北气流、南疆盆地偏东气流，遇天山及昆仑山地形强迫抬升，同时，低层北疆及南疆西部湿度增大，有利于产生暴雨。

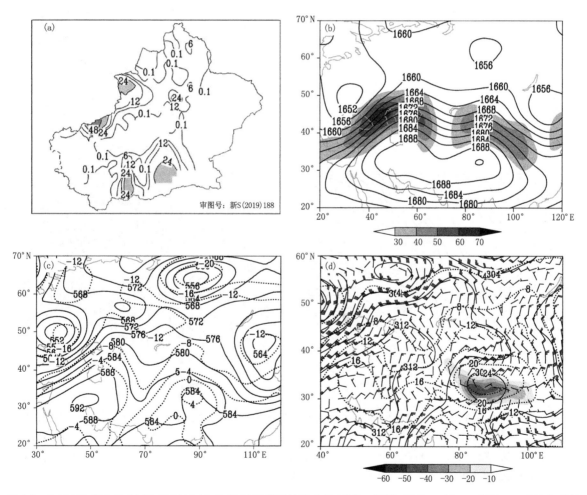

图 3-8　（a）1969 年 7 月 14 日 20 时至 16 日 20 时过程累计降水量（单位：毫米）；以及 14 日 20 时（b）100 百帕高度场（实线，单位：位势什米），阴影（单位：米/秒）表示风速≥30 米/秒的 200 百帕急流；（c）500 百帕高度场（实线，单位：位势什米），温度场（虚线，单位：℃）；（d）700 百帕高度场（实线，单位：位势什米），温度场（虚线，单位：℃），风场（单位：米/秒），水汽通量散度场（阴影，单位：10⁻⁶ 克/（厘米²·百帕·秒））

3.9　1969年9月24日乌鲁木齐市北部、昌吉州东部、巴州北部山区暴雨

【降雨实况】1969年9月24日(图3-9a)：乌鲁木齐市米东站日降水量29.8毫米，昌吉州阜康站、吉木萨尔站、天池站日降水量分别为37.0毫米、34.3毫米、27.5毫米，巴州巴仑台站日降水量33.1毫米。

【天气形势】1969年9月23日20时，100百帕南亚高压呈单体型，高压中心(30°N、100°E)位置偏东，长波槽位于西伯利亚至巴尔喀什湖附近；200百帕新疆处于低槽前偏西急流中(图3-9b)。500百帕欧亚范围为一脊一槽的经向环流，乌拉尔山脊向北经向发展，东西伯利亚至巴尔喀什湖附近为低压槽区，北疆处于巴尔喀什湖横槽前部(图3-9c)。700百帕北疆为西北气流(图3-9d)。

此次暴雨中高层北疆受横槽前偏西气流影响，低层北疆西北气流携带冷空气遇天山地形强迫抬升，冷暖空气交汇剧烈，有利于中天山附近产生暴雨。

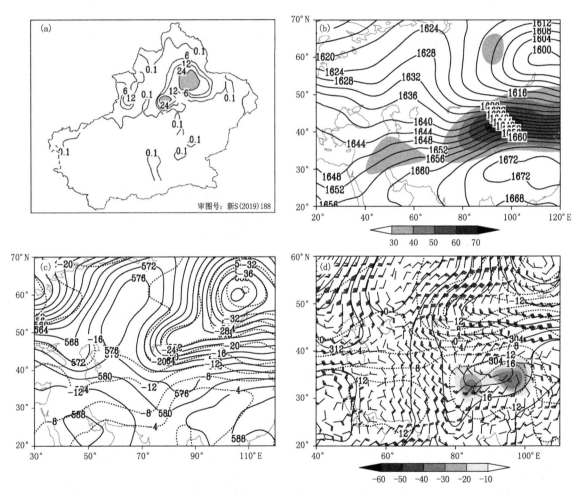

图3-9　(a)1969年9月23日20时至24日20时过程累计降水量(单位：毫米)；以及23日20时(b)100百帕高度场(实线，单位：位势什米)，阴影(单位：米/秒)表示风速≥30米/秒的200百帕急流；(c)500百帕高度场(实线，单位：位势什米)，温度场(虚线，单位：℃)；(d)700百帕高度场(实线，单位：位势什米)，温度场(虚线，单位：℃)，风场(单位：米/秒)，水汽通量散度场(阴影，单位：10^{-6}克/(厘米^2·百帕·秒))

3.10　1970年5月2—3日石河子市、昌吉州西部、乌鲁木齐市、巴州北部山区暴雨

【降雨实况】1970年5月2—3日(图3-10a):2日巴州巴音布鲁克站日降水量28.8毫米;3日石河子市炮台站、石河子站、沙湾站、乌兰乌苏站日降水量分别为27.3毫米、36.7毫米、26.6毫米、33.7毫米,昌吉州玛纳斯站、呼图壁站、昌吉站日降水量分别为34.5毫米、34.3毫米、25.5毫米,乌鲁木齐市乌鲁木齐站日降水量26.9毫米。

【天气形势】1970年5月2日20时,100百帕南亚高压呈带状分布,高压主体在20°N以南,东欧高压脊向北经向发展,贝加尔湖至巴尔喀什湖为低压槽区;200百帕新疆处于槽后西北急流中(图3-10b)。500百帕欧亚范围为一脊一槽的经向环流,里海至咸海的高压脊向北发展,西伯利亚为低槽区,北疆受槽后强锋区上西北气流影响(图3-10c)。700百帕北疆为西北急流,中天山附近有 -10×10^{-6} 克/(厘米^2·百帕·秒)的水汽通量散度辐合(图3-10d)。

此次暴雨整层北疆受低槽底后部强锋区上西北气流影响,冷空气遇天山地形强迫抬升,动力条件好,冷暖空气交汇剧烈,有利于产生暴雨。

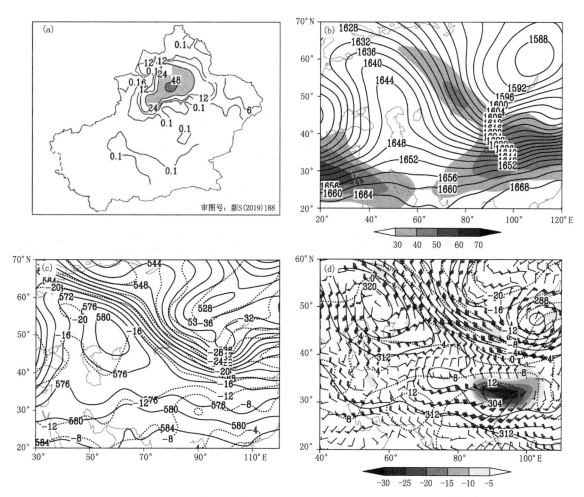

图3-10　(a)1970年5月1日20时至3日20时过程累计降水量(单位:毫米);以及2日20时(b)100百帕高度场(实线,单位:位势什米),阴影(单位:米/秒)表示风速≥30米/秒的200百帕急流;(c)500百帕高度场(实线,单位:位势什米),温度场(虚线,单位:℃);(d)700百帕高度场(实线,单位:位势什米),温度场(虚线,单位:℃),风场(单位:米/秒),水汽通量散度场(阴影,单位:10^{-6}克/(厘米^2·百帕·秒))

3.11 1970年5月27日乌鲁木齐市南部山区、昌吉州东部、巴州北部山区暴雨

【降雨实况】1970年5月27日(图3-11a):乌鲁木齐市小渠子站、大西沟站日降水量分别为34.4毫米、28.3毫米,昌吉州吉木萨尔站、天池站日降水量分别为24.6毫米、27.0毫米,巴州巴仑台站日降水量28.5毫米。

【天气形势】1970年5月26日20时,100百帕南亚高压呈带状分布,且西部高压脊偏强经向度大,长波槽位于新疆上空,槽底南伸至25°N附近;200百帕新疆处于低槽前西南急流中(图3-11b)。500百帕欧亚范围为两脊一槽的经向环流,伊朗至里海与咸海的高压脊与乌拉尔山高压脊叠加向北经向发展,新疆东部至蒙古为浅高压脊,巴尔喀什湖附近为低涡,北疆受低涡前西南气流影响(图3-11c)。700百帕北疆受低涡前偏西气流影响,冷平流明显(图3-11d)。

此次暴雨受中亚低涡前西南气流影响,水汽输送充沛,低层为西北气流,在中天山附近地形强迫抬升,产生暴雨。

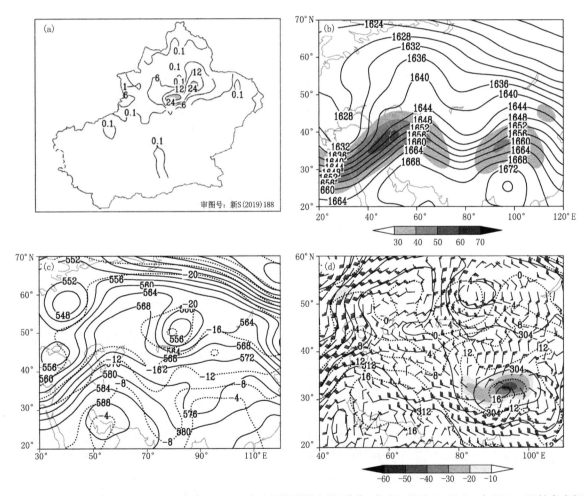

图3-11 (a)1970年5月26日20时至27日20时过程累计降水量(单位:毫米);以及26日20时(b)100百帕高度场(实线,单位:位势什米),阴影(单位:米/秒)表示风速≥30米/秒的200百帕急流;(c)500百帕高度场(实线,单位:位势什米),温度场(虚线,单位:℃);(d)700百帕高度场(实线,单位:位势什米),温度场(虚线,单位:℃),风场(单位:米/秒),水汽通量散度场(阴影,单位:10⁻⁶克/(厘米²·百帕·秒))

3.12　1970 年 7 月 14—15 日乌鲁木齐市、昌吉州东部、巴州北部山区暴雨

【降雨实况】1970 年 7 月 14—15 日(图 3-12a):14 日乌鲁木齐市小渠子站、大西沟站、达坂城站日降水量分别为 24.4 毫米、32.6 毫米、33.0 毫米,昌吉州天池站日降水量 66.4 毫米,巴州巴仑台站日降水量 31.0 毫米;15 日昌吉州北塔山站日降水量 29.5 毫米。

【天气形势】1970 年 7 月 13 日 20 时,100 百帕南亚高压呈带状分布,且东部脊经向发展较强,长波槽位于巴尔喀什湖附近;200 百帕新疆处于低槽前西南急流中(图 3-12b)。500 百帕欧亚范围为两脊一槽的经向环流,伊朗为高压脊,西西伯利亚至巴尔喀什湖为低槽,北疆受低槽前西南气流影响,贝加尔湖高压脊向北发展经向度大(图 3-12c)。700 百帕北疆为 6~10 米/秒的西北气流(图 3-12d)。

此次暴雨中高层北疆受中亚低槽前西南气流影响,水汽输送较好,低层西北气流遇天山地形强迫抬升,有利于中天山附近产生暴雨。

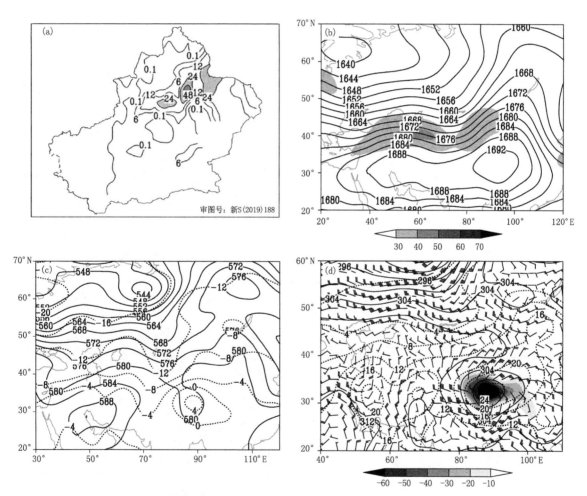

图 3-12　(a)1970 年 7 月 13 日 20 时至 15 日 20 时过程累计降水量(单位:毫米);以及 13 日 20 时(b)100 百帕高度场(实线,单位:位势什米),阴影(单位:米/秒)表示风速≥30 米/秒的 200 百帕急流;(c)500 百帕高度场(实线,单位:位势什米),温度场(虚线,单位:℃);(d)700 百帕高度场(实线,单位:位势什米),温度场(虚线,单位:℃),风场(单位:米/秒),水汽通量散度场(阴影,单位:10⁻⁶克/(厘米²·百帕·秒))

3.13　1971年5月29日乌鲁木齐市、昌吉州东部暴雨

【降雨实况】1971年5月29日(图3-13a):乌鲁木齐市乌鲁木齐站、米东站、小渠子站日降水量分别为25.8毫米、30.8毫米、25.7毫米,昌吉州阜康站、吉木萨尔站、奇台站、天池站、木垒站日降水量分别为33.6毫米、26.4毫米、24.7毫米、28.0毫米、33.6毫米。

【天气形势】1971年5月28日20时,100百帕南亚高压呈单体型,高压中心在30°N、90°E附近,长波槽位于巴尔喀什湖附近;200百帕新疆处于低槽前西南急流中(图3-13b)。500百帕欧亚范围中高纬为两脊一槽的经向环流,伊朗至里海和新疆东部至贝加尔湖的高压脊经向发展,西西伯利亚至巴尔喀什湖为低涡,北疆受低涡前西南气流影响(图3-13c)。700百帕天山北坡为6～10米/秒的西北气流,北疆西部冷平流明显(图3-13d)。

此次暴雨中高层北疆受中亚低槽前西南气流影响,低层天山北坡西北气流,携带冷空气遇天山地形强迫抬升,冷暖空气交汇剧烈,有利于对流触发,造成中天山附近暴雨。

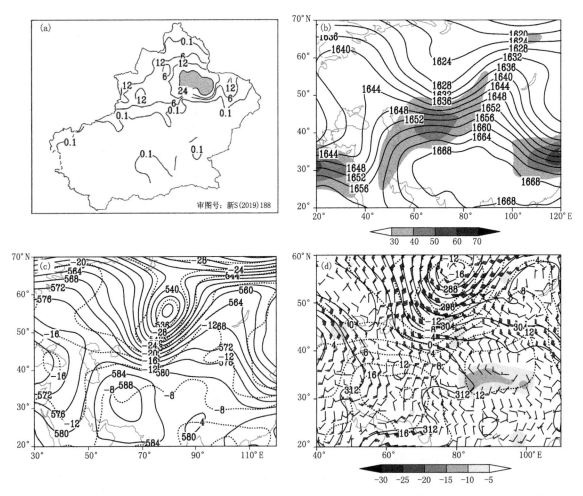

图3-13　(a)1971年5月28日20时至29日20时过程累计降水量(单位:毫米);以及28日20时(b)100百帕高度场(实线,单位:位势什米),阴影(单位:米/秒)表示风速≥30米/秒的200百帕急流;(c)500百帕高度场(实线,单位:位势什米),温度场(虚线,单位:℃);(d)700百帕高度场(实线,单位:位势什米),温度场(虚线,单位:℃),风场(单位:米/秒),水汽通量散度场(阴影,单位:10⁻⁶克/(厘米²·百帕·秒))

3.14　1974 年 6 月 23—24 日喀什地区东部、克州山区、阿克苏地区暴雨

【降雨实况】1974 年 6 月 23—24 日(图 3-14a):23 日喀什地区巴楚站日降水量 29.8 毫米,克州阿合奇站日降水量 38.4 毫米,阿克苏地区柯坪站日降水量 31.2 毫米;24 日阿克苏地区乌什站、阿克苏站、温宿站、柯坪站、阿瓦提站日降水量分别为 54.9 毫米、48.6 毫米、33.9 毫米、34.5 毫米、32.2 毫米。

【天气形势】1974 年 6 月 23 日 20 时,100 百帕南亚高压呈双体型,两个高压强度相当,长波槽位于西伯利亚至中亚地区,槽底南伸至 25°N 附近;200 百帕新疆处于低槽前西南急流中(图 3-14b)。500 百帕欧亚范围为两脊一槽的经向环流,伊朗副热带高压与东欧高压脊叠加发展,蒙古为高压脊,西伯利亚至中亚为低槽活动区,中亚低槽南伸至 25°N 附近,南疆西部受低槽前西南气流影响(图 3-14c)。700 百帕在南疆西部境外有气旋性风场的辐合及切变,南疆塔里木盆地为偏东气流,盆地西部有 -15×10^{-6} 克/(厘米²·百帕·秒)的水汽通量散度辐合中心(图 3-14d)。

此次暴雨中高层南疆西部受中亚低槽前西南气流影响,700 百帕有气旋性风场的辐合及切变,低层南疆塔里木盆地偏东气流遇三面环山地形强迫抬升,有利于辐合上升运动,造成南疆西部暴雨。

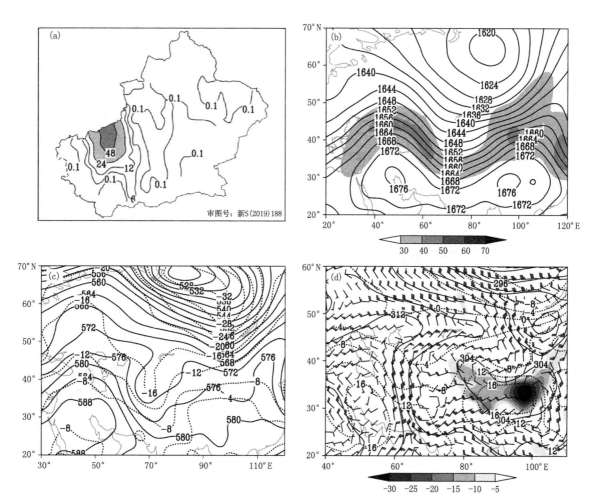

图 3-14　(a)1974 年 6 月 22 日 20 时至 24 日 20 时过程累计降水量(单位:毫米);以及 23 日 20 时(b)100 百帕高度场(实线,单位:位势什米),阴影(单位:米/秒)表示风速≥30 米/秒的 200 百帕急流;(c)500 百帕高度场(实线,单位:位势什米),温度场(虚线,单位:℃);(d)700 百帕高度场(实线,单位:位势什米),温度场(虚线,单位:℃),风场(单位:米/秒),水汽通量散度场(阴影,单位:10⁻⁶ 克/(厘米²·百帕·秒))

3.15 1975 年 6 月 19—20 日伊犁州山区、乌鲁木齐市、昌吉州暴雨

【降雨实况】1975 年 6 月 19—20 日(图 3-15a):19 日伊犁州尼勒克站日降水量 25.6 毫米;20 日乌鲁木齐市乌鲁木齐站、米东站、小渠子站日降水量分别为 32.3 毫米、34.0 毫米、35.7 毫米,昌吉州昌吉站、阜康站、天池站日降水量分别为 31.2 毫米、28.4 毫米、93.0 毫米。

【天气形势】1975 年 6 月 19 日 20 时,100 百帕南亚高压呈带状分布,且西部脊经向发展,长波槽位于西伯利亚至中亚地区;200 百帕北疆处于槽底偏西急流中(图 3-15b)。500 百帕欧亚范围中高纬为一脊一槽,伊朗至里海与咸海的高压脊向北发展,西伯利亚至中亚为低槽活动区,巴尔喀什湖附近的低槽南伸至 35°N 附近,北疆受低槽前西南气流影响(图 3-15c)。700 百帕伊犁州为偏西气流,北疆为西北气流,均有风速辐合及切变(图 3-15d)。

此次暴雨中高层北疆受中亚低槽前西南气流影响,低层伊犁州为偏西气流,北疆为西北气流,均有风速辐合及切变,遇到地形强迫抬升,冷暖空气交汇,造成暴雨。

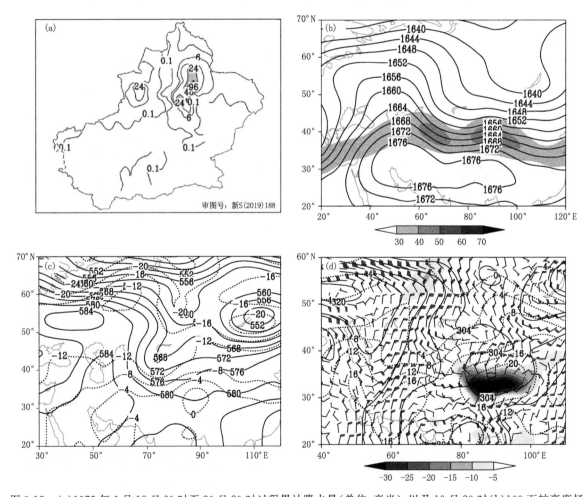

图 3-15 (a)1975 年 6 月 18 日 20 时至 20 日 20 时过程累计降水量(单位:毫米);以及 19 日 20 时(b)100 百帕高度场(实线,单位:位势什米),阴影(单位:米/秒)表示风速≥30 米/秒的 200 百帕急流;(c)500 百帕高度场(实线,单位:位势什米),温度场(虚线,单位:℃);(d)700 百帕高度场(实线,单位:位势什米),温度场(虚线,单位:℃),风场(单位:米/秒),水汽通量散度场(阴影,单位:10^{-6}克/(厘米^2·百帕·秒))

3.16　1975 年 6 月 24 日乌鲁木齐市、昌吉州、巴州北部山区暴雨

【降雨实况】1975 年 6 月 24 日(图 3-16a):乌鲁木齐市乌鲁木齐站、米东站、小渠子站、达坂城站日降水量分别为 29.2 毫米、32.1 毫米、30.8 毫米、32.3 毫米,昌吉州昌吉站、阜康站、天池站日降水量分别为 24.3 毫米、33.6 毫米、56.1 毫米,巴州巴仑台站日降水量 29.8 毫米。

【天气形势】1975 年 6 月 23 日 20 时,100 百帕南亚高压呈带状分布,长波槽位于西西伯利亚至中亚地区;200 百帕新疆处于低槽前西南急流中(图 3-16b)。500 百帕欧亚范围为两脊一槽的纬向环流,伊朗至里海与咸海和新疆东部至贝加尔湖为高压脊,巴尔喀什湖及以南为低槽,北疆受低槽前西南气流影响(图 3-16c)。700 百帕北疆受低槽影响,有弱的风场扰动,天山北坡有偏西风与西南风的切变(图 3-16d)。

此次暴雨中高层北疆受中亚低槽前西南气流影响,低层北疆为西北气流,均有风速辐合及切变,遇到天山地形强迫抬升,造成中天山附近暴雨。

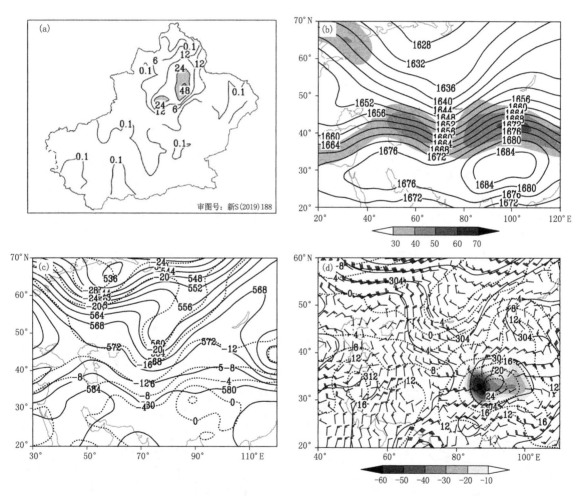

图 3-16　(a)1975 年 6 月 23 日 20 时至 24 日 20 时过程累计降水量(单位:毫米);以及 23 日 20 时(b)100 百帕高度场(实线,单位:位势什米),阴影(单位:米/秒)表示风速≥30 米/秒的 200 百帕急流;(c)500 百帕高度场(实线,单位:位势什米),温度场(虚线,单位:℃);(d)700 百帕高度场(实线,单位:位势什米),温度场(虚线,单位:℃),风场(单位:米/秒),水汽通量散度场(阴影,单位:10^{-6} 克/(厘米^2·百帕·秒))

3.17　1978年5月25—26日伊犁州、博州西部、乌鲁木齐市南部山区、巴州北部山区暴雨

【降雨实况】1978年5月25—26日(图3-17a):25日伊犁州霍尔果斯站、霍城站、伊宁县站、昭苏站、特克斯站日降水量分别为25.7毫米、27.7毫米、28.9毫米、36.8毫米、29.0毫米,博州博乐站、温泉站日降水量分别为31.3毫米、25.7毫米;26日乌鲁木齐市大西沟站、巴州巴仑台站日降水量分别为27.7毫米、33.7毫米。

【天气形势】1978年5月24日20时,100百帕南亚高压呈带状分布在30°N以南,西伯利亚至中亚为长波槽区;200百帕新疆处于低槽前西南急流中(图3-17b)。500百帕欧亚范围为北槽南脊的纬向环流,西伯利亚至乌拉尔山南端为低值活动区,伊朗副热带高压在30°N以南,北疆受槽底西风锋区上分裂短波影响(图3-17c)。700百帕伊犁州、博州西部有西风风速的辐合及与西南风的切变,并配合有-20×10^{-6}克/(厘米²·百帕·秒)的水汽通量散度辐合中心,北疆为偏西气流(图3-17d)。

此次暴雨中高层受西风锋区上分裂短波影响,700百帕伊犁州、博州西部有风速辐合与切变,低层北疆西北(偏北)气流携带冷空气遇天山地形强迫抬升,动力条件好,冷暖空气交汇剧烈,有利于产生暴雨。

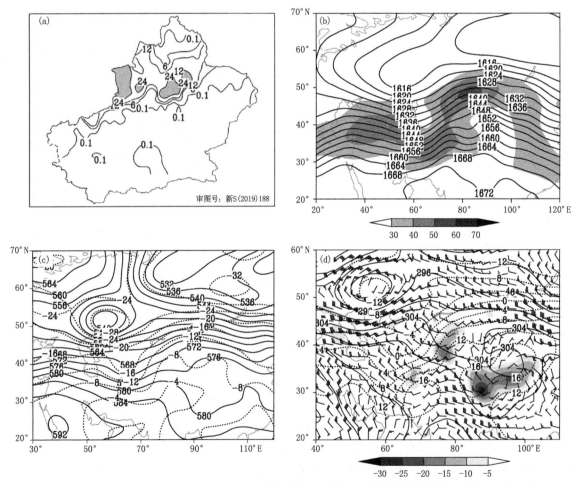

图3-17　(a)1978年5月24日20时至26日20时过程累计降水量(单位:毫米);以及24日20时(b)100百帕高度场(实线,单位:位势什米),阴影(单位:米/秒)表示风速≥30米/秒的200百帕急流;(c)500百帕高度场(实线,单位:位势什米),温度场(虚线,单位:℃);(d)700百帕高度场(实线,单位:位势什米),温度场(虚线,单位:℃),风场(单位:米/秒),水汽通量散度场(阴影,单位:10^{-6}克/(厘米²·百帕·秒))

3.18　1978 年 6 月 9—12 日伊犁州东南部山区、乌鲁木齐市、昌吉州、巴州北部、阿克苏地区北部暴雨

【降雨实况】1978 年 6 月 9—12 日(图 3-18a):9 日伊犁州新源站、特克斯站日降水量分别为 39.1 毫米、30.0 毫米,乌鲁木齐市小渠子站日降水量 27.3 毫米,昌吉州天池站日降水量 55.1 毫米;10 日阿克苏地区库车站日降水量 29.2 毫米,巴州巴仑台站、轮台站日降水量分别为 42.8 毫米、45.7 毫米,昌吉州天池站日降水量 31.0 毫米;11 日乌鲁木齐市乌鲁木齐站、米东站、小渠子站日降水量分别为 57.7 毫米、45.4 毫米、39.7 毫米,昌吉州昌吉站、阜康站、奇台站、天池站、木垒站、北塔山站日降水量分别为 27.2 毫米、31.5 毫米、30.2 毫米、48.0 毫米、35.9 毫米、37.7 毫米;12 日昌吉州阜康站、天池站日降水量分别为 28.6 毫米、95.3 毫米。

【天气形势】1978 年 6 月 10 日 20 时,100 百帕南亚高压呈双体型,长波槽位于新疆上空,槽底南伸至 30°N 附近;200 百帕新疆处于槽前西南急流中(图 3-18b)。500 百帕欧亚范围为两脊一槽的经向环流,伊朗副热带高压与乌拉尔山高压脊叠加向北发展,经向度较大,新疆东部至蒙古为高压脊,北疆受低涡影响(图 3-18c)。700 百帕北疆处于低涡气旋性风场辐合中,冷平流明显(图 3-18d)。

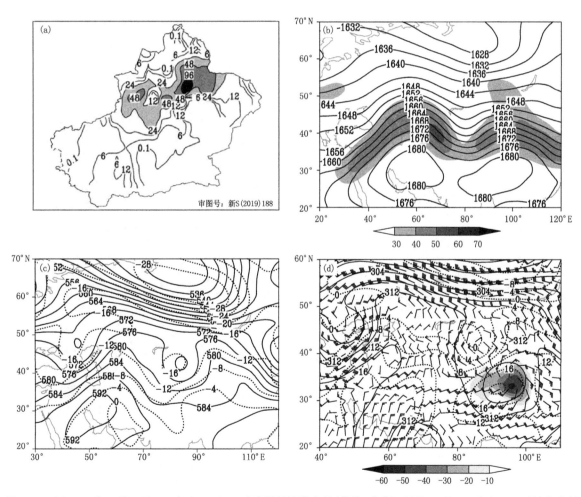

图 3-18　(a)1978 年 6 月 8 日 20 时至 12 日 20 时过程累计降水量(单位:毫米);以及 10 日 20 时(b)100 百帕高度场(实线,单位:位势什米),阴影(单位:米/秒)表示风速≥30 米/秒的 200 百帕急流;(c)500 百帕高度场(实线,单位:位势什米),温度场(虚线,单位:℃);(d)700 百帕高度场(实线,单位:位势什米),温度场(虚线,单位:℃),风场(单位:米/秒),水汽通量散度场(阴影,单位:10^{-6} 克/(厘米²·百帕·秒))

此次暴雨中高层北疆受中亚低涡影响,700百帕北疆气旋性风场明显,携带冷空气遇天山地形强迫抬升,动力条件好,冷暖空气交汇剧烈,产生暴雨。

3.19　1979年9月26日乌鲁木齐市、昌吉州、巴州北部山区暴雨

【降雨实况】1979年9月26日(图3-19a):乌鲁木齐市乌鲁木齐站、米东站、小渠子站、大西沟站、牧试站站、达坂城站日降水量分别为39.6毫米、27.1毫米、26.6毫米、26.4毫米、26.8毫米、34.4毫米,昌吉州昌吉站日降水量26.3毫米,巴州巴仑台站日降水量44.4毫米。

【天气形势】1979年9月25日20时,100百帕南亚高压呈带状分布,主体在30°N以南,新疆受短波槽影响;200百帕新疆处于槽前偏西急流中(图3-19b)。500百帕欧亚范围为两槽一脊的纬向环流,伊朗副热带高压发展北抬与里海至咸海的高压脊叠加,下游蒙古至贝加尔湖为强烈发展的高压脊,北疆受低涡前西南气流影响(图3-19c)。700百帕北疆处于低涡气旋性风场辐合中,天山北坡有西北风与西南风的切变,配合有冷平流(图3-19d)。

此次暴雨中层受中亚低涡影响,低层北疆为偏北气流,有风速的辐合,携带冷空气遇到天山地形时强迫抬升,动力条件好,冷暖空气交汇明显,有利于暴雨形成。

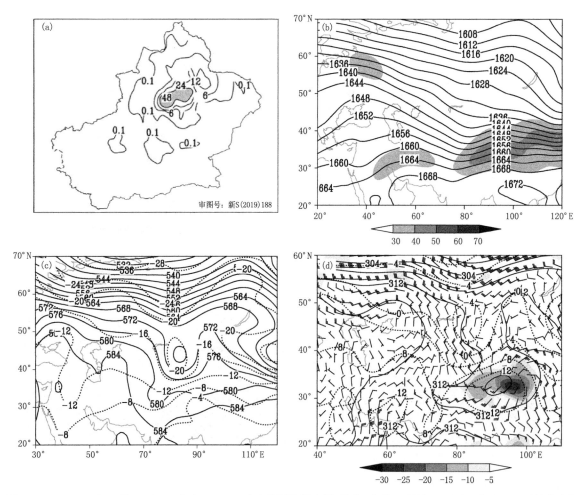

图3-19　(a)1979年9月25日20时至26日20时过程累计降水量(单位:毫米);以及25日20时(b)100百帕高度场(实线,单位:位势什米),阴影(单位:米/秒)表示风速≥30米/秒的200百帕急流;(c)500百帕高度场(实线,单位:位势什米),温度场(虚线,单位:℃);(d)700百帕高度场(实线,单位:位势什米),温度场(虚线,单位:℃),风场(单位:米/秒),水汽通量散度场(阴影,单位:10⁻⁶克/(厘米²·百帕·秒))

3.20 1981 年 8 月 29 日喀什地区、克州暴雨

【降雨实况】1981 年 8 月 29 日(图 3-20a):喀什地区喀什站、岳普湖站、莎车站、泽普站日降水量分别为 24.3 毫米、37.5 毫米、42.2 毫米、30.5 毫米,克州阿克陶站日降水量 27.2 毫米。

【天气形势】1981 年 8 月 28 日 20 时,100 百帕南亚高压呈双体型且西部脊经向发展较强,长波槽位于中亚地区,槽底南伸至 35°N 附近;200 百帕新疆处于低槽前西南急流中(图 3-20b)。500 百帕欧亚范围中高纬为两槽一脊的经向环流,乌拉尔山高压脊经向发展,东欧和贝加尔湖地区为低压槽活动区,中亚低涡位于巴尔喀什湖西南部,南疆西部受低涡前西南气流影响(图 3-20c)。700 百帕在南疆西部境外有气旋性风场的辐合及切变,南疆塔里木盆地为偏东气流(图 3-20d)。

此次暴雨中高层南疆西部受中亚低槽前西南气流影响,700 百帕南疆西部有气旋性风场的辐合及切变,低层塔里木盆地偏东急流遇三面环山地形强迫抬升,有利于辐合上升运动,使得南疆西部产生暴雨。

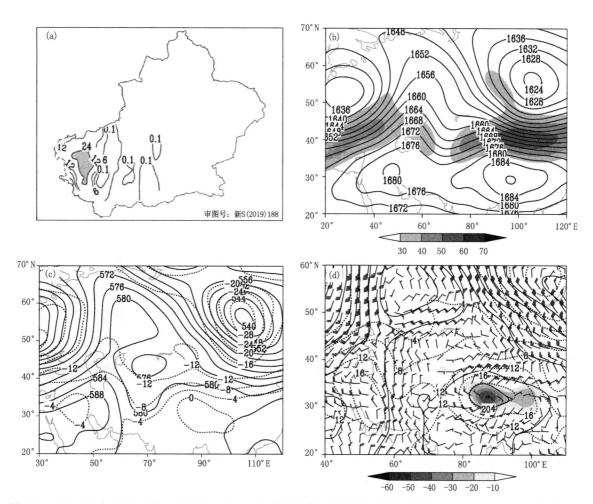

图 3-20　(a)1981 年 8 月 28 日 20 时至 29 日 20 时过程累计降水量(单位:毫米);以及 28 日 20 时(b)100 百帕高度场(实线,单位:位势什米),阴影(单位:米/秒)表示风速≥30 米/秒的 200 百帕急流;(c)500 百帕高度场(实线,单位:位势什米),温度场(虚线,单位:℃);(d)700 百帕高度场(实线,单位:位势什米),温度场(虚线,单位:℃),风场(单位:米/秒),水汽通量散度场(阴影,单位:10⁻⁶克/(厘米²·百帕·秒))

3.21 1983年5月18—19日伊犁州东部山区、乌鲁木齐市、昌吉州东部暴雨

【降雨实况】1983年5月18—19日(图3-21a):18日昌吉州天池站日降水量41.6毫米;19日伊犁州新源站日降水量40.8毫米,乌鲁木齐市乌鲁木齐站、米东站、小渠子站日降水量分别为33.5毫米、29.7毫米、27.4毫米,昌吉州阜康站、天池站、木垒站日降水量分别为29.2毫米、38.3毫米、30.0毫米。

【天气形势】1983年5月18日20时,100百帕南亚高压呈带状分布,主体在25°N以南,黑海至欧洲的长波脊经向发展,长波槽位于西西伯利亚至乌拉尔山南端;200百帕北疆处于槽底偏西急流中(图3-21b)。500百帕欧亚范围中高纬为两脊一槽的经向环流,里海至欧洲和贝加尔湖为高压脊,西西伯利亚低涡槽南伸至40°N附近,北疆受低涡前西南气流影响(图3-21c)。700百帕北疆受低槽前偏西气流影响,有风速的辐合,冷平流明显(图3-21d)。

此次暴雨中高层北疆受低槽前西南气流影响,700百帕槽前偏西气流风速辐合,地形影响下的风场(速)辐合及切变明显,冷暖空气交汇明显,有利于产生暴雨。

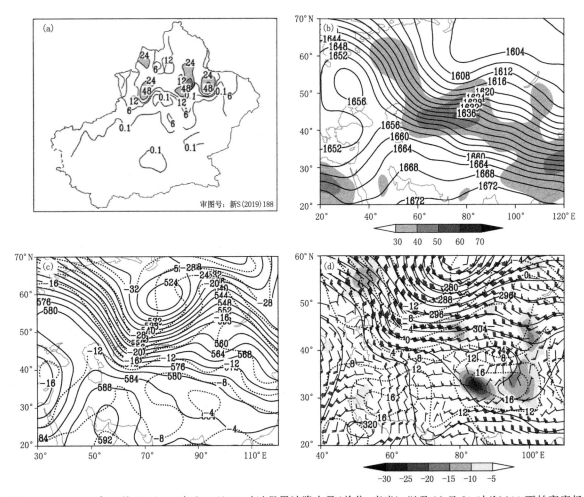

图3-21 (a)1983年5月17日20时至19日20时过程累计降水量(单位:毫米);以及18日20时(b)100百帕高度场(实线,单位:位势什米),阴影(单位:米/秒)表示风速≥30米/秒的200百帕急流;(c)500百帕高度场(实线,单位:位势什米),温度场(虚线,单位:℃);(d)700百帕高度场(实线,单位:位势什米),温度场(虚线,单位:℃),风场(单位:米/秒),水汽通量散度场(阴影,单位:10^{-6}克/(厘米²·百帕·秒))

3.22　1985 年 6 月 2—3 日伊犁州、塔城地区南部、石河子市、乌鲁木齐市、昌吉州暴雨

【降雨实况】1985 年 6 月 2—3 日(图 3-22a):2 日伊犁州伊宁站、伊宁县站、新源站、特克斯站日降水量分别为 28.0 毫米、38.7 毫米、31.5 毫米、29.2 毫米,塔城地区沙湾站日降水量 24.9 毫米,石河子市石河子站、乌拉乌苏站日降水量分别为 27.3 毫米、32.8 毫米,乌鲁木齐市乌鲁木齐站、米东站、小渠子站日降水量分别为 37.7 毫米、33.1 毫米、36.9 毫米,昌吉州玛纳斯站、呼图壁站、阜康站、天池站日降水量分别为 27.9 毫米、29.7 毫米、24.9 毫米、38.2 毫米;3 日昌吉州天池站日降水量 24.4 毫米。

【天气形势】1985 年 6 月 1 日 20 时,100 百帕南亚高压呈带状分布,西西伯利亚为低涡;200 百帕新疆处于低涡底部偏西急流中(图 3-22b)。500 百帕欧亚范围为两脊一槽的经向环流,伊朗副热带高压向北发展与东欧高压脊叠加,西西伯利亚至中亚为低涡槽区,北疆受低槽前西南气流影响,贝加尔湖附近高压脊经向发展(图 3-22c)。700 百帕北疆处于槽前偏西气流中,有风速辐合(图 3-22d)。

此次暴雨中高层北疆受低槽前西南气流影响,低层偏西(西北)气流携带冷空气遇伊犁河谷及天山地形时强迫抬升,冷暖空气交汇明显,有利于产生暴雨。

【灾情】昌吉州玛纳斯县洪水冲断乌伊公路,中断交通 52 小时。

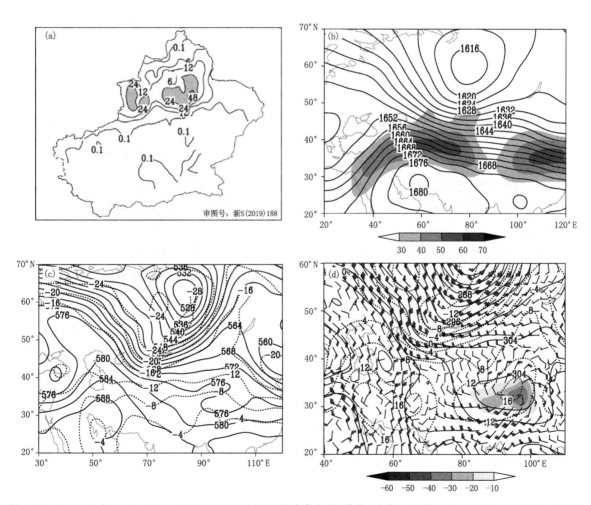

图 3-22　(a)1985 年 6 月 1 日 20 时至 3 日 20 时过程累计降水量(单位:毫米);以及 1 日 20 时(b)100 百帕高度场(实线,单位:位势什米),阴影(单位:米/秒)表示风速≥30 米/秒的 200 百帕急流;(c)500 百帕高度场(实线,单位:位势什米),温度场(虚线,单位:℃);(d)700 百帕高度场(实线,单位:位势什米),温度场(虚线,单位:℃),风场(单位:米/秒),水汽通量散度场(阴影,单位:10⁻⁶克/(厘米²·百帕·秒))

3.23 1986年9月2日乌鲁木齐市、昌吉州东部山区暴雨

【降雨实况】1986年9月2日(图3-23a):乌鲁木齐市乌鲁木齐站、米东站、小渠子站、牧试站站日降水量分别为25.2毫米、25.7毫米、35.5毫米、24.4毫米,昌吉州天池站日降水量39.4毫米。

【天气形势】1986年9月1日20时,100百帕南亚高压呈双体型,长波槽位于西西伯利亚至巴尔喀什湖附近;200百帕新疆处于低槽前西南急流中(图3-23b)。500百帕欧亚范围为两脊一槽的经向环流,里海与咸海至乌拉尔山为高压脊,西西伯利亚至巴尔喀什湖为低涡槽,北疆受低槽前西南气流影响,贝加尔湖高压脊经向发展(图3-23c)。700百帕天山北坡处于槽底偏西气流中,冷平流明显,昌吉州东部有偏西风与西南风的切变,并配合有-10×10^{-6}克/(厘米^2·百帕·秒)的水汽通量散度辐合中心(图3-23d)。

此次暴雨中高层北疆受中亚低槽前西南气流影响,低层天山北坡为偏西气流,风速辐合明显,并携带冷空气遇天山地形强迫抬升,冷暖空气交汇有利于对流,造成中天山附近暴雨。

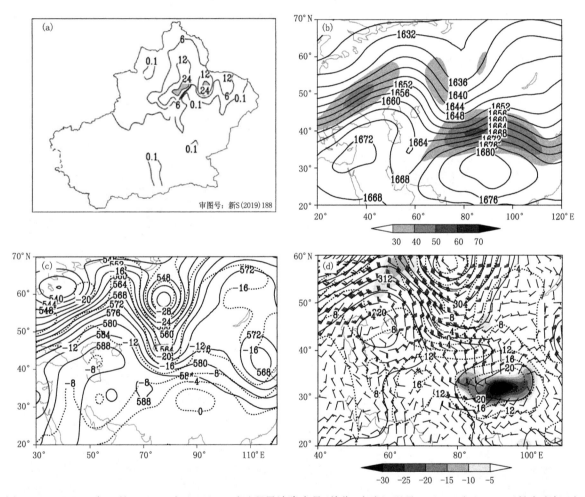

图3-23 (a)1986年9月1日20时至2日20时过程累计降水量(单位:毫米);以及1日20时(b)100百帕高度场(实线,单位:位势什米),阴影(单位:米/秒)表示风速≥30米/秒的200百帕急流;(c)500百帕高度场(实线,单位:位势什米),温度场(虚线,单位:℃);(d)700百帕高度场(实线,单位:位势什米),温度场(虚线,单位:℃),风场(单位:米/秒),水汽通量散度场(阴影,单位:10^{-6}克/(厘米^2·百帕·秒))

3.24　1988 年 5 月 6 日巴州北部、和田地区东部暴雨

【降雨实况】1988 年 5 月 6 日（图 3-24a）：巴州焉耆站、和硕站日降水量分别为 36.2 毫米、29.1 毫米，和田地区洛浦站、民丰站、于田站日降水量分别为 27.3 毫米、43.4 毫米、36.4 毫米。

【天气形势】1988 年 5 月 5 日 20 时，100 百帕南亚高压呈单体型，高压主体偏东（25°N、100°E），长波槽在西西伯利亚至中亚地区；200 百帕新疆处于低槽前西南急流中（图 3-24b）。500 百帕欧亚范围为两脊一槽的纬向环流，东欧和贝加尔湖附近为高压脊，西西伯利亚至中亚为低槽，槽底南伸至 38°N 附近，新疆受低槽前西南气流影响（图 3-24c）。700 百帕巴州北部、和田地区东部有西北风与东北风的切变（图 3-24d）。

此次暴雨中高层新疆受槽前西南气流影响，水汽输送充沛，低层有风切变及辐合，南疆塔里木盆地为偏东北气流遇昆仑山地形强迫抬升，冷暖空气交汇有利于产生暴雨。

【灾情】巴州和硕县出现洪水，1067 公顷农田受灾，毁坏房屋 24 间、围墙 170 米、渠道 500 米、牧道 48 千米；焉耆县发生洪水，1400 公顷农田受灾，倒塌房屋 134 间，冲坏渠道 8225 米、桥梁 5 座、电站 2 座，死亡牲畜 2072 头（只）。

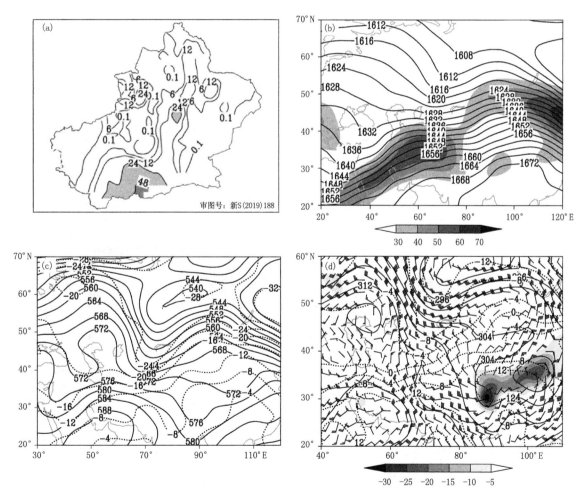

图 3-24　(a)1988 年 5 月 5 日 20 时至 6 日 20 时过程累计降水量（单位：毫米）；以及 5 日 20 时(b)100 百帕高度场（实线，单位：位势什米），阴影（单位：米/秒）表示风速≥30 米/秒的 200 百帕急流；(c)500 百帕高度场（实线，单位：位势什米），温度场（虚线，单位：℃）；(d)700 百帕高度场（实线，单位：位势什米），温度场（虚线，单位：℃），风场（单位：米/秒），水汽通量散度场（阴影，单位：10^{-6} 克/（厘米^2·百帕·秒））

3.25　1989年9月7—8日阿勒泰地区东部、乌鲁木齐市、昌吉州东部暴雨

【降雨实况】1989年9月7—8日(图3-25a):7日乌鲁木齐市乌鲁木齐站、米东站、达坂城站日降水量分别为28.6毫米、28.9毫米、35.0毫米,昌吉州阜康站、天池站日降水量分别为38.0毫米、24.1毫米;8日阿勒泰地区富蕴站日降水量26.1毫米。

【天气形势】1989年9月6日20时,100百帕南亚高压呈带状分布,长波槽位于巴尔喀什湖附近;200百帕北疆处于低槽前西南急流中(图3-25b)。500百帕欧亚范围中高纬地区为两脊一槽的经向环流,伊朗副热带高压北抬,乌拉尔山高压脊向东北发展,下游蒙古为高压脊,巴尔喀什湖附近为低涡,北疆受低槽前西南气流影响(图3-25c)。700百帕巴尔喀什湖至北疆为气旋性风场,天山北坡及阿勒泰地区东部有弱的风切变(图3-25d)。

此次暴雨中层北疆受中亚低涡前西南气流影响,水汽输送充沛,700百帕天山北坡和阿勒泰地区东部有气旋性风场切变及辐合,低层西北气流携带冷空气遇地形强迫抬升,冷暖空气交汇有利于产生暴雨。

【灾情】乌鲁木齐市达坂城区受灾严重,受灾人口1776人,倒房29间,损房295间;农作物受灾176公顷,损失粮食262吨。吐鲁番市托克逊县河东乡柳树泉发生洪水,造成5人死亡(其中4个小孩,1个牧民)。

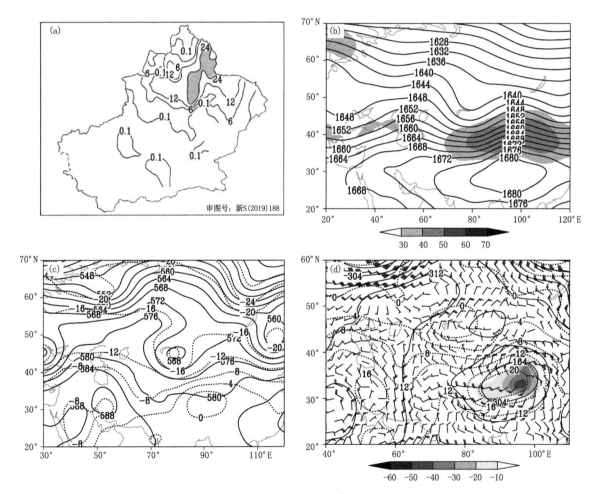

图3-25　(a)1989年9月6日20时至8日20时过程累计降水量(单位:毫米);以及6日20时(b)100百帕高度场(实线,单位:位势什米),阴影(单位:米/秒)表示风速≥30米/秒的200百帕急流;(c)500百帕高度场(实线,单位:位势什米),温度场(虚线,单位:℃);(d)700百帕高度场(实线,单位:位势什米),温度场(虚线,单位:℃),风场(单位:米/秒),水汽通量散度场(阴影,单位:10⁻⁶克/(厘米²·百帕·秒))

3.26 1990 年 5 月 16 日伊犁州、石河子市、昌吉州东部山区暴雨

【降雨实况】1990 年 5 月 16 日(图 3-26a):伊犁州伊宁县站、昭苏站、特克斯站日降水量分别为 27.5 毫米、25.3 毫米、27.5 毫米,石河子市乌兰乌苏站日降水量 24.9 毫米,昌吉州天池站日降水量 31.5 毫米。

【天气形势】1990 年 5 月 15 日 20 时,100 百帕南亚高压呈单体型,高压主体位于南疆西部上空,且高压脊向东北经向发展强烈,低槽位于西西伯利亚北部;200 百帕新疆西部处于低槽前西南急流中(图 3-26b)。500 百帕欧亚范围为两脊一槽的经向环流,东欧为高压脊,伊朗副热带高压东北发展与新疆东部至贝加尔湖的高压脊叠加,经向度较大,西西伯利亚至中亚为低槽,北疆受低槽前西南气流影响(图 3-26c)。700 百帕北疆为偏西气流,风速辐合明显(图 3-26d)。

此次暴雨下游高压脊发展强盛,北疆受低槽前西南气流影响,低层偏西(西北)气流风速辐合,并携带冷空气遇天山地形强迫抬升,冷暖空气交汇有利于伊犁州及天山北坡产生暴雨。

【灾情】伊犁州察布查尔县扎库齐牛录乡寨牛录村暴雨洪涝房屋倒塌 11 间,农作物受损面积 280 公顷。

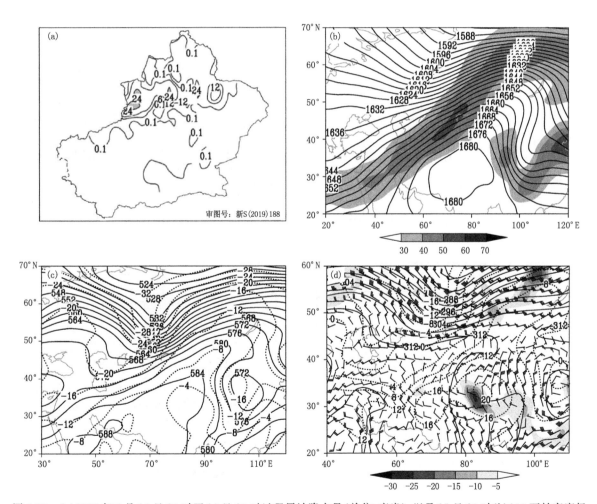

图 3-26 (a)1990 年 5 月 15 日 20 时至 16 日 20 时过程累计降水量(单位:毫米);以及 15 日 20 时(b)100 百帕高度场(实线,单位:位势什米),阴影(单位:米/秒)表示风速≥30 米/秒的 200 百帕急流;(c)500 百帕高度场(实线,单位:位势什米),温度场(虚线,单位:℃);(d)700 百帕高度场(实线,单位:位势什米),温度场(虚线,单位:℃),风场(单位:米/秒),水汽通量散度场(阴影,单位:10^{-6} 克/(厘米^2·百帕·秒))

3.27 1991年6月12—13日伊犁州、阿克苏地区、巴州北部暴雨

【降雨实况】1991年6月12—13日（图3-27a）：12日伊犁州尼勒克站、新源站、特克斯站日降水量分别为29.1毫米、27.2毫米、48.3毫米，阿克苏地区拜城站、新和站日降水量分别为54.5毫米、44.1毫米；13日巴州和硕站日降水量27.9毫米。

【天气形势】1991年6月11日20时，100百帕南亚高压呈单体型主体位于青藏高原，长波脊位于巴尔喀什湖附近；200百帕北疆处于低槽前西南急流中（图3-27b）。500百帕欧亚范围中纬度为两脊两槽的纬向环流，乌拉尔山和贝加尔湖为高压脊区，黑海到里海和巴尔喀什湖至北疆为低槽活动区，新疆受槽底偏西气流影响（图3-27c）。700百帕伊犁州、巴州北部为偏北气流，配合有冷平流，阿克苏地区有偏北风与偏东风的切变（图3-27d）。

此次暴雨中高层新疆西部受低槽前西南气流影响，低层新疆西部有风场辐合及切变，比湿较大，北疆偏北气流与南疆盆地偏东气流，遇地形强迫抬升，有利于产生暴雨。

【灾情】阿克苏地区拜城县受灾面积1056.1公顷，损坏房屋188间；温宿县人工补种127.3公顷；库车县东北部暴雨冲毁水利设施66处，冲毁枢纽土坝300米，6人死亡，库车河洪峰流达800米³/秒。

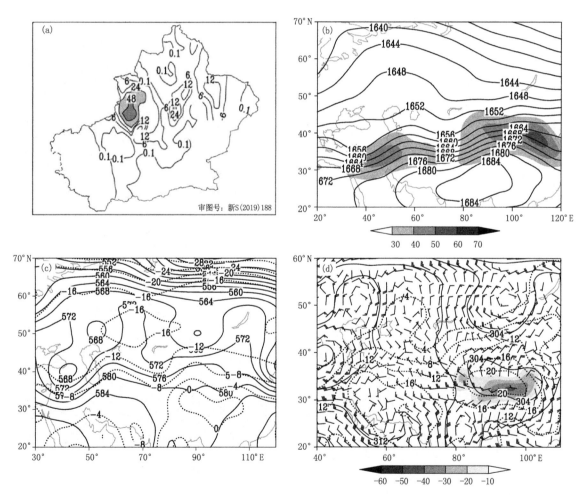

图3-27 （a）1991年6月11日20时至13日20时过程累计降水量（单位：毫米）；以及11日20时（b）100百帕高度场（实线，单位：位势什米），阴影（单位：米/秒）表示风速≥30米/秒的200百帕急流；（c）500百帕高度场（实线，单位：位势什米），温度场（虚线，单位：℃）；（d）700百帕高度场（实线，单位：位势什米），温度场（虚线，单位：℃），风场（单位：米/秒），水汽通量散度场（阴影，单位：10⁻⁶克/（厘米²·百帕·秒））

3.28　1991 年 7 月 12—13 日乌鲁木齐市南部山区、昌吉州东部山区、巴州北部山区暴雨

【降雨实况】1991 年 7 月 12—13 日（图 3-28a）：12 日巴州巴音布鲁克站日降水量 26.4 毫米；13 日乌鲁木齐市小渠子站、大西沟站、牧试站站日降水量分别为 38.9 毫米、36.3 毫米、25.5 毫米，昌吉州天池站日降水量 30.6 毫米，巴州巴仑台站日降水量 64.0 毫米。

【天气形势】1991 年 7 月 12 日 20 时，100 百帕南亚高压呈带状分布，长波槽位于乌拉尔山至中亚地区（图 3-28b）；200 百帕新疆西部处于槽前西南急流中。500 百帕欧亚范围中高纬为一脊一槽的经向环流，西西伯利亚至中亚为低涡槽，黑海至巴尔喀什湖地区为宽广的低槽活动区，新疆东部至中西伯利亚为经向度较大的高压脊，北疆受低槽前西南气流影响（图 3-28c）。700 百帕北疆为偏北气流（图 3-28d）。

此次暴雨中高层受低槽前西南气流影响，低层北疆偏北气流遇到天山地形强迫抬升，有利于辐合上升，产生暴雨。

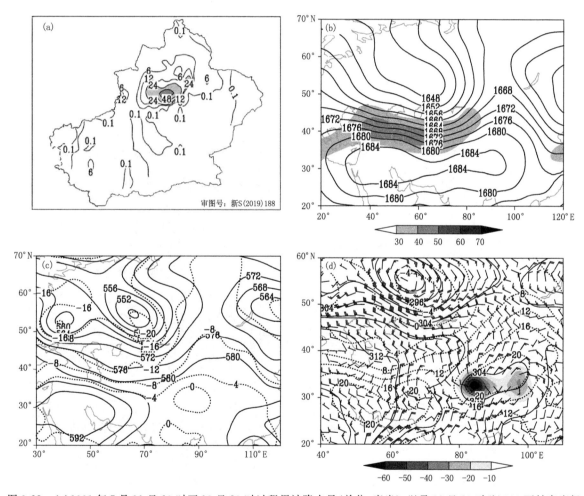

图 3-28　(a)1991 年 7 月 11 日 20 时至 13 日 20 时过程累计降水量（单位：毫米）；以及 12 日 20 时(b)100 百帕高度场（实线，单位：位势什米），阴影（单位：米/秒）表示风速≥30 米/秒的 200 百帕急流；(c)500 百帕高度场（实线，单位：位势什米），温度场（虚线，单位：℃）；(d)700 百帕高度场（实线，单位：位势什米），温度场（虚线，单位：℃），风场（单位：米/秒），水汽通量散度场（阴影，单位：10^{-6} 克/（厘米^2·百帕·秒））

3.29 1991年8月20—22日伊犁州南部山区、乌鲁木齐市、昌吉州东部、巴州北部、哈密市北部暴雨

【降雨实况】1991年8月20—22日（图3-29a）：20日伊犁州昭苏站、巴州巴音布鲁克站日降水量分别为33.8毫米、35.0毫米；21日乌鲁木齐市乌鲁木齐站、小渠子站日降水量分别为34.7毫米、27.6毫米，昌吉州吉木萨尔站、奇台站、天池站日降水量分别为24.3毫米、37.5毫米、46.1毫米；22日巴州轮台站、哈密市巴里坤站日降水量分别为28.8毫米、25.6毫米。

【天气形势】1991年8月20日20时，100百帕南亚高压呈带状分布，长波槽位于西西伯利亚至中亚地区；200百帕北疆处于低槽前西南急流中（图3-29b）。500百帕欧亚范围为两脊一槽的经向环流，伊朗副热带高压发展北伸与里海高压脊叠加向北经向发展，新疆东部至贝加尔湖为高压脊，西西伯利亚至巴尔喀什湖为低槽，北疆受低槽前西南气流影响（图3-29c）。700百帕伊犁州至天山北坡为偏西气流，有风速的辐合（图3-29d）。

此次暴雨中高层北疆受低槽前西南气流影响，水汽输送充沛，低层有西风风速辐合，西北气流遇到天山地形时强迫抬升，有利于产生暴雨。

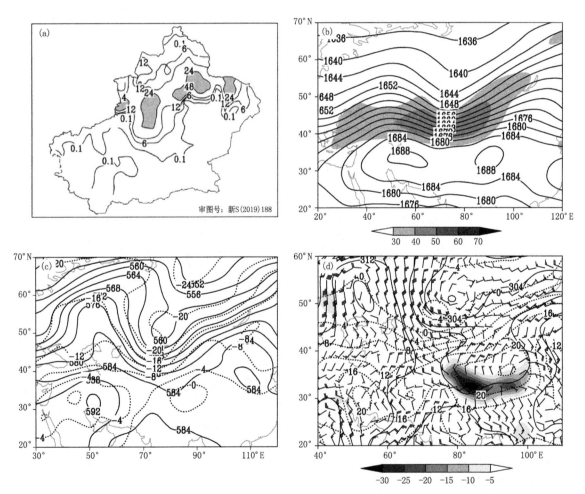

图3-29 （a）1991年8月19日20时至22日20时过程累计降水量（单位：毫米）；以及20日20时（b）100百帕高度场（实线，单位：位势什米），阴影（单位：米/秒）表示风速≥30米/秒的200百帕急流；（c）500百帕高度场（实线，单位：位势什米），温度场（虚线，单位：℃）；（d）700百帕高度场（实线，单位：位势什米），温度场（虚线，单位：℃），风场（单位：米/秒），水汽通量散度场（阴影，单位：10^{-6}克/（厘米^2·百帕·秒））

3.30　1992 年 7 月 2—5 日伊犁州、乌鲁木齐市、昌吉州东部、巴州暴雨

【降雨实况】1992 年 7 月 2—5 日（图 3-30a）：2 日伊犁州尼勒克站、新源站日降水量分别为 38.2 毫米、26.9 毫米；3 日乌鲁木齐市小渠子站日降水量 27.0 毫米，昌吉州阜康站、天池站日降水量分别为 26.8 毫米、61.3 毫米；4 日乌鲁木齐市乌鲁木齐站、小渠子站、大西沟站、牧试站站日降水量分别 26.2 毫米、26.3 毫米、35.7 毫米、24.3 毫米，昌吉州阜康站、天池站日降水量分别为 24.9 毫米、33.4 毫米，巴州巴仑台站、和静站、焉耆站、和硕站、若羌站日降水量分别为 52.4 毫米、49.5 毫米、39.7 毫米、57.3 毫米、26.2 毫米；5 日巴州和硕站日降水量 24.8 毫米。

【天气形势】1992 年 7 月 3 日 20 时，100 百帕南亚高压呈双体型，且东部高压脊偏强经向度大，长波槽位于新疆上空，槽底南伸至 37°N 附近；200 百帕北疆处于低槽前西南气流中（图 3-30b）。500 百帕欧亚范围为两脊一槽的经向环流，伊朗副热带高压向北发展与咸海高压脊叠加，环流经向度较大，新疆东部至贝加尔湖为高压脊，西伯利亚至北疆为低槽活动区，北疆受低槽前西南气流影响（图 3-30c）。700 百帕伊犁州至天山北坡为偏北气流，中天山附近有风速辐合，南疆塔里木盆地为东北气流（图 3-30d）。

此次暴雨中高层北疆受低槽前西南气流影响，低层北疆为偏北气流，塔里木盆地为偏东气流，遇天山及昆仑山地形强迫抬升，有利于辐合上升运动，产生暴雨。

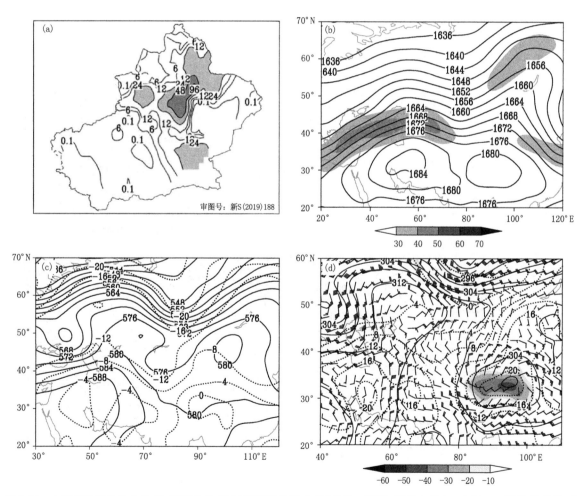

图 3-30　（a）1992 年 7 月 1 日 20 时至 5 日 20 时过程累计降水量（单位：毫米）；以及 3 日 20 时（b）100 百帕高度场（实线，单位：位势什米），阴影（单位：米/秒）表示风速≥30 米/秒的 200 百帕急流；（c）500 百帕高度场（实线，单位：位势什米），温度场（虚线，单位：℃）；（d）700 百帕高度场（实线，单位：位势什米），温度场（虚线，单位：℃），风场（单位：米/秒），水汽通量散度场（阴影，单位：10⁻⁶克/（厘米²·百帕·秒））

【灾情】乌鲁木齐市达坂城区柴窝堡乡发生洪灾,转入夏草场柴窝堡盐湖一带放牧的30余户牧民遭受严重损失。据不完全统计,洪水共冲倒棚圈13座,冲毁房屋9间,冲毁公路3千米,淹死、冲走山羊350余只。

3.31 1994年7月15日乌鲁木齐市、昌吉州东部山区、巴州北部山区暴雨

【降雨实况】1994年7月15日(图3-31a):乌鲁木齐市米东站、大西沟站日降水量分别为24.3毫米、34.1毫米,昌吉州天池站日降水量26.9毫米,巴州巴仑台站、巴音布鲁克站日降水量分别为44.3毫米、34.8毫米。

【天气形势】1994年7月14日20时,100百帕南亚高压呈带状分布,长波槽位于西西伯利亚至中亚;200百帕北疆处于低槽前西南急流中(图3-31b)。500百帕欧亚范围为一脊一槽的经向环流,新疆东部至蒙古为经向度较大的高压脊,乌拉尔山至中亚地区为宽广的低压槽活动区,北疆受低涡分裂短波槽前西南气流影响(图3-31c)。700百帕低涡主体在乌拉尔山南端,其分裂波动影响北疆,天山北坡有弱的风场扰动(图3-31d)。

此次暴雨中高层北疆受低涡分裂短波槽前西南气流影响,水汽输送充沛,低层为偏北气流,有风场扰动,遇到天山地形强迫抬升,有利于辐合上升运动,产生暴雨。

【灾情】乌鲁木齐市达坂城区洪水淹死1人,伤1人;乌鲁木齐县全区农作物绝收69公顷,民房倒塌56间,损失牛羊17头(只);米东柏杨河水库决口,全县6个乡镇18个村的小麦、水稻、蔬菜等作物受灾面

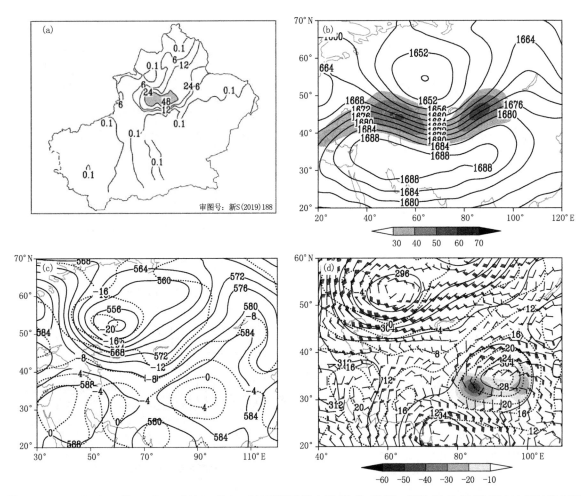

图3-31 (a)1994年7月14日20时至15日20时过程累计降水量(单位:毫米);以及14日20时(b)100百帕高度场(实线,单位:位势什米),阴影(单位:米/秒)表示风速≥30米/秒的200百帕急流;(c)500百帕高度场(实线,单位:位势什米),温度场(虚线,单位:℃);(d)700百帕高度场(实线,单位:位势什米),温度场(虚线,单位:℃),风场(单位:米/秒),水汽通量散度场(阴影,单位:10⁻⁶克/(厘米²·百帕·秒))

积为 782 公顷;阜康市特大山洪以 123 米³/秒流量下泄,最大洪峰流量 140 米³/秒,农田受灾面积 320 公顷,绝收 147 公顷,冲毁果园 5 公顷,冲走大畜 15 头,受灾人口 1790 人,倒塌房屋 51 间,冲毁白杨河渠首和电站渠首工程,冲毁闸门、桥梁、大小渠系等。

3.32　1994 年 9 月 14 日乌鲁木齐市南部山区、昌吉州东部、巴州北部山区暴雨

【降雨实况】1994 年 9 月 14 日(图 3-32a):乌鲁木齐市牧试站站日降水量 28.9 毫米,昌吉州吉木萨尔站、奇台站、天池站、木垒站日降水量分别为 30.7 毫米、31.2 毫米、25.9 毫米、24.4 毫米,巴州巴仑台站日降水量 40.3 毫米。

【天气形势】1994 年 9 月 13 日 20 时,100 百帕南亚高压呈带状分布,西伯利亚至中亚为长波槽;200 百帕新疆处于低槽前西南急流中(图 3-32b)。500 百帕欧亚范围为一脊一槽的经向环流,黑海至咸海的高压脊向东北发展,西伯利亚至巴尔喀什湖为低槽活动区,北疆受低槽前偏西气流影响(图 3-32c)。700 百帕北疆为低槽前偏西气流,天山北坡有弱的西北风(图 3-32d)。

此次暴雨中高层受低槽前西南气流影响,低层西北气流遇天山地形强迫抬升,有利于辐合上升运动,产生暴雨。

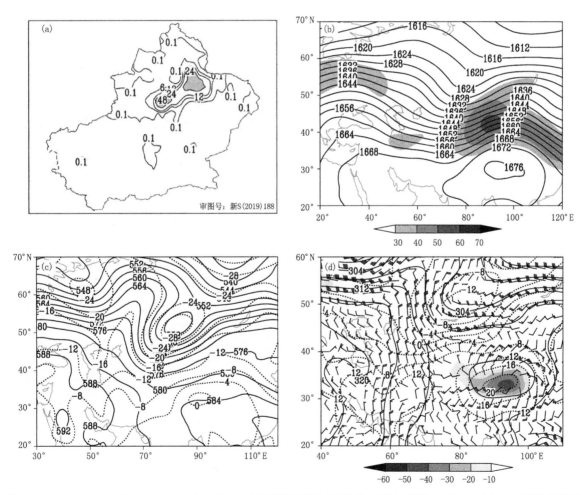

图 3-32　(a)1994 年 9 月 13 日 20 时至 14 日 20 时过程累计降水量(单位:毫米);以及 13 日 20 时(b)100 百帕高度场(实线,单位:位势什米),阴影(单位:米/秒)表示风速≥30 米/秒的 200 百帕急流;(c)500 百帕高度场(实线,单位:位势什米),温度场(虚线,单位:℃);(d)700 百帕高度场(实线,单位:位势什米),温度场(虚线,单位:℃),风场(单位:米/秒),水汽通量散度场(阴影,单位:10⁻⁶ 克/(厘米²·百帕·秒))

3.33　1996年5月28—30日伊犁州、塔城地区北部、博州东部、乌鲁木齐市、昌吉州东部、阿克苏地区暴雨

【降雨实况】1996年5月28—30日(图3-33a):28日伊犁州霍城站、察布查尔站、伊宁站、尼勒克站、伊宁县站、巩留站、昭苏站日降水量分别为24.6毫米、33.2毫米、32.4毫米、33.4毫米、33.7毫米、24.2毫米、47.7毫米,塔城地区额敏站、博州精河站日降水量分别为44.4毫米、24.9毫米;29日伊犁州新源站、特克斯站日降水量分别为35.4毫米、25.0毫米,乌鲁木齐市米东站、小渠子站日降水量分别37.5毫米、33.9毫米,昌吉州阜康站日降水量64.0毫米,阿克苏地区阿瓦提站日降水量39.0毫米;30日昌吉州天池站日降水量24.2毫米。

【天气形势】1996年5月27日20时,100百帕南亚高压呈单体型,主体位于青藏高原,咸海至巴尔喀什湖为低槽;200百帕新疆处于低槽前西南气流中(图3-33b)。500百帕欧亚范围为两支锋区反位相叠加的形势,乌拉尔山北部为高压脊,咸海至巴尔喀什湖为低槽,新疆东部为高压脊,新疆受中亚低槽前西南气流影响(图3-33c)。700百帕在咸海与巴尔喀什湖气旋性风场明显,新疆偏西地区有风速辐合,天山北坡有弱的风场扰动(图3-33d)。

此次暴雨中高层受低槽前西南气流影响,低层新疆西部有气旋性风场辐合及切变,天山北坡偏北风、

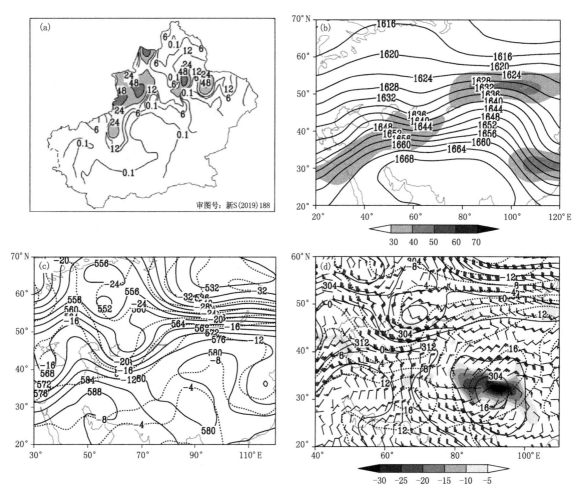

图3-33　(a)1996年5月27日20时至30日20时过程累计降水量(单位:毫米);以及27日20时(b)100百帕高度场(实线,单位:位势什米),阴影(单位:米/秒)表示风速≥30米/秒的200百帕急流;(c)500百帕高度场(实线,单位:位势什米),温度场(虚线,单位:℃);(d)700百帕高度场(实线,单位:位势什米),温度场(虚线,单位:℃),风场(单位:米/秒),水汽通量散度场(阴影,单位:10⁻⁶克/(厘米²·百帕·秒))

南疆塔里木盆地东北气流遇天山及昆仑山地形强迫抬升,产生暴雨。

【灾情】伊犁州巩留县死亡 7 人。阿克苏市小麦、棉花受灾面积 31740 公顷;库车县北部山区降大雪,死亡羊 600 只,牛 109 头,冻死 2 人。

3.34　1996 年 7 月 17—20 日伊犁州、乌鲁木齐市、昌吉州、巴州北部山区暴雨

【降雨实况】1996 年 7 月 17—20 日(图 3-34a):17 日伊犁州新源站、昭苏站日降水量分别为 36.9 毫米、39.3 毫米,乌鲁木齐市小渠子站日降水量 37.3 毫米;18 日乌鲁木齐市大西沟站日降水量 32.1 毫米,昌吉州呼图壁站日降水量 26.3 毫米;19 日乌鲁木齐市乌鲁木齐站、大西沟站日降水量分别为 30.2 毫米、40.3 毫米,巴州巴仑台站日降水量 29.8 毫米;20 日乌鲁木齐市乌鲁木齐站、米东站、小渠子站、大西沟站、牧试站站、达坂城站日降水量分别为 29.2 毫米、25.2 毫米、28.7 毫米、35.3 毫米、26.9 毫米、78.9 毫米,昌吉州阜康站、天池站日降水量分别为 50.3 毫米、55.9 毫米。

【天气形势】1996 年 7 月 19 日 20 时,100 百帕南亚高压呈带状型分布,长波槽位于巴尔喀什湖附近;200 百帕新疆处于低槽前西南气流中(图 3-34b)。500 百帕欧亚范围为两脊一槽的经向环流,伊朗副热带高压向北发展与乌拉尔山高压脊叠加,环流经向度大,新疆东部至贝加尔湖为高压脊,巴尔喀什湖为低涡,低槽南伸至 35°N 附近,新疆受低槽前偏南气流影响(图 3-34c)。700 百帕伊犁州为偏北气流,天山北

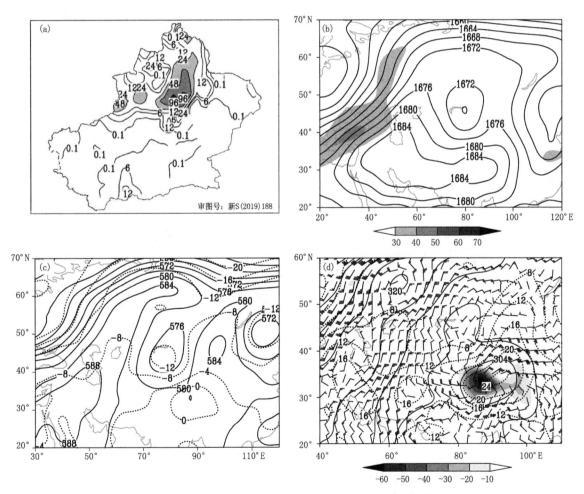

图 3-34　(a)1996 年 7 月 16 日 20 时至 20 日 20 时(a)过程累计降水量(单位:毫米);以及 19 日 20 时(b)100 百帕高度场(实线,单位:位势什米),阴影(单位:米/秒)表示风速≥30 米/秒的 200 百帕急流;(c)500 百帕高度场(实线,单位:位势什米),温度场(虚线,单位:℃);(d)700 百帕高度场(实线,单位:位势什米),温度场(虚线,单位:℃),风场(单位:米/秒),水汽通量散度场(阴影,单位:10⁻⁶克/(厘米²·百帕·秒))

坡有西北风与西南风的切变(图 3-34d)。

此次暴雨中高层北疆受低涡前偏南气流影响,水汽输送充沛,低层伊犁州偏北风、天山北坡西北风与西南风切变,遇天山地形强迫抬升,有利于辐合上升运动发展,产生暴雨。

【灾情】暴雨引发特大洪灾,乌鲁木齐河英雄桥断面,最大洪峰 352 米³/秒为 30 年一遇,铁路被洪水冲断,300 多辆客车 5000 多名旅客进退无路,死亡 4 人;米东区山洪冲毁防洪墙。昌吉州呼图壁县洪水冲进县城;阜康市洪水汇积红山水库导致决堤,造成 18 人死亡,5 人失踪。巴州和硕县特大洪水,房屋、农牧业严重受灾,水利交通设施损坏。

3.35 1998 年 5 月 13—14 日塔城地区南部、石河子市、乌鲁木齐市、昌吉州东部、巴州暴雨

【降雨实况】1998 年 5 月 13—14 日(图 3-35a):13 日塔城地区沙湾站日降水量 25.0 毫米,石河子市石河子站日降水量 30.4 毫米,乌鲁木齐市乌鲁木齐站、小渠子站日降水量分别为 25.0 毫米、29.3 毫米,昌吉州阜康站、天池站日降水量分别为 42.1 毫米、24.9 毫米;14 日昌吉州木垒站日降水量 42.0 毫米,巴州焉耆站、且末站日降水量分别为 24.8 毫米、28.6 毫米。

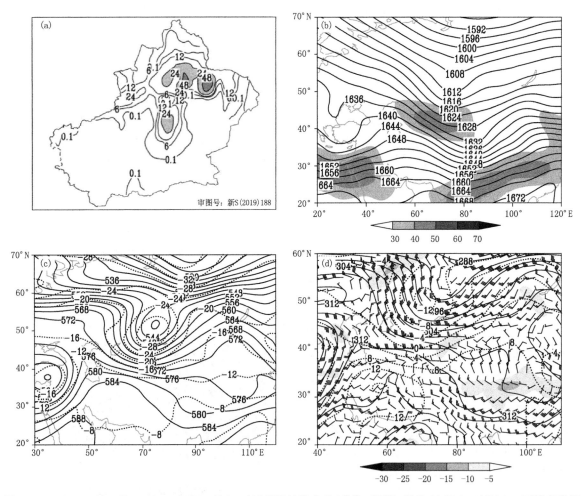

图 3-35 (a)1998 年 5 月 12 日 20 时至 14 日 20 时过程累计降水量(单位:毫米);以及 12 日 20 时(b)100 百帕高度场(实线,单位:位势什米),阴影(单位:米/秒)表示风速≥30 米/秒的 200 百帕急流;(c)500 百帕高度场(实线,单位:位势什米),温度场(虚线,单位:℃);(d)700 百帕高度场(实线,单位:位势什米),温度场(虚线,单位:℃),风场(单位:米/秒),水汽通量散度场(阴影,单位:10^{-6} 克/(厘米²·百帕·秒))

【天气形势】1998 年 5 月 12 日 20 时,100 百帕南亚高压呈带状分布,主体在 20°N 以南位置偏南,西伯利亚至中亚为长波槽;200 百帕新疆处于槽前西南气流中(图 3-35b)。500 百帕欧亚范围中高纬为两脊一槽,伊朗副热带高压向北发展与里海高压脊叠加,新疆东部至贝加尔湖为高压脊,中亚低涡位于巴尔喀什湖北部,新疆受低涡前西南气流影响(图 3-35c)。700 百帕北疆处于槽前偏西气流中,北疆西部风速辐合明显(图 3-35d)。

此次暴雨中高层北疆受中亚低涡前西南气流影响,携带充沛水汽,低层北疆西部有风速辐合,北疆为弱的西北气流,遇天山地形有利于辐合上升运动,产生暴雨。

3.36　1998 年 5 月 19 日伊犁州东部、塔城地区南部、石河子市、乌鲁木齐市、昌吉州暴雨

【降雨实况】1998 年 5 月 19 日(图 3-36a):伊犁州新源站日降水量 40.9 毫米,塔城地区乌苏站日降水量 44.1 毫米,石河子市石河子站、乌兰乌苏站日降水量分别为 29.1 毫米、28.6 毫米,乌鲁木齐市乌鲁木齐站、米东站、小渠子站日降水量分别为 39.1 毫米、36.4 毫米、27.6 毫米,昌吉州玛纳斯站、呼图壁站、昌吉站、阜康站、天池站、木垒站日降水量分别为 28.9 毫米、35.6 毫米、33.5 毫米、36.4 毫米、30.3 毫米、36.1 毫米。

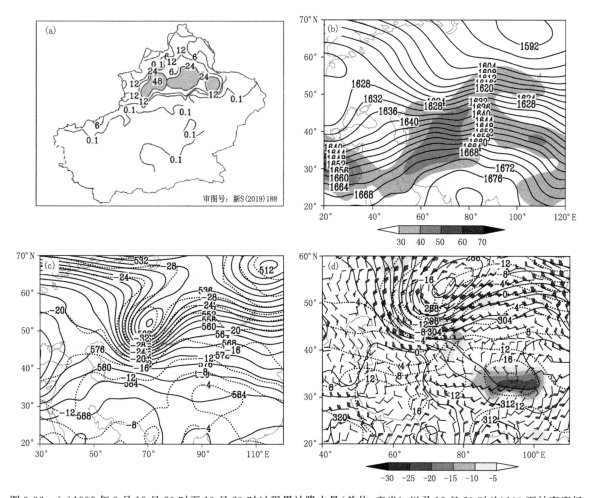

图 3-36　(a)1998 年 5 月 18 日 20 时至 19 日 20 时过程累计降水量(单位:毫米);以及 18 日 20 时(b)100 百帕高度场(实线,单位:位势什米),阴影(单位:米/秒)表示风速≥30 米/秒的 200 百帕急流;(c)500 百帕高度场(实线,单位:位势什米),温度场(虚线,单位:℃);(d)700 百帕高度场(实线,单位:位势什米),温度场(虚线,单位:℃),风场(单位:米/秒),水汽通量散度场(阴影,单位:10^{-6} 克/(厘米^2・百帕・秒))

【天气形势】1998年5月18日20时,100百帕南亚高压呈单体型,主体位于青藏高原,长波槽位于西西伯利亚至巴尔喀什湖附近;200百帕新疆处于槽底偏西急流中(图3-36b)。500百帕欧亚范围中高纬为两脊一槽的经向环流,东欧和新疆东部至蒙古地区为高压脊,中亚低涡位于咸海与巴尔喀什湖的北部,低槽南伸至40°N附近,北疆受低槽前西南气流影响(图3-36c)。700百帕伊犁州为偏西气流,有明显的风速辐合,天山北坡为西南气流,配合有温度槽,伊犁州东部有-15×10^{-6}克/(厘米^2·百帕·秒)的水汽通量散度辐合中心(图3-36d)。

此次暴雨北疆受中亚低涡前西南气流影响,低层伊犁州为偏西风,风速辐合明显,水汽辐合好,天山北坡的风场扰动及偏北气流遇天山地形强迫抬升,有利于辐合抬升产生暴雨。

3.37 1998年7月1日乌鲁木齐市、巴州北部山区暴雨

【降雨实况】1998年7月1日(图3-37a):乌鲁木齐市乌鲁木齐站、小渠子站、大西沟站、牧试站站日降水量分别为27.9毫米、53.0毫米、33.6毫米、29.2毫米,巴州巴仑台站日降水量27.3毫米。

【天气形势】1998年6月30日20时,100百帕南亚高压呈带状分布,长波槽位于西西伯利亚至中亚;200百帕北疆处于低槽前西南急流中(图3-37b)。500百帕欧亚范围为两脊一槽的经向环流,黑海至里海和新疆东部至蒙古地区为高压脊,西西伯利亚至中亚为低涡槽,北疆受低槽前西南气流影响,下游贝加尔

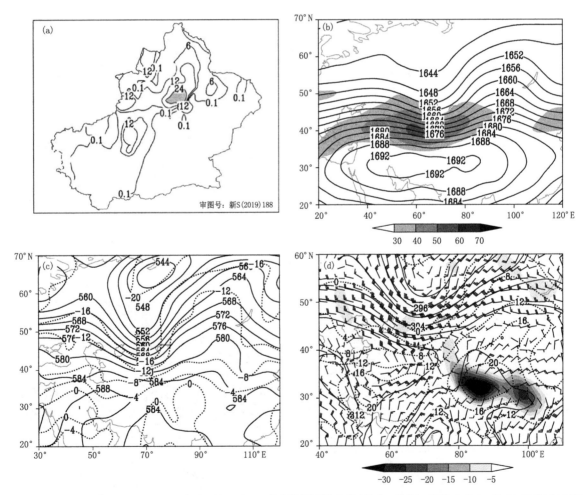

图3-37 (a)1998年6月30日20时至7月1日20时过程累计降水量(单位:毫米);以及6月30日20时(b)100百帕高度场(实线,单位:位势什米),阴影(单位:米/秒)表示风速≥30米/秒的200百帕急流;(c)500百帕高度场(实线,单位:位势什米),温度场(虚线,单位:℃);(d)700百帕高度场(实线,单位:位势什米),温度场(虚线,单位:℃),风场(单位:米/秒),水汽通量散度场(阴影,单位:10^{-6}克/(厘米^2·百帕·秒))

湖高压脊经向发展强盛(图 3-37c)。700 百帕北疆西部受低槽前西南气流影响,天山北坡有弱的风场扰动(图 3-37d)。

　　此次暴雨中高层北疆受中亚低槽前西南气流影响,低层为偏西气流,天山北坡有风场扰动及风速辐合,下游高压脊稳定维持,低槽分裂短波东移,偏西水汽输送充沛,遇到天山地形强迫抬升,有利于辐合上升运动,产生暴雨。

3.38　1998 年 7 月 20 日乌鲁木齐市南部山区、昌吉州东部暴雨

　　【降雨实况】1998 年 7 月 20 日(图 3-38a):乌鲁木齐市大西沟站、牧试站站日降水量分别为 31.8 毫米、26.2 毫米,昌吉州吉木萨尔站、奇台站、天池站、木垒站日降水量分别为 35.9 毫米、43.4 毫米、48.7 毫米、25.3 毫米。

　　【天气形势】1998 年 7 月 19 日 20 时,100 百帕南亚高压呈双体型,且西部脊偏强经向发展,长波槽位于巴尔喀什湖及其南部;200 百帕新疆处于低槽前西南急流中(图 3-38b)。500 百帕欧亚范围为一槽一脊的经向环流,伊朗副热带高压向北发展与乌拉尔山高压脊叠加,环流经向度大,巴尔喀什湖北部为低涡,北疆受低槽前偏西气流影响(图 3-38c)。700 百帕中天山北坡为 8～10 米/秒西北气流,有风速辐合(图 3-38d)。

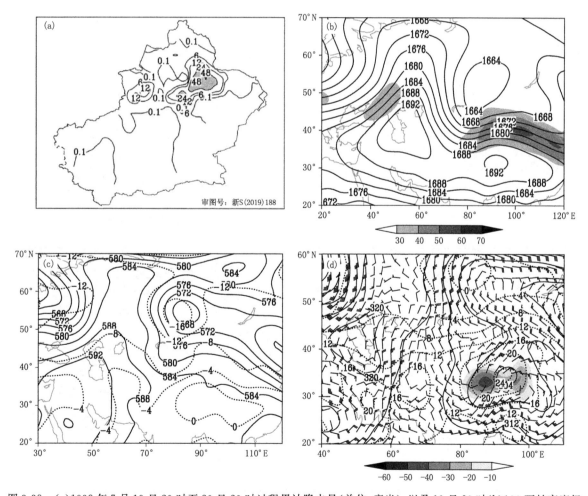

图 3-38　(a)1998 年 7 月 19 日 20 时至 20 日 20 时过程累计降水量(单位:毫米);以及 19 日 20 时(b)100 百帕高度场(实线,单位:位势什米),阴影(单位:米/秒)表示风速≥30 米/秒的 200 百帕急流;(c)500 百帕高度场(实线,单位:位势什米),温度场(虚线,单位:℃);(d)700 百帕高度场(实线,单位:位势什米),温度场(虚线,单位:℃),风场(单位:米/秒),水汽通量散度场(阴影,单位:10⁻⁶克/(厘米²·百帕·秒))

此次暴雨中高层北疆受中亚低涡前偏西气流影响,低层天山北坡西北气流携带冷空气遇到地形强迫抬升,冷暖空气交汇剧烈,有利于对流触发,造成暴雨。

【灾情】昌吉州奇台县洪水冲毁农田 1333 公顷,其中绝收 667 公顷;淹死大牲畜 95 头(只),273 户受灾,损坏房屋 528 间;大泉乡山区被洪水冲毁高低压线路 3.5 千米,围栏 2.5 千米,牧桥 6 座,待装的水管道 10 千米,房屋及牧圈 61 间。

3.39 1998 年 8 月 12—13 日塔城地区北部、乌鲁木齐市、昌吉州东部、巴州暴雨

【降雨实况】1998 年 8 月 12—13 日(图 3-39a):12 日乌鲁木齐市小渠子站、大西沟站、牧试站站、达坂城站日降水量分别为 28.3 毫米、35.0 毫米、36.3 毫米、28.3 毫米,阿克苏地区拜城站日降水量 34.9 毫米;13 日塔城地区托里站日降水量 25.4 毫米,昌吉州天池站、木垒站日降水量分别为 25.4 毫米、30.0 毫米,巴州若羌站日降水量 30.7 毫米。

【天气形势】1998 年 8 月 11 日 20 时,100 百帕南亚高压呈单体型,高压主体位于 35°N、65°E,巴尔喀什湖南部有短波槽;200 百帕北疆处于槽前偏西气流中(图 3-39b)。500 百帕欧亚范围中高纬为两槽一脊的经向环流,西伯利亚高压脊向东北经向发展,东欧南部和蒙古为低涡,新疆受巴尔喀什湖南部弱短波影

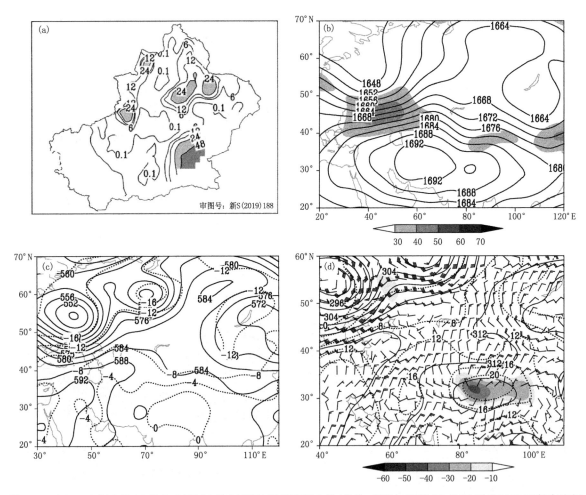

图 3-39 (a)1998 年 8 月 11 日 20 时至 13 日 20 时过程累计降水量(单位:毫米);以及 11 日 20 时(b)100 百帕高度场(实线,单位:位势什米),阴影(单位:米/秒)表示风速≥30 米/秒的 200 百帕急流;(c)500 百帕高度场(实线,单位:位势什米),温度场(虚线,单位:℃);(d)700 百帕高度场(实线,单位:位势什米),温度场(虚线,单位:℃),风场(单位:米/秒),水汽通量散度场(阴影,单位:10⁻⁶ 克/(厘米²·百帕·秒))

响(图 3-39c)。700 百帕北疆为 8～10 米/秒的偏北气流(图 3-39d)。

此次暴雨中高层北疆受弱短波槽影响,低层西北气流携带冷空气遇到天山地形强迫抬升,冷暖空气交汇剧烈,有利于对流触发,造成暴雨。

【灾情】昌吉州吉木萨尔县山洪暴发,冲毁农田 128 公顷,房屋 583 间,冲毁防渗渠道、公路等,县煤矿和水溪沟煤矿各有一井进水塌陷,死亡 2 人;木垒县英格堡山区暴雨突发洪水猝不及防,致使 10 公顷农田受灾。乌鲁木齐县南郊及达坂城区洪水使水利工程、农作物受损。吐鲁番市托克逊县周围山区暴雨引发洪水,造成道路及电力通信中断、房屋、棉田、桥梁、防洪设施等受损。

3.40　1998 年 8 月 21—22 日乌鲁木齐市、昌吉州东部暴雨

【降雨实况】1998 年 8 月 21—22 日(图 3-40a):21 日乌鲁木齐市小渠子站、大西沟站、牧试站站日降水量分别为 36.6 毫米、25.3 毫米、24.8 毫米,昌吉州天池站日降水量 25.6 毫米;22 日昌吉州阜康站、吉木萨尔站、奇台站、木垒站、北塔山站日降水量分别为 24.2 毫米、35.2 毫米、40.1 毫米、46.4 毫米、27.0 毫米。

【天气形势】1998 年 8 月 21 日 20 时,100 百帕南亚高压呈带状分布且东部脊偏强,长波槽位于咸海至巴尔喀什湖附近;200 百帕新疆处于低槽前西南急流中(图 3-40b)。500 百帕欧亚范围为两脊一槽的经

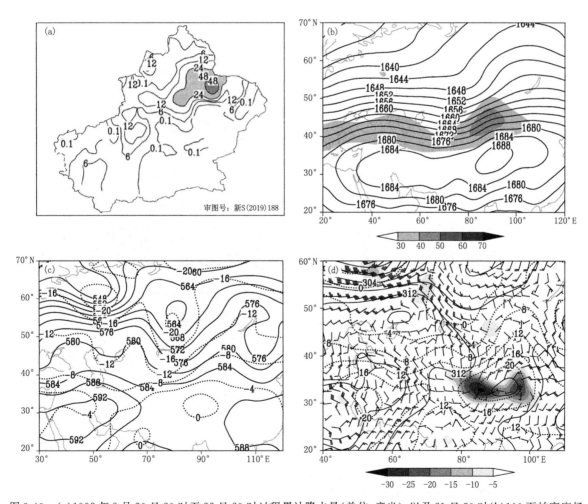

图 3-40　(a)1998 年 8 月 20 日 20 时至 22 日 20 时过程累计降水量(单位:毫米);以及 21 日 20 时(b)100 百帕高度场(实线,单位:位势什米),阴影(单位:米/秒)表示风速≥30 米/秒的 200 百帕急流;(c)500 百帕高度场(实线,单位:位势什米),温度场(虚线,单位:℃);(d)700 百帕高度场(实线,单位:位势什米),温度场(虚线,单位:℃),风场(单位:米/秒),水汽通量散度场(阴影,单位:10⁻⁶克/(厘米²·百帕·秒))

向环流,乌拉尔山地区为高压脊,巴尔喀什湖附近为低槽,北疆受低槽前西南气流影响,新疆东部至贝加尔湖的高压脊经向发展(图 3-40c)。700 百帕北疆为弱的西北气流,中天山及以东有$-10×10^{-6}$克/(厘米^2·百帕·秒)的水汽通量散度辐合(图 3-40d)。

此次暴雨中高层受中亚低槽前西南气流影响,低层西北气流遇天山地形强迫抬升,有利于辐合上升运动,产生暴雨。

3.41 1999 年 5 月 13 日伊犁州、博州暴雨

【降雨实况】1999 年 5 月 13 日(图 3-41a):伊犁州伊宁站、伊宁县站、昭苏站、特克斯站日降水量分别为 25.3 毫米、36.7 毫米、32.4 毫米、26.1 毫米,博州博乐站日降水量 36.4 毫米。

【天气形势】1999 年 5 月 12 日 20 时,100 百帕南亚高压呈单体型,高压中心位于 25°N、65°E;200 百帕新疆西部处于偏西急流中(图 3-41b)。500 百帕欧亚范围为纬向环流,中纬度为锋区较强的西风气流,且多短波活动,新疆西部受西风锋区上短波影响(图 3-41c)。700 百帕北疆西部有西北风与西南风的切变(图 3-41d)。

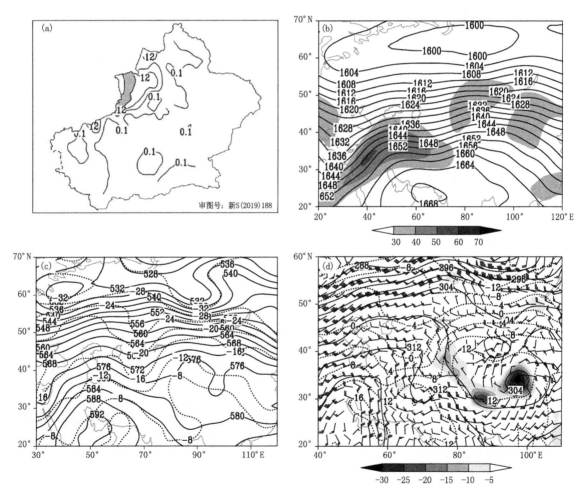

图 3-41　(a)1999 年 5 月 12 日 20 时至 13 日 20 时过程累计降水量(单位:毫米);以及 12 日 20 时(b)100 百帕高度场(实线,单位:位势什米),阴影(单位:米/秒)表示风速≥30 米/秒的 200 百帕急流;(c)500 百帕高度场(实线,单位:位势什米),温度场(虚线,单位:℃);(d)700 百帕高度场(实线,单位:位势什米),温度场(虚线,单位:℃),风场(单位:米/秒),水汽通量散度场(阴影,单位:10^{-6}克/(厘米^2·百帕·秒))

此次暴雨中高层北疆受西风锋区上波动影响,低层偏北气流遇西天山地形强迫抬升,有利于辐合上升运动,产生暴雨。

3.42　1999 年 6 月 18 日乌鲁木齐市南部山区、昌吉州东部暴雨

【降雨实况】1999 年 6 月 18 日(图 3-42a):乌鲁木齐市米东站、小渠子站日降水量分别为 24.3 毫米、38.5 毫米,昌吉州阜康站、天池站、木垒站日降水量分别为 30.4 毫米、30.8 毫米、40.1 毫米。

【天气形势】1999 年 6 月 17 日 20 时,100 百帕南亚高压呈单体型,且主体偏东(30°N、85°E)经向发展,长波槽位于西西伯利亚至巴尔喀什湖附近;200 百帕新疆处于低槽前西南急流中(图 3-42b)。500 百帕欧亚范围为一脊一槽的经向环流,西西伯利亚至巴尔喀什湖附近为低槽,北疆受低槽前西南气流影响,新疆东部至贝加尔湖的高压脊经向发展强烈(图 3-42c)。700 百帕北疆有西北风与西南风的切变及辐合,中天山及以东有 -10×10^{-6} 克/(厘米²·百帕·秒)的水汽通量散度辐合(图 3-42d)。

此次暴雨北疆受西西伯利亚至中亚低槽前西南气流影响,水汽输送充沛,低层西北气流遇天山地形强迫抬升,有利于辐合上升运动,产生暴雨。

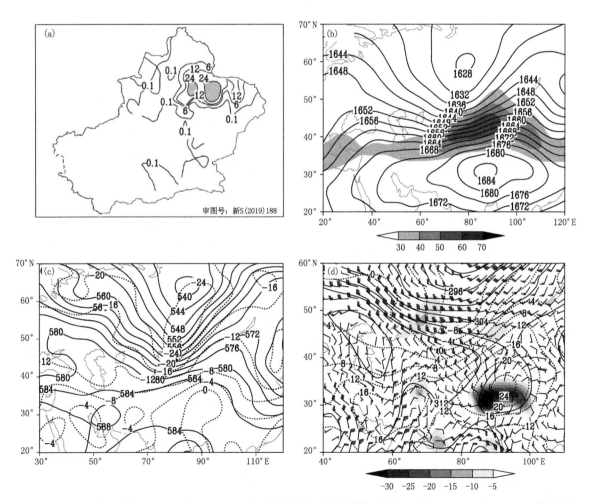

图 3-42　(a)1999 年 6 月 17 日 20 时至 18 日 20 时过程累计降水量(单位:毫米);以及 17 日 20 时(b)100 百帕高度场(实线,单位:位势什米),阴影(单位:米/秒)表示风速≥30 米/秒的 200 百帕急流;(c)500 百帕高度场(实线,单位:位势什米),温度场(虚线,单位:℃);(d)700 百帕高度场(实线,单位:位势什米),温度场(虚线,单位:℃),风场(单位:米/秒),水汽通量散度场(阴影,单位:10⁻⁶克/(厘米²·百帕·秒))

3.43 1999年7月18—20日伊犁州南部山区、博州西部、乌鲁木齐市南部山区、昌吉州、巴州北部山区暴雨

【降雨实况】1999年7月18—20日(图3-43a):18日博州温泉站日降水量26.4毫米;19日伊犁州昭苏站、巴州巴音布鲁克站日降水量分别为24.9毫米、38.0毫米;20日乌鲁木齐市小渠子站、大西沟站日降水量分别为27.4毫米、28.0毫米,昌吉州呼图壁站日降水量27.3毫米,巴州巴仑台站、巴音布鲁克站日降水量分别为30.7毫米、32.8毫米。

【天气形势】1999年7月19日20时,100百帕南亚高压呈单体型,高压主体位于新疆西部,长波槽位于巴尔喀什湖附近;200百帕新疆处于低槽前西南急流中(图3-43b)。500百帕欧亚范围中高纬为两脊一槽的经向环流,伊朗副热带高压向北发展与里海高压脊叠加,蒙古至贝加尔湖高压脊向东北经向发展,西西伯利亚至巴尔喀什湖为低槽。北疆受低槽前西南气流影响(图3-43c)。700百帕伊犁州有偏北风与偏东风的切变,其东南部山区有-10×10^{-6}克/(厘米^2·百帕·秒)的水汽通量散度辐合,北疆有弱的风场扰动(图3-43d)。

此次暴雨中高层北疆受西西伯利亚至巴尔喀什湖低槽前西南气流影响,700百帕伊犁州风切变及北疆西北气流携带冷空气遇到天山地形强迫抬升,冷暖空气交汇剧烈,有利于对流触发,造成暴雨。

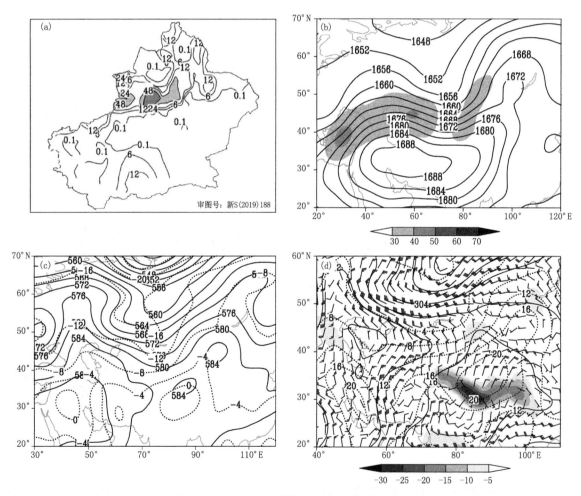

图3-43 (a)1999年7月17日20时至20日20时过程累计降水量(单位:毫米);以及19日20时(b)100百帕高度场(实线,单位:位势什米),阴影(单位:米/秒)表示风速≥30米/秒的200百帕急流;(c)500百帕高度场(实线,单位:位势什米),温度场(虚线,单位:℃);(d)700百帕高度场(实线,单位:位势什米),温度场(虚线,单位:℃),风场(单位:米/秒),水汽通量散度场(阴影,单位:10^{-6}克/(厘米^2·百帕·秒))

【灾情】伊犁州尼勒克县洪水冲坏大小桥梁 79 座、围墙 2.2 万余米、闸门 46 座、跌水 17 座、渡槽 12 座,渠道决口 42 处,农作物受损面积 403 公顷。

3.44　1999 年 8 月 13—14 日伊犁州、塔城地区南部、石河子市、乌鲁木齐市、昌吉州暴雨

【降雨实况】1999 年 8 月 13—14 日(图 3-44a):13 日昌吉州玛纳斯站日降水量 41.8 毫米;14 日伊犁州察布查尔站、巩留站、新源站、特克斯站日降水量分别为 54.7 毫米、25.5 毫米、45.2 毫米、34.1 毫米,塔城地区乌苏站日降水量 30.6 毫米,石河子市石河子站、乌兰乌苏站日降水量分别为 39.2 毫米、39.8 毫米,乌鲁木齐市乌鲁木齐站、米东站、小渠子站日降水量分别为 48.4 毫米、43.0 毫米、36.4 毫米,昌吉州玛纳斯站、蔡家湖站、呼图壁站、昌吉站、阜康站、天池站、木垒站日降水量分别为 32.4 毫米、25.9 毫米、30.0 毫米、40.1 毫米、57.9 毫米、33.8 毫米、26.1 毫米。

【天气形势】1999 年 8 月 13 日 20 时,100 百帕南亚高压呈双体型,且西部高压脊偏强经向度大,西西伯利亚至中亚为长波槽,槽底南伸至 30°N 附近;200 百帕新疆处于低槽前西南急流中(图 3-44b)。500 百帕欧亚范围为两脊一槽的经向环流,伊朗副热带高压与乌拉尔山高压脊叠加向北经向发展,新疆东部至蒙古为浅高压脊,新疆上游高、中、低纬均为低槽活动,北疆受中亚偏南低槽前西南气流影响(图 3-44c)。

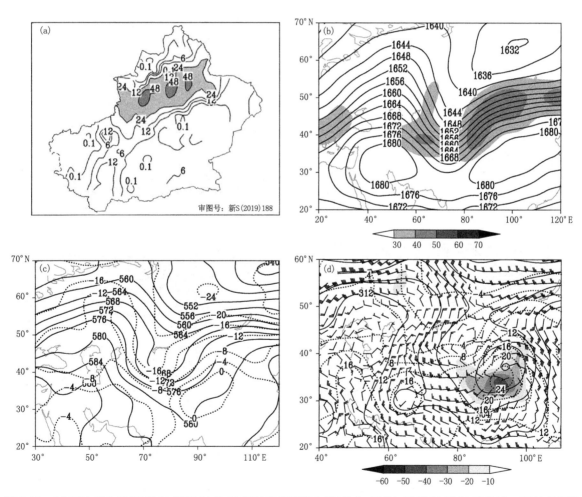

图 3-44　(a)1999 年 8 月 12 日 20 时至 14 日 20 时过程累计降水量(单位:毫米);以及 13 日 20 时(b)100 百帕高度场(实线,单位:位势什米),阴影(单位:米/秒)表示风速≥30 米/秒的 200 百帕急流;(c)500 百帕高度场(实线,单位:位势什米),温度场(虚线,单位:℃);(d)700 百帕高度场(实线,单位:位势什米),温度场(虚线,单位:℃),风场(单位:米/秒),水汽通量散度场(阴影,单位:10⁻⁶克/(厘米²·百帕·秒))

700百帕北疆受气旋性风场影响,伊犁州至天山北坡有风切变,同时,河西走廊到至北疆东部为偏东急流,偏东风与偏西风在天山北坡辐合(图3-44d)。

此次暴雨中高层北疆受西西伯利亚至中亚低槽前西南气流影响,700百帕北疆气旋性风场切变明显,同时,河西走廊到北疆东部的偏东急流起到水汽输送及辐合作用,低层北疆西北气流遇天山地形有利于辐合上升运动发展,产生暴雨。

【灾情】乌鲁木齐市米东区山洪暴发,最大洪峰流量203米³/秒,520公顷农田被淹,279间民房被冲毁,死亡1人,淹死牲畜、家禽2295头(只),628户1918人受灾。伊犁州尼勒克县农作物受灾13公顷。

3.45 1999年9月5—6日伊犁州、博州西部、塔城地区南部、克州北部山区暴雨

【降雨实况】1999年9月5—6日(图3-45a):5日克州阿合奇站日降水量29.1毫米;6日伊犁州霍城站、伊宁站、伊宁县站、新源站、昭苏站、特克斯站日降水量分别为27.7毫米、26.0毫米、29.1毫米、28.0毫米、26.0毫米、25.1毫米,博州温泉站日降水量30.6毫米,塔城地区乌苏站日降水量27.6毫米,克州阿合奇站日降水量24.2毫米。

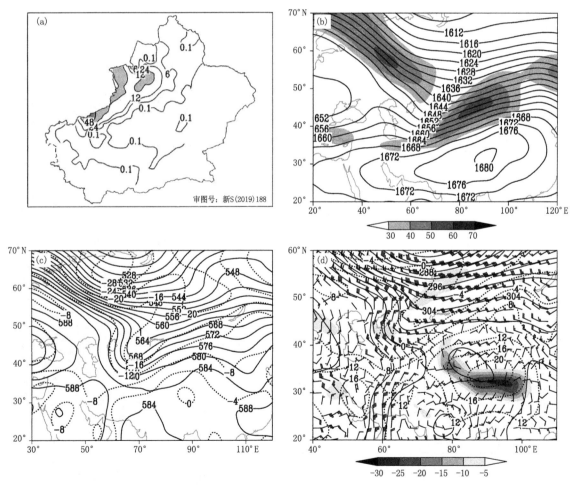

图3-45 (a)1999年9月4日20时至6日20时过程累计降水量(单位:毫米);以及5日20时(b)100百帕高度场(实线,单位:位势什米),阴影(单位:米/秒)表示风速≥30米/秒的200百帕急流;(c)500百帕高度场(实线,单位:位势什米),温度场(虚线,单位:℃);(d)700百帕高度场(实线,单位:位势什米),温度场(虚线,单位:℃),风场(单位:米/秒),水汽通量散度场(阴影,单位:10^{-6}克/(厘米²·百帕·秒))

【天气形势】1999 年 9 月 5 日 20 时,100 百帕南亚高压呈单体型,主体位于青藏高原,长波槽位于西西伯利亚至巴尔喀什湖附近;200 百帕北疆处于低槽前西南急流中(图 3-45b)。500 百帕欧亚范围中高纬为纬向环流,巴尔喀什湖及以南为低槽,槽底部南伸至 30°N 附近,新疆受低槽前西南气流影响(图 3-45c)。700 百帕新疆偏西地区有偏西风与偏东风切变,南疆西部至伊犁州有 -10×10^{-6} 克/(厘米^2·百帕·秒)的水汽通量散度辐合中心(图 3-45d)。

此次暴雨受中亚偏南低槽前西南气流影响,低层新疆西部有风切变,北疆西北气流遇天山地形,使上升运动增强,有利于产生暴雨。

3.46　2002 年 6 月 17—19 日乌鲁木齐市、昌吉州东部、巴州北部山区、哈密市南部暴雨

【降雨实况】2002 年 6 月 17—19 日(图 3-46a):17 日乌鲁木齐市大西沟站日降水量 25.2 毫米;18 日乌鲁木齐市乌鲁木齐站、米东站、小渠子站、大西沟站、牧试站站、达坂城站日降水量分别为 42.6 毫米、24.9 毫米、36.2 毫米、39.6 毫米、35.5 毫米、28.9 毫米,昌吉州阜康站、天池站日降水量分别为 31.9 毫米、33.4 毫米,巴州巴仑台站日降水量 60.2 毫米;19 日昌吉州北塔山站、哈密市哈密站日降水量分别为 30.0 毫米、25.5 毫米。

【天气形势】2002 年 6 月 17 日 20 时,100 百帕南亚高压呈双体型,且东部高压脊偏强经向度大,长波

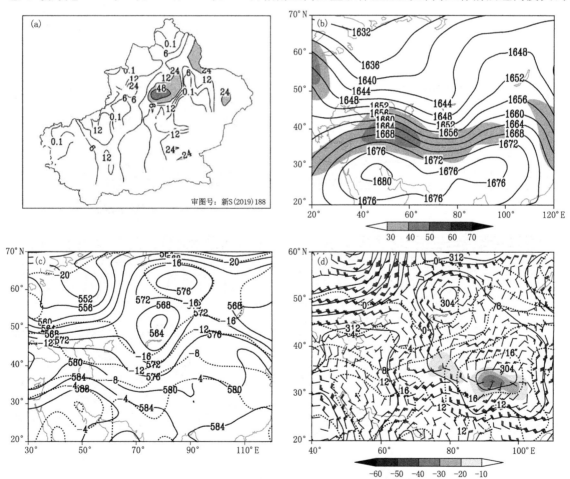

图 3-46　(a)2002 年 6 月 16 日 20 时至 19 日 20 时过程累计降水量(单位:毫米);以及 17 日 20 时(b)100 百帕高度场(实线,单位:位势什米),阴影(单位:米/秒)表示风速≥30 米/秒的 200 百帕急流;(c)500 百帕高度场(实线,单位:位势什米),温度场(虚线,单位:℃);(d)700 百帕高度场(实线,单位:位势什米),温度场(虚线,单位:℃),风场(单位:米/秒),水汽通量散度场(阴影,单位:10^{-6}克/(厘米^2·百帕·秒))

槽位于新疆上空,槽底南伸至30°N附近;200百帕新疆处于低槽前西南急流中(图3-46b)。500百帕欧亚范围中纬度为两脊一槽,巴尔喀什湖附近为低涡,呈"北脊南涡"分布,里海至咸海的高压脊势力较弱,新疆东部至贝加尔湖的高压脊较强,北疆受中亚低涡前西南气流影响(图3-46c)。700百帕中亚低涡底部偏西气流与北疆东部的偏东气流在北疆辐合(图3-46d)。

此次暴雨中高层北疆及哈密市受中亚低涡前西南气流影响,低涡携带水汽充沛,700百帕北疆有东西风的辐合,遇地形有利于辐合上升运动发展,产生暴雨。

【灾情】哈密市郊发生洪水,部分土木结构民房漏雨,部分圈舍倒塌,部分乡镇水渠受到不同程度的损坏,农作物倒伏,交通涵洞积水,公路路段交通中断等。

3.47 2002年7月22—25日伊犁州、昌吉州东部山区、巴州北部山区、和田地区东部暴雨

【降雨实况】2002年7月22—25日(图3-47a):22日伊犁州霍尔果斯站、和田地区洛浦站日降水量分别为31.0毫米、27.1毫米;23日伊犁州尼勒克站、巩留站、新源站、昭苏站、特克斯站日降水量分别为34.0毫米、34.6毫米、39.9毫米、34.3毫米、50.3毫米,和田地区民丰站日降水量28.7毫米;24日巴州巴音布鲁克站日降水量24.7毫米;25日昌吉州天池站日降水量27.3毫米。

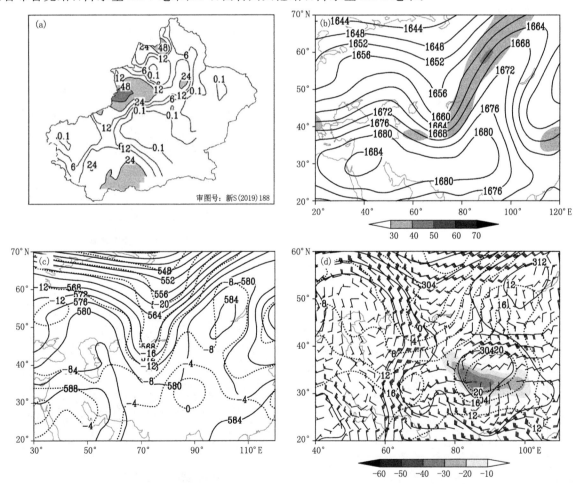

图3-47 (a)2002年7月21日20时至25日20时过程累计降水量(单位:毫米);以及22日20时(b)100百帕高度场(实线,单位:位势什米),阴影(单位:米/秒)表示风速≥30米/秒的200百帕急流;(c)500百帕高度场(实线,单位:位势什米),温度场(虚线,单位:℃);(d)700百帕高度场(实线,单位:位势什米),温度场(虚线,单位:℃),风场(单位:米/秒),水汽通量散度场(阴影,单位:10⁻⁶克/(厘米²·百帕·秒))

【天气形势】2002 年 7 月 22 日 20 时,100 百帕南亚高压呈双体型,且东部高压脊偏强经向度大,长波槽位于咸海至巴尔喀什湖,槽底南伸至 30°N 附近;200 百帕新疆处于槽前偏南急流中(图 3-47b)。500 百帕欧亚范围中高纬为两脊一槽的经向环流,伊朗至里海与咸海的高压脊向北发展,新疆东部至贝加尔湖为经向度较大的高压脊,西西伯利亚至巴尔喀什湖附近为低槽,槽底南伸至 35°N,新疆受低槽前偏南气流影响(图 3-47c)。700 百帕北疆受低槽前偏南气流影响,塔里木盆地有 8～12 米/秒的偏东气流(图3-47d)。

此次暴雨中高层新疆受中亚低槽前偏南气流影响,西风与东风在中天山附近及和田地区辐合,同时低层北疆西北气流、南疆盆地偏东气流,遇地形增强辐合上升运动,产生暴雨。

【灾情】和田地区墨玉县 6.1 万人受灾,农作物、房屋、牲畜等受灾;皮山县受灾人口 4.3 万人,房屋、牲畜、农作物等受灾;洛浦县受灾 9212 户,饲料、油料、牲畜、房屋、农作物等损失。

3.48　2003 年 7 月 13—14 日乌鲁木齐市、昌吉州、巴州北部山区暴雨

【降雨实况】2003 年 7 月 13—14 日(图 3-48a):13 日乌鲁木齐市牧试站站、昌吉州昌吉站日降水量分别为 30.2 毫米、43.4 毫米;14 日乌鲁木齐市乌鲁木齐站、米东站、小渠子站、大西沟站、牧试站站、达坂城站日降水量分别为 34.5 毫米、41.2 毫米、35.0 毫米、40.2 毫米、33.9 毫米、43.7 毫米,昌吉州阜康站、吉木萨尔站、奇台站、天池站、木垒站日降水量分别为 28.3 毫米、27.0 毫米、24.7 毫米、59.2 毫米、29.5 毫米,巴州巴仑台站日降水量 33.4 毫米。

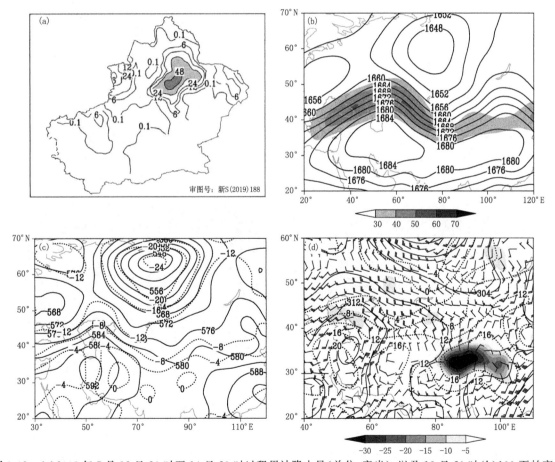

图 3-48　(a)2003 年 7 月 12 日 20 时至 14 日 20 时过程累计降水量(单位:毫米);以及 13 日 20 时(b)100 百帕高度场(实线,单位:位势什米),阴影(单位:米/秒)表示风速≥30 米/秒的 200 百帕急流;(c)500 百帕高度场(实线,单位:位势什米),温度场(虚线,单位:℃);(d)700 百帕高度场(实线,单位:位势什米),温度场(虚线,单位:℃),风场(单位:米/秒),水汽通量散度场(阴影,单位:10⁻⁶ 克/(厘米²·百帕·秒))

【天气形势】2003 年 7 月 13 日 20 时，100 百帕南亚高压呈带状分布，且西部高压脊偏强经向度大，长波槽位于西西伯利亚至巴尔喀什湖附近，槽底南伸至 32°N 附近；200 百帕新疆处于低槽前西南急流中（图 3-48b）。500 百帕欧亚范围为两脊一槽的经向环流，伊朗至里海与咸海和甘肃至蒙古为高压脊，西西伯利亚为深厚的低涡，低涡主体偏北，北疆受低涡底部分裂短波影响（图 3-48c）。700 百帕北疆为风速 4～8 米/秒的西北气流（图 3-48d）。

此次暴雨中高层受西西伯利亚低涡底部分裂短波影响，低层为西北气流，遇到天山地形强迫抬升，有利于辐合上升运动，产生暴雨。

【灾情】乌鲁木齐市米东区暴雨洪水使桥梁损坏，人员受困；乌鲁木齐县暴雨造成农作物、公路、干渠、住房受灾，也导致发往南疆的长途客车全部停运，滞留旅客 4000 余人。昌吉州玛纳斯县畜禽死亡 1945 头，农作物、草场、围栏、渠道桥涵闸引水坝等受损；奇台县洪水致使农田、房屋受损。

3.49　2004 年 5 月 1 日喀什地区、克州暴雨

【降雨实况】2004 年 5 月 1 日（图 3-49a）：喀什地区喀什站、岳普湖站、英吉沙站、莎车站、叶城站、泽普站日降水量分别为 39.9 毫米、34.2 毫米、42.1 毫米、34.8 毫米、37.6 毫米、38.9 毫米，克州阿图什站、阿克陶站日降水量分别为 45.3 毫米、51.9 毫米。

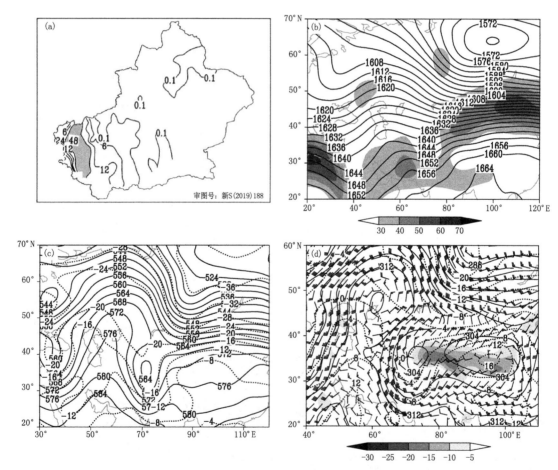

图 3-49　（a）2004 年 4 月 30 日 20 时至 5 月 1 日 20 时过程累计降水量（单位：毫米）；以及 4 月 30 日 20 时（b）100 百帕高度场（实线，单位：位势什米），阴影（单位：米/秒）表示风速≥30 米/秒的 200 百帕急流；（c）500 百帕高度场（实线，单位：位势什米），温度场（虚线，单位：℃）；（d）700 百帕高度场（实线，单位：位势什米），温度场（虚线，单位：℃），风场（单位：米/秒），水汽通量散度场（阴影，单位：10^{-6}克/（厘米²·百帕·秒））

【天气形势】2004 年 4 月 30 日 20 时,100 百帕南亚高压呈单体东部型,西伯利亚为深厚的低涡;200 百帕新疆处于低涡底部偏西急流中(图 3-49b)。500 百帕欧亚范围为两脊一槽的经向环流,伊朗副热带高压向北发展与乌拉尔山高压脊叠加,经向度较大,西伯利亚为低槽,中亚南部 35°N 附近为低涡,南疆西部受低涡前偏南气流影响,新疆东部为高压脊(图 3-49c)。700 百帕南疆西部有气旋性风场的辐合及切变,配合有 -15×10^{-6} 克/(厘米^2·百帕·秒)的水汽通量散度辐合(图 3-49d)。

此次暴雨中高层南疆西部受中亚偏南低涡前偏南气流影响,低层南疆西部气旋性风场辐合及切变,盆地东北气流遇昆仑山地形强迫抬升,冷暖空气交汇剧烈,有利于对流触发,造成南疆西部暴雨。

【灾情】克州阿克陶县巴仁乡、玉麦乡等乡镇场及喀什地区英吉沙县遭暴雨洪水灾害,使房屋、牛羊圈、家禽牲畜、农作物、林果、桥梁、涵、闸、水渠道路等受灾。

3.50　2004 年 5 月 8 日伊犁州东部山区、塔城地区南部、石河子市、乌鲁木齐市南部山区、昌吉州东部暴雨

【降雨实况】2004 年 5 月 8 日(图 3-50a):伊犁州新源站日降水量 25.3 毫米,塔城地区沙湾站日降水量 32.3 毫米,石河子市乌兰乌苏站日降水量 32.8 毫米,乌鲁木齐市小渠子站日降水量 34.3 毫米,昌吉州天池站、木垒站日降水量分别为 39.0 毫米、29.7 毫米。

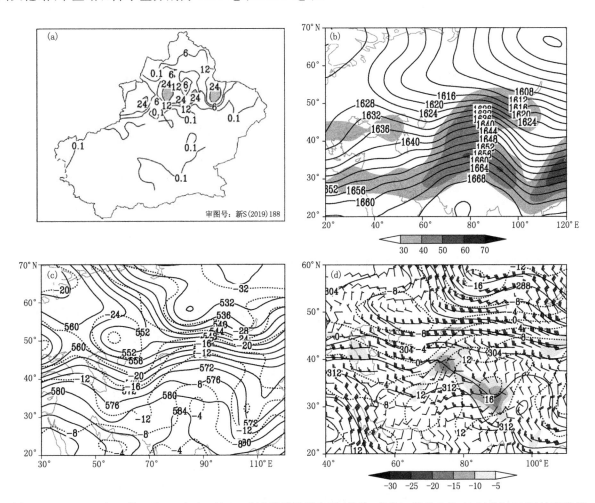

图 3-50　(a)2004 年 5 月 7 日 20 时至 8 日 20 时过程累计降水量(单位:毫米);以及 7 日 20 时(b)100 百帕高度场(实线,单位:位势什米),阴影(单位:米/秒)表示风速≥30 米/秒的 200 百帕急流;(c)500 百帕高度场(实线,单位:位势什米),温度场(虚线,单位:℃);(d)700 百帕高度场(实线,单位:位势什米),温度场(虚线,单位:℃),风场(单位:米/秒),水汽通量散度场(阴影,单位:10^{-6} 克/(厘米^2·百帕·秒))

【天气形势】2004年5月7日20时,100百帕南亚高压呈单体型,高压主体向北发展至南疆,乌拉尔山附近为横槽;200百帕新疆处于低槽前西南急流中(图3-50b)。500百帕欧亚范围为两槽一脊的纬向环流,新疆东南部为高压脊,乌拉尔山南端至中亚为低涡,新疆受低槽前西南气流影响(图3-50c)。700百帕北疆处于10~12米/秒的偏西气流中,伊犁州东南部山区有 -10×10^{-6} 克/(厘米^2·百帕·秒)的水汽通量散度辐合,中天山北坡为西北气流,风速辐合明显(图3-50d)。

此次暴雨中高层北疆受低槽前西南气流影响,低层西北气流携带冷空气遇天山地形强迫抬升,冷暖空气交汇剧烈,有利于产生暴雨。

3.51 2004年7月19—20日伊犁州、石河子市、乌鲁木齐市、昌吉州、巴州北部山区暴雨

【降雨实况】2004年7月19—20日(图3-51a):19日伊犁州霍尔果斯站、霍城站、察布查尔站、伊宁站、尼勒克站、伊宁县站、巩留站日降水量分别为28.1毫米、46.0毫米、27.5毫米、62.9毫米、33.2毫米、50.6毫米、26.3毫米,石河子市炮台站、莫索湾站、石河子站、乌兰乌苏站日降水量分别为33.7毫米、34.1毫米、31.4毫米、29.4毫米,乌鲁木齐市乌鲁木齐站、米东站日降水量分别为25.1毫米、33.6毫米,昌吉州玛纳斯站日降水量38.4毫米,巴州巴音布鲁克站日降水量26.1毫米;20日伊犁州察布查尔站、伊宁站、巩留站日降水量分别为25.3毫米、40.3毫米、28.5毫米,石河子市炮台站、莫索湾站日降水量分

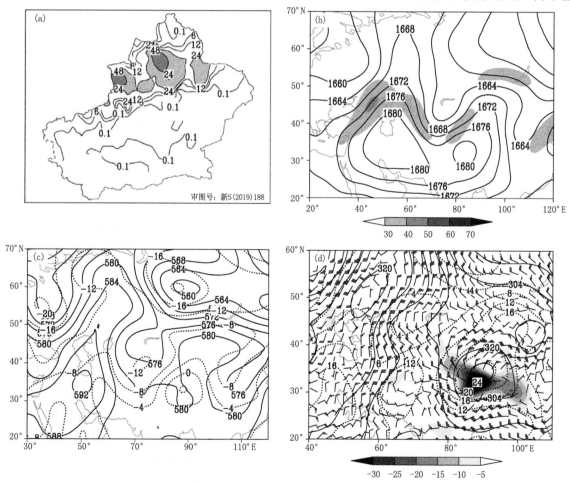

图3-51 (a)2004年7月18日20时至20日20时过程累计降水量(单位:毫米);以及18日20时(b)100百帕高度场(实线,单位:位势什米),阴影(单位:米/秒)表示风速≥30米/秒的200百帕急流;(c)500百帕高度场(实线,单位:位势什米),温度场(虚线,单位:℃);(d)700百帕高度场(实线,单位:位势什米),温度场(虚线,单位:℃),风场(单位:米/秒),水汽通量散度场(阴影,单位:10^{-6}克/(厘米^2·百帕·秒))

别为 31.4 毫米、37.5 毫米,乌鲁木齐市米东站日降水量 27.1 毫米,昌吉州蔡家湖站、阜康站、木垒站、北塔山站日降水量分别为 25.4 毫米、27.9 毫米、34.7 毫米、28.0 毫米。

【天气形势】2004 年 7 月 18 日 20 时,100 百帕南亚高压呈双体型,且西部脊偏强经向发展强烈,长波槽位于西伯利亚至巴尔喀什湖南部;200 百帕新疆处于低槽前西南急流中(图 3-51b)。500 百帕欧亚范围为两脊一槽的经向环流,伊朗副热带高压与乌拉尔山高压叠加向北经向发展,新疆东部为高压脊,西伯利亚至巴尔喀什湖南部为低槽活动区,新疆受中亚低槽前西南气流影响(图 3-51c)。700 百帕北疆为偏北气流,伊犁州有风切变,其东南部山区有 -10×10^{-6} 克/(厘米^2·百帕·秒)的水汽通量散度辐合(图 3-51d)。

此次暴雨中高层北疆受中亚偏南低槽前西南气流影响,低层北疆偏北气流携带冷空气遇天山地形强迫抬升,冷暖空气交汇剧烈,有利于暴雨产生。

3.52　2005 年 8 月 5—6 日石河子市北部、乌鲁木齐市、昌吉州东部、巴州暴雨

【降雨实况】2005 年 8 月 5—6 日(图 3-52a):5 日石河子市莫索湾站日降水量 32.8 毫米,乌鲁木齐市乌鲁木齐站、米东站、大西沟站日降水量分别为 32.5 毫米、34.6 毫米、46.6 毫米,昌吉州阜康站、天池站日降水量分别为 40.0 毫米、46.6 毫米,巴州巴仑台站日降水量 34.3 毫米;6 日昌吉州木垒站、巴州若羌站日降水量分别为 29.4 毫米、52.0 毫米。

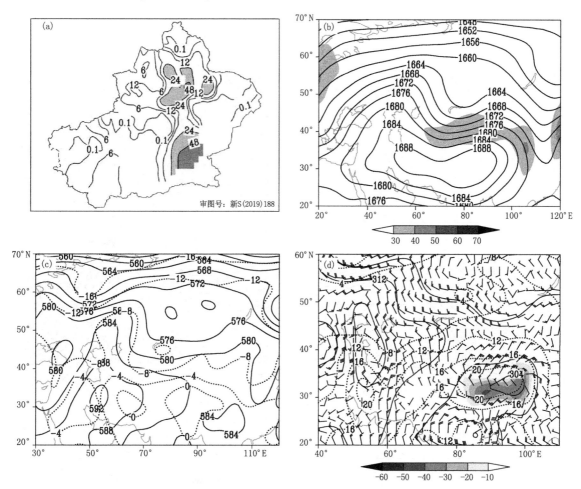

图 3-52　(a)2005 年 8 月 4 日 20 时至 6 日 20 时过程累计降水量(单位:毫米);以及 4 日 20 时(b)100 百帕高度场(实线,单位:位势什米),阴影(单位:米/秒)表示风速≥30 米/秒的 200 百帕急流;(c)500 百帕高度场(实线,单位:位势什米),温度场(虚线,单位:℃);(d)700 百帕高度场(实线,单位:位势什米),温度场(虚线,单位:℃),风场(单位:米/秒),水汽通量散度场(阴影,单位:10^{-6} 克/(厘米^2·百帕·秒))

【天气形势】2005 年 8 月 4 日 20 时,100 百帕南亚高压呈带状分布,长波槽位于巴尔喀什湖及其南部;200 百帕新疆处于低槽前西南急流中(图 3-52b)。500 百帕欧亚范围中纬度为两脊一槽的纬向环流,里海至咸海和蒙古为浅高压脊,巴尔喀什湖附近为较平直的低槽,北疆受低槽前偏西南气流影响,南支伊朗副热带高压发展北抬至南疆西部,584 位势什米等高线控制南疆(图 3-52c)。700 百帕北疆为弱的西北气流,南疆盆地为东北气流(图 3-52d)。

此次暴雨中高层北疆受中亚低槽前西南气流影响,低层天山北坡西北气流、南疆盆地东北气流携带冷空气遇天山及昆仑山地形强迫抬升,冷暖空气交汇剧烈,有利于对流触发造成暴雨。

【灾情】乌鲁木齐市沙依巴克区发生泥石流和洪水,市区温泉东路、西虹路、新医路、河南路,道路积水。昌吉州奇台县洪水造成农田受灾、房屋损坏。吐鲁番市托克逊县农作物、水渠、临时防洪坝、田间公路等受损。克拉玛依市洪水冲破九龙潭上游 2 千米处的原油池灌入克拉玛依河,导致 6 千米长河面受污染。巴州若羌县、铁干里克乡暴雨造成电力中断、牲畜失踪、房屋进水等。哈密市巴里坤县洪水造成农作物、草场、瓜果等受损。

3.53   2006 年 5 月 18 日乌鲁木齐市、昌吉州暴雨

【降雨实况】2006 年 5 月 18 日(图 3-53a):乌鲁木齐市乌鲁木齐站日降水量 34.6 毫米,昌吉州昌吉站、阜康站、天池站、木垒站日降水量分别为 27.1 毫米、29.6 毫米、39.4 毫米、44.5 毫米。

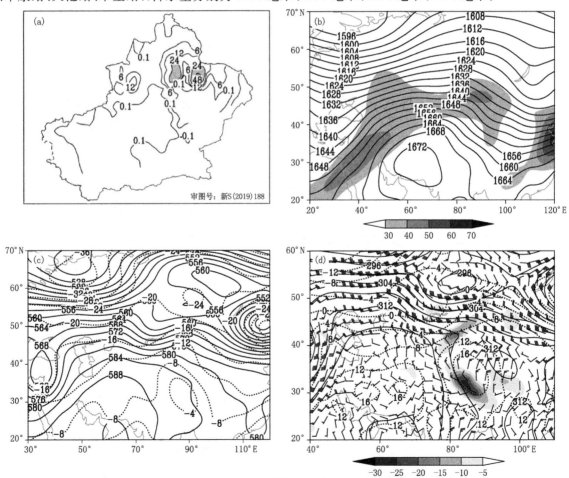

图 3-53   (a)2006 年 5 月 17 日 20 时至 18 日 20 时过程累计降水量(单位:毫米);以及 17 日 20 时(b)100 百帕高度场(实线,单位:位势什米),阴影(单位:米/秒)表示风速≥30 米/秒的 200 百帕急流;(c)500 百帕高度场(实线,单位:位势什米),温度场(虚线,单位:℃);(d)700 百帕高度场(实线,单位:位势什米),温度场(虚线,单位:℃),风场(单位:米/秒),水汽通量散度场(阴影,单位:10^{-6}克/(厘米^2·百帕·秒))

【天气形势】2006 年 5 月 17 日 20 时,100 百帕南亚高压呈单体型且主体偏西向北发展;200 百帕新疆处于脊顶偏西急流中(图 3-53b)。500 百帕欧亚范围中高纬为两槽一脊的经向环流,西伯利亚为宽广的高压脊,巴尔喀什湖附近为短波槽,北疆受低槽前西南气流影响,贝加尔湖以东为深厚的低涡;南支伊朗副热带高压 584 位势什米等高线发展北抬至新疆西部(图 3-53c)。700 百帕北疆受气旋性风场底部偏西气流影响,有风速辐合(图 3-53d)。

此次暴雨中高层受中亚短波槽影响,低层北疆为偏西气流,中天山以东风速辐合明显,遇到天山地形时强迫抬升,冷暖空气交汇剧烈,有利于对流触发,造成中天山以东暴雨。

3.54　2007 年 5 月 8—9 日伊犁州山区、博州、乌鲁木齐市、昌吉州东部暴雨

【降雨实况】2007 年 5 月 8—9 日(图 3-54a):8 日伊犁州尼勒克站、新源站日降水量分别为 24.2 毫米、29.4 毫米;9 日乌鲁木齐市乌鲁木齐站、米东站、小渠子站日降水量分别为 40.6 毫米、31.4 毫米、29.4 毫米,昌吉州天池站、木垒站日降水量分别为 33.9 毫米、40.2 毫米。

【天气形势】2007 年 5 月 8 日 20 时,100 百帕南亚高压呈单体型,高压主体位于青藏高原东侧,长波槽位于西西伯利亚至中亚;200 百帕新疆处于低槽前西南急流中(图 3-54b)。500 百帕欧亚范围为两脊一槽的经向环流,伊朗副热带高压向北发展与里海高压脊叠加,西西伯利亚至中亚为深厚的低槽,北疆受低

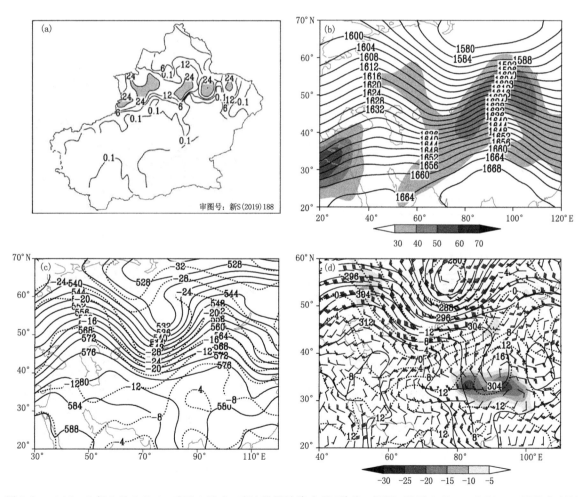

图 3-54　(a)2007 年 5 月 7 日 20 时至 9 日 20 时过程累计降水量(单位:毫米);以及 8 日 20 时(b)100 百帕高度场(实线,单位:位势什米),阴影(单位:米/秒)表示风速≥30 米/秒的 200 百帕急流;(c)500 百帕高度场(实线,单位:位势什米),温度场(虚线,单位:℃);(d)700 百帕高度场(实线,单位:位势什米),温度场(虚线,单位:℃),风场(单位:米/秒),水汽通量散度场(阴影,单位:10⁻⁶克/(厘米²·百帕·秒))

槽前西南气流影响,下游贝加尔湖为高压脊(图3-54c)。700百帕北疆为偏北气流,且风速随高度降低而增大(图3-54d)。

此次暴雨中高层受中亚较深厚低槽前西南气流影响,低层北疆偏北气流携带冷空气遇天山地形强迫抬升,冷暖空气交汇有利于对流发展,造成暴雨。

【灾情】昌吉州阜康市各河系不同程度出现山洪,造成部分临山的道路被泥石流冲坏,下游的七个乡镇一个街道办事处不同程度受灾,房屋进水,受灾农田741公顷,受灾总人数达2160人,2人死亡。乌鲁木齐市米东区大部分乡镇农田、居民房屋、道路交通、基础设施均受到不同程度损失,农作物受灾面积110公顷。芦草沟乡洪水导致该乡农田受灾、房屋受损、渠道涵洞冲毁、道路堵塞、自来水管线冲毁、牲畜死亡30头。

3.55　2007年5月22日乌鲁木齐市、昌吉州东部暴雨

【降雨实况】2007年5月22日(图3-55a):乌鲁木齐市乌鲁木齐站、小渠子站、牧试站站日降水量分别为25.1毫米、40.3毫米、33.8毫米,昌吉州天池站、木垒站日降水量分别为36.6毫米、34.7毫米。

【天气形势】2007年5月21日20时,100百帕南亚高压呈单体型,高压主体位于青藏高原东侧,西伯利亚至巴尔喀什湖附近为长波槽;200百帕新疆处于低槽前西南急流中(图3-55b)。500百帕欧亚范围为

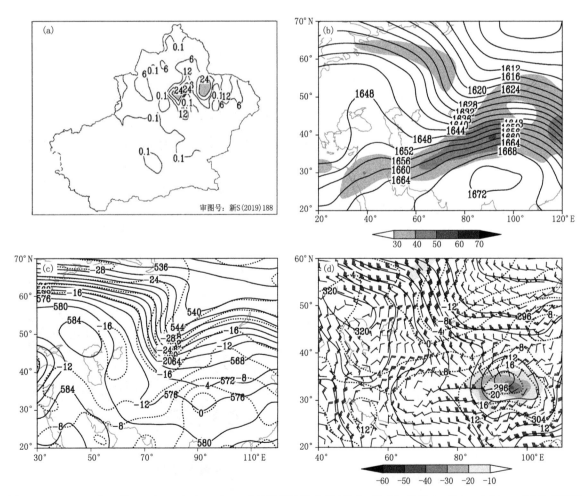

图3-55　(a)2007年5月21日20时至22日20时过程累计降水量(单位:毫米);以及21日20时(b)100百帕高度场(实线,单位:位势什米),阴影(单位:米/秒)表示风速≥30米/秒的200百帕急流;(c)500百帕高度场(实线,单位:位势什米),温度场(虚线,单位:℃);(d)700百帕高度场(实线,单位:位势什米),温度场(虚线,单位:℃),风场(单位:米/秒),水汽通量散度场(阴影,单位:10⁻⁶克/(厘米²·百帕·秒))

两脊一槽的经向环流,伊朗副热带高压发展与里海高压脊叠加向北经向发展,西伯利亚至巴尔喀什湖为低槽,北疆受低槽前西南气流影响,下游贝加尔湖至蒙古为高压脊(图 3-55c)。700 百帕天山北坡为西北气流,有明显风速辐合(图 3-55d)。

此次暴雨中高层北疆受西伯利亚至巴尔喀什湖低槽前西南气流影响,低层天山北坡西北气流携带冷空气遇天山地形强迫抬升,冷暖空气交汇有利于对流发展造成暴雨。

3.56 2007 年 7 月 16—17 日塔城地区北部、乌鲁木齐市、昌吉州东部、巴州、哈密市北部暴雨

【降雨实况】2007 年 7 月 16—17 日(图 3-56a):16 日巴州轮台站、若羌站、且末站日降水量分别为 39.9 毫米、25.7 毫米、31.1 毫米;17 日塔城地区和布克赛尔站、托里站日降水量分别为 61.5 毫米、25.2 毫米,乌鲁木齐市乌鲁木齐站、米东站、小渠子站、牧试站站日降水量分别为 57.1 毫米、33.6 毫米、58.2 毫米、37.3 毫米,昌吉州吉木萨尔站、奇台站、木垒站日降水量分别为 58.2 毫米、58.4 毫米、45.8 毫米,哈密市巴里坤站、伊吾站日降水量分别为 49.7 毫米、56.0 毫米。

【天气形势】2007 年 7 月 16 日 20 时,100 百帕南亚高压呈双体型且西部脊偏强,长波槽位于西伯利亚至中亚地区;200 百帕北疆处于低槽前西南气流中(图 3-56b)。500 百帕欧亚范围中高纬为一脊一槽的

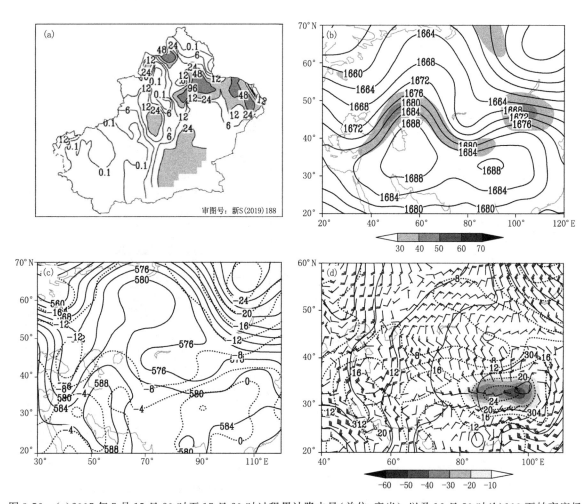

图 3-56 (a)2007 年 7 月 15 日 20 时至 17 日 20 时过程累计降水量(单位:毫米);以及 16 日 20 时(b)100 百帕高度场(实线,单位:位势什米),阴影(单位:米/秒)表示风速≥30 米/秒的 200 百帕急流;(c)500 百帕高度场(实线,单位:位势什米),温度场(虚线,单位:℃);(d)700 百帕高度场(实线,单位:位势什米),温度场(虚线,单位:℃),风场(单位:米/秒),水汽通量散度场(阴影,单位:10^{-6} 克/(厘米² · 百帕 · 秒))

经向环流,伊朗副热带高压向北发展与乌拉尔山高压脊叠加经向度大,贝加尔湖和巴尔喀什湖东南部为低槽,新疆受低槽前西南气流影响(图3-56c)。700百帕北疆为西北气流,中天山有风速的辐合及切变(图3-56d)。

此次暴雨特点是中高层北疆受中亚低槽前西南气流影响,低层为西北气流,地形影响下的风场辐合及切变明显,造成大范围暴雨。

【灾情】暴雨造成巴州且末县、若羌县、博湖县农作物、牲畜、房屋等严重受灾。阿勒泰地区布尔津县农作物、牲畜、草场、房屋、水渠、道路、电力等不同程度受损。哈密市洪水使农作物、道路、桥梁、通信、水利、电力等基础设施严重损毁。昌吉州阜康市山洪使下游6个乡镇不同程度受灾;奇台县和吉木萨尔县以及阿克苏地区库车县受灾。

3.57　2007年7月27—29日伊犁州、阿勒泰地区东部、昌吉州东部、巴州北部山区暴雨

【降雨实况】2007年7月27—29日(图3-57a):27日伊犁州尼勒克站、巩留站、昭苏站、特克斯站日降水量分别为27.3毫米、26.2毫米、31.8毫米、51.3毫米;28日巴州巴仑台站、巴音布鲁克站日降水量分别为40.1毫米、28.1毫米;29日阿勒泰地区阿勒泰站、富蕴站、青河站日降水量分别为25.7毫米、31.7毫米、24.5毫米,昌吉州天池站、北塔山站日降水量分别为31.1毫米、32.0毫米。

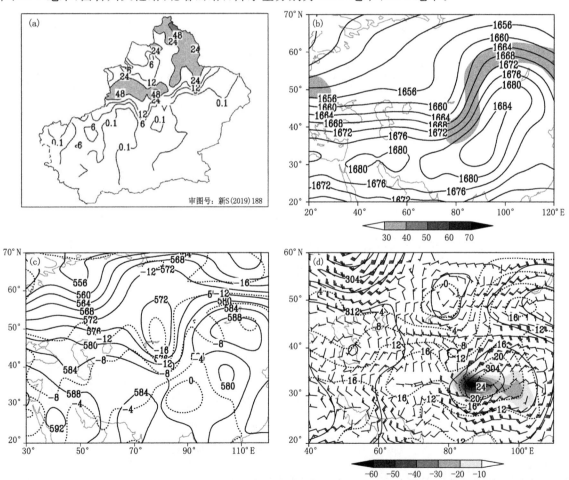

图3-57　(a)2007年7月26日20时至29日20时过程累计降水量(单位:毫米);以及28日20时(b)100百帕高度场(实线,单位:位势什米),阴影(单位:米/秒)表示风速≥30米/秒的200百帕急流;(c)500百帕高度场(实线,单位:位势什米),温度场(虚线,单位:℃);(d)700百帕高度场(实线,单位:位势什米),温度场(虚线,单位:℃),风场(单位:米/秒),水汽通量散度场(阴影,单位:10^{-6}克/(厘米^2·百帕·秒))

【天气形势】2007 年 7 月 28 日 20 时，100 百帕南亚高压呈带状分布，且高压脊主体偏东向北经向发展强烈，长波槽位于新疆上空；200 百帕新疆处于低槽前西南急流中（图 3-57b）。500 百帕欧亚范围为两支锋区型，中纬度为两脊一槽与高纬呈反位相叠加形势，咸海和贝加尔湖为高压脊，巴尔喀什湖附近为低槽，新疆受低槽前偏南气流影响（图 3-57c）。700 百帕巴尔喀什湖附近为气旋性风场，受其影响，伊犁州为偏西气流，风速辐合明显，北疆有偏西风与西南风的切变（图 3-57d）。

此次暴雨特点是中高层北疆受中亚低槽前偏南气流影响，低层伊犁州及北疆风切变及风速辐合明显，比湿较大，同时，西北气流遇地形强迫抬升，有利于北疆产生暴雨。

【灾情】阿勒泰地区吉木乃县洪灾使水利设施、道路、房屋、农作物等不同程度受损。乌鲁木齐市达坂城区东沟乡拦洪坝、道路、过水桥被冲毁。巴州和静县暴雨洪水造成房屋、桥梁、人员，农作物等受灾。阿克苏地区拜城县境内 5 条主要河流先后爆发了不同程度的大洪水。

3.58　2007 年 8 月 12—13 日伊犁州东部、塔城地区南部、乌鲁木齐市、昌吉州东部、巴州北部山区暴雨

【降雨实况】2007 年 8 月 12—13 日（图 3-58a）：12 日伊犁州山区尼勒克站、巩留站、昭苏站、特克斯站日降水量分别为 27.3 毫米、26.2 毫米、31.8 毫米、51.3 毫米；28 日巴州巴仑台站、巴音布鲁克站日降水量分别为 40.1 毫米、28.1 毫米；29 日阿勒泰地区阿勒泰站、富蕴站、青河站日降水量分别为 25.7 毫米、

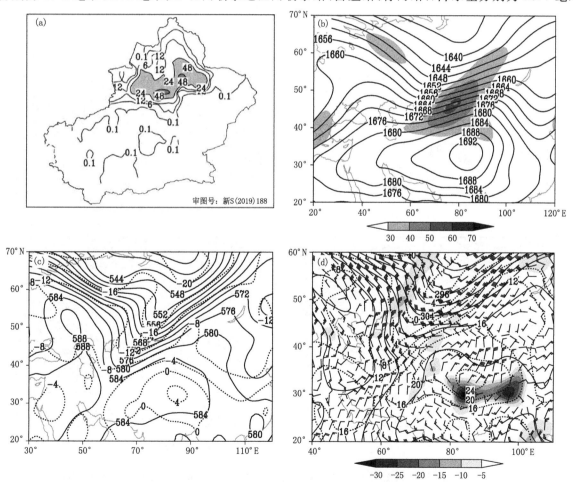

图 3-58　(a)2007 年 8 月 11 日 20 时至 13 日 20 时过程累计降水量（单位：毫米）；以及 11 日 20 时(b)100 百帕高度场（实线，单位：位势什米），阴影（单位：米/秒）表示风速≥30 米/秒的 200 百帕急流；(c)500 百帕高度场（实线，单位：位势什米），温度场（虚线，单位：℃）；(d)700 百帕高度场（实线，单位：位势什米），温度场（虚线，单位：℃），风场（单位：米/秒），水汽通量散度场（阴影，单位：10⁻⁶ 克/（厘米²·百帕·秒））

31.7毫米、24.5毫米,昌吉州天池站、北塔山站日降水量分别为31.1毫米、32.0毫米。

【天气形势】2007年8月11日20时,100百帕南亚高压呈单体型,高压中心位于33°N、82°E附近,西西伯利亚至中亚为长波槽;200百帕新疆处于低槽前西南急流中(图3-58b)。500百帕欧亚范围为两脊一槽的经向环流,伊朗副热带高压向北发展与里海高压脊叠加,西伯利亚至中亚为低槽,北疆受低槽前西南气流影响,下游贝加尔湖高压脊东北发展经向度大,584位势什米等高线控制南疆(图3-58c)。700百帕北疆受低槽前西南气流影响,风速辐合明显,并配合温度槽,伊犁州东南部山区有$-10×10^{-6}$克/(厘米^2·百帕·秒)的水汽通量散度辐合,天山北坡为西北风(图3-58d)。

此次暴雨中高层北疆受低槽前西南气流影响,低层西北气流风速辐合明显,其携带冷空气遇天山地形强迫抬升,冷暖空气交汇有利于对流触发,造成暴雨。

3.59 2009年5月25—26日乌鲁木齐市、昌吉州、巴州北部山区暴雨

【降雨实况】2009年5月25—26日(图3-59a):25日昌吉州玛纳斯站、天池站日降水量分别为24.2毫米、24.4毫米;26日乌鲁木齐市乌鲁木齐站、米东站、小渠子站、牧试站站日降水量分别为42.5毫米、30.8毫米、36.3毫米、28.2毫米,昌吉州阜康站、吉木萨尔站、天池站日降水量分别为25.4毫米、34.2毫米、49.9毫米,巴州巴仑台站日降水量36.2毫米。

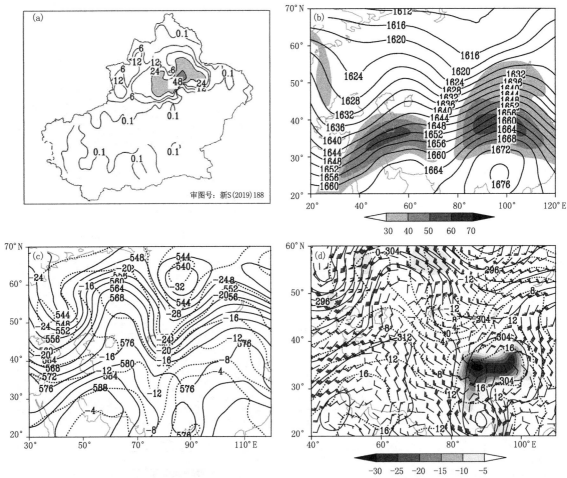

图3-59 (a)2009年5月24日20时至26日20时过程累计降水量(单位:毫米);以及25日20时(b)100百帕高度场(实线,单位:位势什米),阴影(单位:米/秒)表示风速≥30米/秒的200百帕急流;(c)500百帕高度场(实线,单位:位势什米),温度场(虚线,单位:℃);(d)700百帕高度场(实线,单位:位势什米),温度场(虚线,单位:℃),风场(单位:米/秒),水汽通量散度场(阴影,单位:10^{-6}克/(厘米^2·百帕·秒))

【天气形势】2009 年 5 月 25 日 20 时,100 百帕南亚高压呈单体型,高压中心偏东(25°N、100°E),西西伯利亚至中亚为长波槽;200 百帕北疆处于低槽前西南急流中(图 3-59b)。500 百帕欧亚范围为两脊一槽的经向环流,伊朗副热带高压向北发展与乌拉尔山高压脊叠加经向度较大,西伯利亚至巴尔喀什湖为低槽,下游贝加尔湖至蒙古为高压脊(图 3-59c)。700 百帕北疆受低槽底部偏西气流影响,有风速辐合及切变,且冷平流明显(图 3-59d)。

此次暴雨中高层北疆受中亚低槽前西南气流影响,低层有风速辐合及切变,且西北气流携带冷空气遇天山地形增强了动力强迫抬升,有利于产生暴雨。

【灾情】塔城地区沙湾县房屋损坏 162 间,转移安置 40 人,受灾人口 466 人。乌鲁木齐市天山区、沙依巴克区、头屯河区、米东区、达坂城区受暴雨影响,房宿损坏 81 间,农作物受灾面积 4046 公顷,损坏大棚 24 座;乌鲁木齐县房屋损坏 200 间,农作物受灾面积 5147 公顷。

3.60　2011 年 7 月 2—3 日阿勒泰地区、乌鲁木齐市、昌吉州东部暴雨

【降雨实况】2011 年 7 月 2—3 日(图 3-60a):2 日阿勒泰地区阿勒泰站日降水量 28.1 毫米,乌鲁木齐市乌鲁木齐站、米东站、小渠子站、牧试站站日降水量分别为 37.3 毫米、44.5 毫米、33.8 毫米、29.5 毫米,昌吉州阜康站、天池站日降水量分别为 37.3 毫米、46.1 毫米;3 日昌吉州天池站日降水量 42.0 毫米。

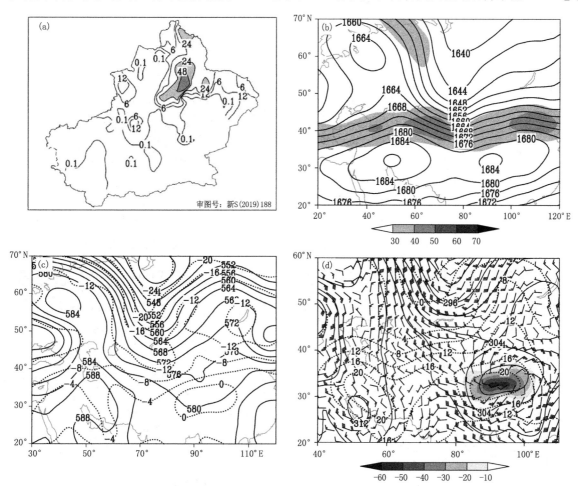

图 3-60　(a)2011 年 7 月 1 日 20 时至 3 日 20 时过程累计降水量(单位:毫米);以及 1 日 20 时(b)100 百帕高度场(实线,单位:位势什米),阴影(单位:米/秒)表示风速≥30 米/秒的 200 百帕急流;(c)500 百帕高度场(实线,单位:位势什米),温度场(虚线,单位:℃);(d)700 百帕高度场(实线,单位:位势什米),温度场(虚线,单位:℃),风场(单位:米/秒),水汽通量散度场(阴影,单位:10⁻⁶克/(厘米²·百帕·秒))

【天气形势】2011年7月1日20时,100百帕南亚高压呈双体型,且西部高压脊向北经向发展,长波槽位于西西伯利亚至中亚;200百帕新疆处于低槽前偏西急流中(图3-60b)。500百帕欧亚范围为两脊一槽的经向环流,伊朗副热带高压向北发展与东欧高压脊叠加经向度大,西西伯利亚至巴尔喀什湖为较深厚的低槽,北疆受低槽前西南气流影响,下游贝加尔湖为高压脊(图3-60c)。700百帕北疆受低槽底部偏西气流影响,北疆有风速辐合,中天山北坡有风切变,阿勒泰地区为西南风(图3-60d)。

此次暴雨中高层北疆受中亚低槽前西南气流影响,低层阿勒泰地区风切变及风速辐合明显,北疆西北气流及阿勒泰地区西南气流遇到地形强迫抬升,同时,低层湿度增大,有利于阿勒泰地区及中天山产生暴雨。

3.61 2011年8月27日博州、塔城地区南部、石河子市、乌鲁木齐市、昌吉州暴雨

【降雨实况】2011年8月27日(图3-61a):博州博乐站日降水量31.1毫米,塔城地区沙湾站日降水量24.5毫米,石河子市乌兰乌苏站日降水量25.8毫米,乌鲁木齐市乌鲁木齐站、米东站、小渠子站、牧试站站日降水量分别为43.9毫米、31.5毫米、84.1毫米、53.4毫米,昌吉州昌吉站、阜康站、天池站日降水量分别为29.3毫米、26.7毫米、51.8毫米。

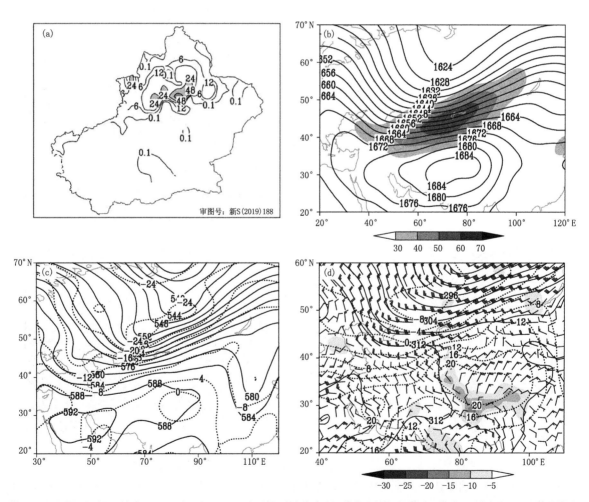

图3-61 (a)2011年8月26日20时至27日20时过程累计降水量(单位:毫米);以及26日20时(b)100百帕高度场(实线,单位:位势什米),阴影(单位:米/秒)表示风速≥30米/秒的200百帕急流;(c)500百帕高度场(实线,单位:位势什米),温度场(虚线,单位:℃);(d)700百帕高度场(实线,单位:位势什米),温度场(虚线,单位:℃),风场(单位:米/秒),水汽通量散度场(阴影,单位:10^{-6}克/(厘米^2·百帕·秒))

【天气形势】2011 年 8 月 26 日 20 时,100 百帕南亚高压呈单体型,高压主体位于 30°N、80°E 附近,西西伯利亚至中亚为长波槽;200 百帕北疆处于低槽前偏西南急流中(图 3-61b)。500 百帕欧亚范围为两脊一槽的经向环流,欧洲和新疆东部至蒙古为高压脊,经向度较大,西西伯利亚至中亚为低槽活动区,北疆受低槽前西南气流影响(图 3-61c)。700 百帕北疆为西南气流,有风速的辐合,中天山北坡有弱的风场扰动和风切变(图 3-61d)。

此次暴雨中高层北疆受中亚低槽前西南气流影响,700 百帕北疆有风速辐合,天山北坡有弱的风切变,低层西北气流携带冷空气遇天山地形强迫抬升,冷暖空气交汇明显,造成暴雨。

【灾情】塔城地区乌苏市农作物受灾面积 76.8 公顷。

3.62 2012 年 5 月 20 日乌鲁木齐市、昌吉州东部、哈密市北部暴雨

【降雨实况】2012 年 5 月 20 日(图 3-62a):乌鲁木齐市乌鲁木齐站、米东站日降水量分别为 25.5 毫米、30.4 毫米,昌吉州天池站、木垒站日降水量分别为 34.2 毫米、25.4 毫米,哈密市巴里坤站日降水量 24.2 毫米。

【天气形势】2012 年 5 月 19 日 20 时,100 百帕南亚高压呈单体型,高压主体位于 25°N、95°E 附近,长波槽位于西伯利亚至中亚地区;200 百帕北疆处于低槽前西南急流中(图 3-62b)。500 百帕欧亚范围中高

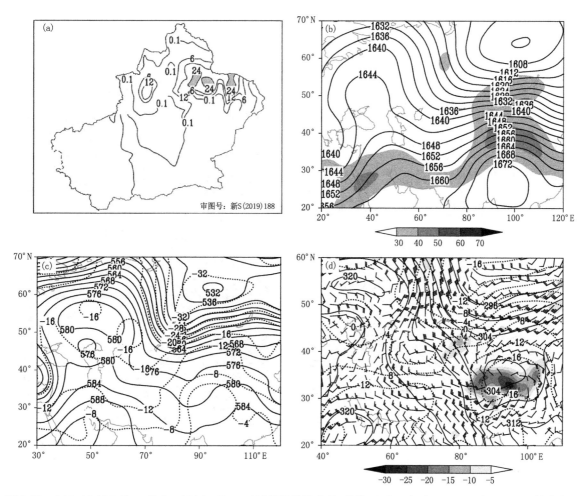

图 3-62 (a)2012 年 5 月 19 日 20 时至 20 日 20 时过程累计降水量(单位:毫米);以及 19 日 20 时(b)100 百帕高度场(实线,单位:位势什米),阴影(单位:米/秒)表示风速≥30 米/秒的 200 百帕急流;(c)500 百帕高度场(实线,单位:位势什米),温度场(虚线,单位:℃);(d)700 百帕高度场(实线,单位:位势什米),温度场(虚线,单位:℃),风场(单位:米/秒),水汽通量散度场(阴影,单位:10^{-6} 克/(厘米^2·百帕·秒))

纬为两脊一槽的经向环流,伊朗副热带高压向北发展与里海高压脊叠加,经向度较大,西伯利亚至巴尔喀什湖为低槽区,北疆受低槽前西南气流影响,下游蒙古为浅高压脊(图 3-62c)。700 百帕北疆为偏西气流,冷平流明显(图 3-62d)。

此次暴雨特点是中高层北疆受中亚低槽前西南气流影响,低层北疆偏北气流携带冷空气遇天山地形强迫抬升,有利于辐合上升运动,产生暴雨。

3.63　2015 年 5 月 18—19 日伊犁州东南部、博州西部、乌鲁木齐市南部山区、昌吉州东部山区、巴州北部山区暴雨

【降雨实况】2015 年 5 月 18—19 日(图 3-63a):18 日伊犁州新源站、昭苏站日降水量分别为 35.9 毫米、24.3 毫米,博州温泉站日降水量 26.1 毫米,乌鲁木齐市小渠子站、牧试站站日降水量分别为 45.8 毫米、40.6 毫米,昌吉州天池站日降水量 54.7 毫米;19 日巴州和硕站日降水量 27.8 毫米。

【天气形势】2015 年 5 月 17 日 20 时,100 百帕南亚高压呈单体型,高压主体位于 25°N、90°E 附近,且高压脊经向发展明显,长波槽位于东欧至里海附近;200 百帕北疆处于低槽前西南急流中(图 3-63b)。500 百帕欧亚范围为两槽一脊的经向环流,东欧至里海和贝加尔湖为低涡活动区,新疆至西伯利亚为经向度较大的高压脊,北疆受东欧至里海低涡分裂短波槽前西南气流影响(图 3-63c)。700 百帕受短波槽

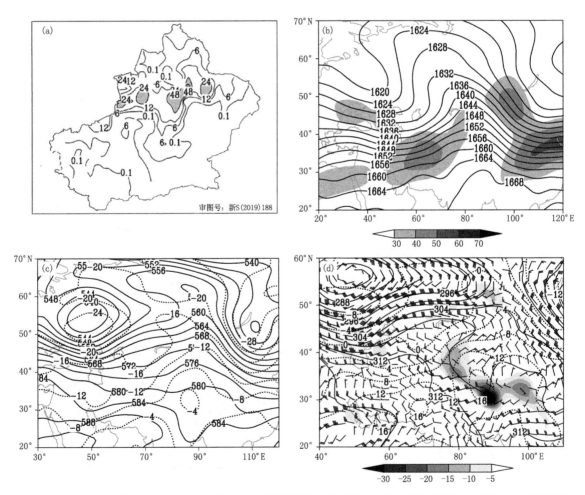

图 3-63　(a)2015 年 5 月 17 日 20 时至 19 日 20 时过程累计降水量(单位:毫米);以及 17 日 20 时(b)100 百帕高度场(实线,单位:位势什米),阴影(单位:米/秒)表示风速≥30 米/秒的 200 百帕急流;(c)500 百帕高度场(实线,单位:位势什米),温度场(虚线,单位:℃);(d)700 百帕高度场(实线,单位:位势什米),温度场(虚线,单位:℃),风场(单位:米/秒),水汽通量散度场(阴影,单位:10⁻⁶克/(厘米²·百帕·秒))

影响,北疆为偏北气流,风速辐合及冷平流明显,伊犁州东南部有-10×10^{-6}克/(厘米^2·百帕·秒)的水汽通量散度辐合(图 3-63d)。

此次暴雨中高层北疆受低涡分裂短波槽前西南气流影响,低层西北气流携带冷空气遇到天山地形时强迫抬升,冷暖空气交汇有利于辐合上升运动,造成暴雨。

【灾情】伊犁州特克斯县局地洪水,造成 847 人受灾,紧急转移安置 35 人,严重损坏房屋 53 间,农作物受灾面积 378 公顷;昭苏县局地山洪,冲毁农田,房屋,牲畜等。

3.64　2015 年 6 月 10 日乌鲁木齐市南部山区、昌吉州东部、克州北部山区、阿克苏地区西部山区暴雨

【降雨实况】2015 年 6 月 10 日(图 3-64a):乌鲁木齐市小渠子站、牧试站站日降水量分别为 25.4 毫米、29.5 毫米,昌吉州天池站、木垒站日降水量分别为 29.8 毫米、62.7 毫米,克州阿合奇站、阿克苏地区乌什站日降水量分别为 26.8 毫米、46.2 毫米。

【天气形势】2015 年 6 月 9 日 20 时,100 百帕南亚高压呈带状分布,长波脊位于新疆至西伯利亚,经向度较大,乌拉尔山至中亚为低槽(图 3-64b);200 百帕新疆西部处于低槽前西南气流中,东部受脊前西北急流控制。500 百帕欧亚范围中高纬为两槽一脊的经向环流,乌拉尔山至中亚和蒙古为低槽活动区,新疆中东部至西伯利亚为经向度较大的高压脊,新疆西部受中亚短波槽前西南气流影响,东部受脊前西

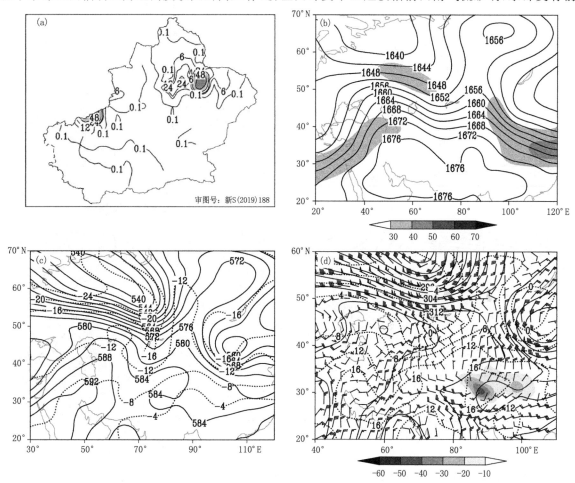

图 3-64　(a)2015 年 6 月 9 日 20 时至 10 日 20 时过程累计降水量(单位:毫米);以及 9 日 20 时(b)100 百帕高度场(实线,单位:位势什米),阴影(单位:米/秒)表示风速≥30 米/秒的 200 百帕急流;(c)500 百帕高度场(实线,单位:位势什米),温度场(虚线,单位:℃);(d)700 百帕高度场(实线,单位:位势什米),温度场(虚线,单位:℃),风场(单位:米/秒),水汽通量散度场(阴影,单位:10^{-6}克/(厘米^2·百帕·秒))

北气流影响(图 3-64c)。700 百帕南北疆均为弱的偏北气流,冷平流明显(图 3-64d)。

此次暴雨特点是中高层新疆西部受低槽前西南气流影响,北疆中东部处于高压脊前西北气流中,低层新疆西部风速辐合及切变,北疆偏北气流、南疆盆地东北气流携带冷空气遇地形强迫抬升,比湿较大,造成暴雨。

【灾情】昌吉州玛纳斯县、木垒县、奇台县暴雨引发山洪泥石流,造成道路、房屋、水利设施、农作物、牲畜等受灾严重。乌鲁木齐市、米东区暴雨洪水造成水渠决堤、山区山体滑坡使交通中断等。

3.65 2015 年 6 月 27—29 日伊犁州、阿勒泰地区东部、乌鲁木齐市、昌吉州东部暴雨

【降雨实况】2015 年 6 月 27—29 日(图 3-65a):27 日伊犁州伊宁站、尼勒克站、伊宁县站、巩留站、特克斯站日降水量分别为 29.9 毫米、29.2 毫米、28.0 毫米、94.8 毫米、37.1 毫米;28 日阿勒泰地区富蕴站、青河站日降水量分别为 27.0 毫米、32.8 毫米,乌鲁木齐市乌鲁木齐站日降水量 28.0 毫米,昌吉州吉木萨尔站、天池站日降水量分别为 29.4 毫米、25.3 毫米;29 日伊犁州尼勒克站、巩留站日降水量分别为 46.9 毫米、25.4 毫米,昌吉州木垒站日降水量 36.4 毫米。

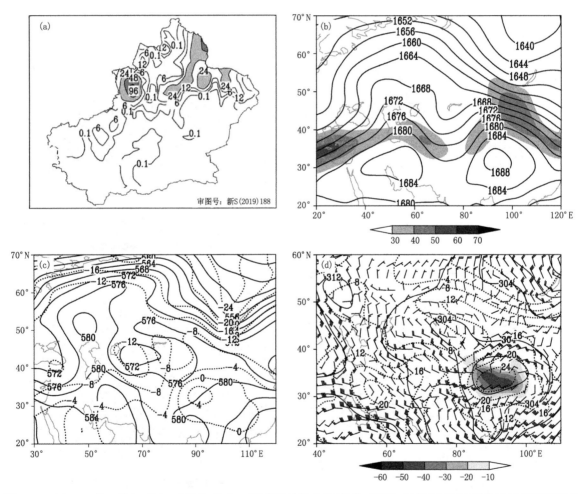

图 3-65 (a)2015 年 6 月 26 日 20 时至 29 日 20 时过程累计降水量(单位:毫米);以及 26 日 20 时(b)100 百帕高度场(实线,单位:位势什米),阴影(单位:米/秒)表示风速≥30 米/秒的 200 百帕急流;(c)500 百帕高度场(实线,单位:位势什米),温度场(虚线,单位:℃);(d)700 百帕高度场(实线,单位:位势什米),温度场(虚线,单位:℃),风场(单位:米/秒),水汽通量散度场(阴影,单位:10⁻⁶克/(厘米²·百帕·秒))

【天气形势】2015 年 6 月 26 日 20 时,100 百帕南亚高压呈双体型,长波槽位于巴尔喀什湖附近,槽底南伸至 30°N;200 百帕北疆处于低槽前西南急流中(图 3-65b)。500 百帕欧亚范围中高纬为一脊一槽的经向环流,伊朗副热带高压向北发展与里海高压脊叠加,经向度较大,中亚为低涡,贝加尔湖为低槽,北疆受中亚低涡前西南气流影响(图 3-65c)。700 百帕北疆受巴尔喀什湖附近气旋性风场的影响,伊犁州有风速辐合,中天山附近有西北风与偏东风的切变(图 3-65d)。

此次暴雨特点是中高层北疆受中亚低涡前西南气流影响,低层北疆有弱的气旋性风场辐合及切变,比湿较大,同时,地形影响下动力强迫抬升明显,产生暴雨。

【灾情】伊犁州巩留县、尼勒克县、察布查尔县、新源县暴雨洪水造成道路、房屋、水利设施、农作物、牲畜等受灾严重,巩留县 1 人死亡。

3.66　2015 年 8 月 15 日乌鲁木齐市南部山区、昌吉州东部、哈密市北部山区暴雨

【降雨实况】2015 年 8 月 15 日(图 3-66a):乌鲁木齐市小渠子站、牧试站站日降水量分别为 37.5 毫米、31.1 毫米,昌吉州天池站、木垒站日降水量分别为 65.2 毫米、45.8 毫米,哈密市巴里坤站日降水量 32.8 毫米。

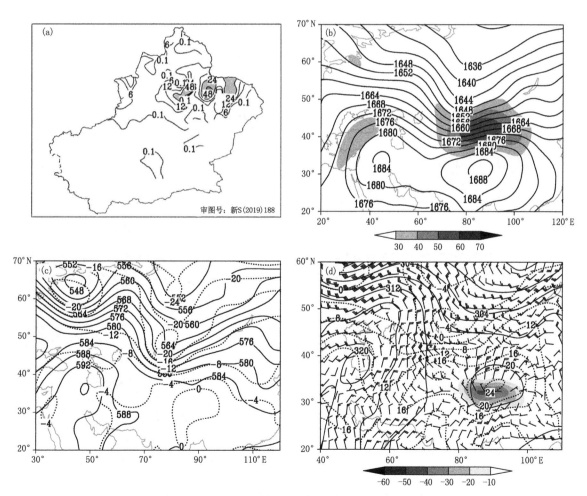

图 3-66　(a)2015 年 8 月 14 日 20 时至 15 日 20 时过程累计降水量(单位:毫米);以及 14 日 20 时(b)100 百帕高度场(实线,单位:位势什米),阴影(单位:米/秒)表示风速≥30 米/秒的 200 百帕急流;(c)500 百帕高度场(实线,单位:位势什米),温度场(虚线,单位:℃);(d)700 百帕高度场(实线,单位:位势什米),温度场(虚线,单位:℃),风场(单位:米/秒),水汽通量散度场(阴影,单位:10⁻⁶克/(厘米²·百帕·秒))

【天气形势】2015年8月14日20时,100百帕南亚高压呈双体型且西部脊偏强,长波槽位于西伯利亚至巴尔喀什湖附近;200百帕新疆处于低槽前西南急流中(图3-66b)。500百帕欧亚范围为两脊两槽的经向环流,伊朗副热带高压向北发展与乌拉尔山高压脊叠加,经向度较大,贝加尔湖至蒙古为高压脊,北欧为低涡,西西伯利亚至中亚为低槽,北疆受低槽前西南气流影响(图3-66c)。700百帕北疆偏西气流,风速辐合明显,配合有冷平流(图3-66d)。

此次暴雨中高层北疆受中亚低槽前西南气流影响,低层西北气流携带冷空气遇到天山地形时强迫抬升,增强辐合上升运动,冷暖空气交汇有利于中天山及以东产生暴雨。

3.67　2015年8月31日喀什地区暴雨

【降雨实况】2015年8月31日(图3-67a):喀什地区伽师站、岳普湖站、莎车站、叶城站、泽普站日降水量分别为29.2毫米、44.1毫米、26.3毫米、29.4毫米、28.5毫米。

【天气形势】2015年8月30日20时,100百帕南亚高压呈单体型,高压主体位于30°N、90°E附近,长波槽位于乌拉尔山至中亚地区;200百帕新疆处于低槽前西南急流中(图3-67b)。500百帕欧亚范围中高纬为一脊一槽的经向环流,西西伯利亚至乌拉尔山中部为较深厚的低涡,蒙古至贝加尔湖的高压脊向东北经向发展,南疆西部受中亚偏南短波槽前西南气流影响(图3-67c)。700百帕在南疆西部境外有气旋

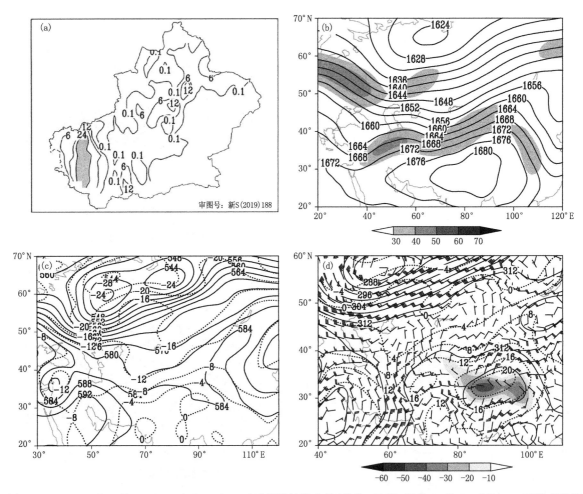

图3-67　(a)2015年8月30日20时至31日20时过程累计降水量(单位:毫米);以及30日20时(b)100百帕高度场(实线,单位:位势什米),阴影(单位:米/秒)表示风速≥30米/秒的200百帕急流;(c)500百帕高度场(实线,单位:位势什米),温度场(虚线,单位:℃);(d)700百帕高度场(实线,单位:位势什米),温度场(虚线,单位:℃),风场(单位:米/秒),水汽通量散度场(阴影,单位:10⁻⁶克/(厘米²·百帕·秒))

性风场的辐合及切变,南疆盆地为东北气流,南疆西部风速辐合明显,喀什地区有-10×10^{-6}克/(厘米²·百帕·秒)的水汽通量散度辐合(图 3-67d)。

此次暴雨中高层南疆西部受中亚短波槽前西南气流影响,低层南疆西部气旋性风场的辐合及切变,南疆盆地的东北气流遇昆仑山地形强迫抬升,有利于辐合上升运动,造成喀什地区暴雨。

3.68　2016 年 6 月 17—20 日伊犁州、博州、昌吉州东部暴雨

【降雨实况】2016 年 6 月 17—20 日(图 3-68a):17 日伊犁州霍城站、尼勒克站、伊宁县站、巩留站、特克斯站日降水量分别为 25.4 毫米、68.4 毫米、29.1 毫米、69.5 毫米、31.4 毫米,博州博乐站日降水量 27.8 毫米;18 日伊犁州尼勒克站、特克斯站日降水量分别为 25.5 毫米、38.4 毫米,昌吉州吉木萨尔站、奇台站、天池站、木垒站日降水量分别为 26.3 毫米、31.9 毫米、57.7 毫米、41.2 毫米;19 日伊犁州霍尔果斯站日降水量 26.0 毫米;20 日昌吉州天池站日降水量 24.7 毫米。

【天气形势】2016 年 6 月 16 日 20 时,100 百帕南亚高压呈单体型,高压主体位于 30°N,90°E 附近,西西伯利亚至中亚为低槽;200 百帕新疆处于低槽前西南急流中(图 3-68b)。500 百帕欧亚范围为两脊一槽的经向环流,里海与咸海高压脊发展与东欧高压脊叠加经向度大,新疆东部为浅脊,咸海至巴尔喀什湖南部为低涡,新疆西部受低涡前西南气流影响(图 3-68c)。700 百帕北疆西部有气旋性风场切变及辐合,北

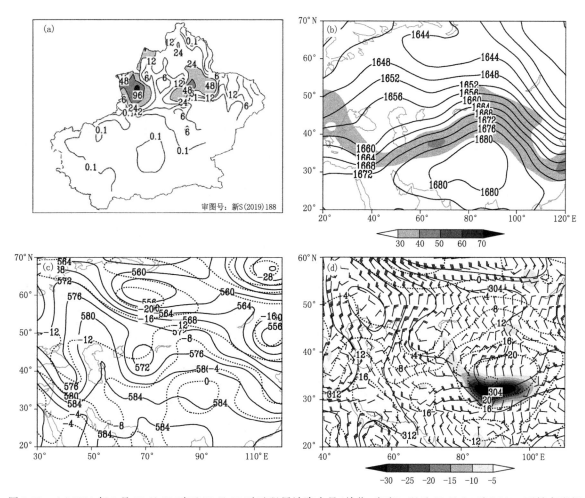

图 3-68　(a)2016 年 6 月 16 日 20 时至 20 日 20 时过程累计降水量(单位:毫米);以及 16 日 20 时(b)100 百帕高度场(实线,单位:位势什米),阴影(单位:米/秒)表示风速≥30 米/秒的 200 百帕急流;(c)500 百帕高度场(实线,单位:位势什米),温度场(虚线,单位:℃);(d)700 百帕高度场(实线,单位:位势什米),温度场(虚线,单位:℃),风场(单位:米/秒),水汽通量散度场(阴影,单位:10^{-6}克/(厘米²·百帕·秒))

疆为 6～10 米/秒的偏北气流,冷平流明显,昌吉州东部有$-10×10^{-6}$克/(厘米^2·百帕·秒)的水汽通量散度辐合(图 3-68d)。

此次暴雨中高层受中亚低槽前西南气流影响,低层北疆西部有气旋性风场切变及辐合,北疆西北气流携带冷空气遇天山地形强迫抬升,冷暖空气交汇有利于产生暴雨。

3.69 2016 年 6 月 24 日阿勒泰地区东部、乌鲁木齐市南部山区、昌吉州、巴州北部山区暴雨

【降雨实况】2016 年 6 月 24 日(图 3-69a):阿勒泰地区富蕴站日降水量 29.9 毫米,乌鲁木齐市小渠子站、大西沟站日降水量分别为 25.9 毫米、24.6 毫米,昌吉州蔡家湖站、昌吉站、天池站日降水量分别为31.2 毫米、31.6 毫米、46.9 毫米,巴州巴仑台站日降水量 26.2 毫米。

【天气形势】2016 年 6 月 23 日 20 时,100 百帕南亚高压呈带状分布,长波槽位于巴尔喀什湖附近;200 百帕新疆处于低槽前西南急流中(图 3-69b)。500 百帕欧亚范围中高纬为两脊一槽的经向环流,里海与咸海为高压脊,巴尔喀什湖北部为低涡,北疆受低涡前西南气流影响,下游新疆东部至贝加尔湖高压脊经向度较大(图 3-69c)。700 百帕受低涡气旋性风场影响,北疆有风切变及辐合(图 3-69d)。

此次暴雨中高层北疆受中亚低涡前西南气流影响,700 百帕北疆有气旋性风场的辐合及切变,低层

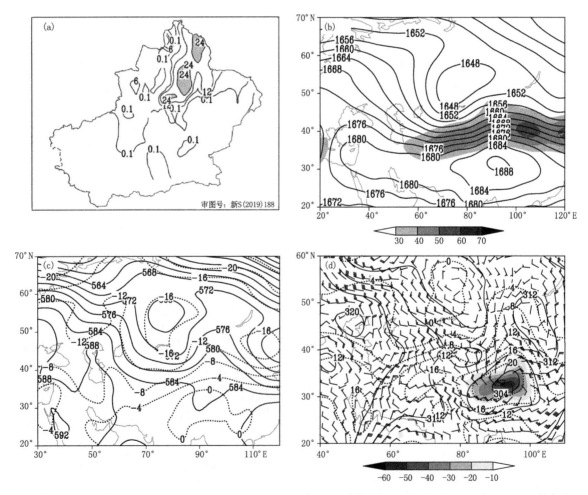

图 3-69 (a)2016 年 6 月 23 日 20 时至 24 日 20 时过程累计降水量(单位:毫米);以及 23 日 20 时(b)100 百帕高度场(实线,单位:位势什米),阴影(单位:米/秒)表示风速≥30 米/秒的 200 百帕急流;(c)500 百帕高度场(实线,单位:位势什米),温度场(虚线,单位:℃);(d)700 百帕高度场(实线,单位:位势什米),温度场(虚线,单位:℃),风场(单位:米/秒),水汽通量散度场(阴影,单位:10^{-6}克/(厘米^2·百帕·秒))

西北气流携带冷空气遇地形时强迫抬升,冷暖空气交汇有利于对流触发,造成暴雨。

【灾情】阿勒泰地区富蕴县暴雨洪水造成乌伦沟河区域人口受灾 600 人,紧急转移 120 人,农作物受灾 437 公顷,草场受灾 135 公顷,羊死亡 56 只。

3.70　2016 年 8 月 1—2 日伊犁州、博州东部、塔城地区北部、昌吉州东部暴雨

【降雨实况】2016 年 8 月 1—2 日(图 3-70a):1 日伊犁州霍城站、察布查尔站、伊宁站、尼勒克站、伊宁县站、巩留站、新源站、昭苏站、特克斯站日降水量分别为 25.3 毫米、30.1 毫米、36.3 毫米、74.6 毫米、39.1 毫米、68.1 毫米、66.1 毫米、52.8 毫米、51.7 毫米,博州精河站日降水量 37.6 毫米,塔城地区和布克赛尔站日降水量 32.0 毫米;2 日昌吉州阜康站、天池站日降水量分别为 28.6 毫米、33.1 毫米。

【天气形势】2016 年 7 月 31 日 20 时,100 百帕南亚高压呈带状分布,高压主体(40°N、100°E)位置偏东且经向发展较强,西西伯利亚至中亚为低槽;200 百帕北疆处于低槽前西南急流中(图 3-70b)。500 百帕欧亚范围中高纬为两脊一槽的纬向环流,里海与咸海的高压脊向北发展,西伯利亚至中亚为低槽,北疆受低槽前西南气流影响,下游贝加尔湖至蒙古为高压脊(图 3-70c)。700 百帕伊犁州至北疆有西北风与偏东风的切变(图 3-70d)。

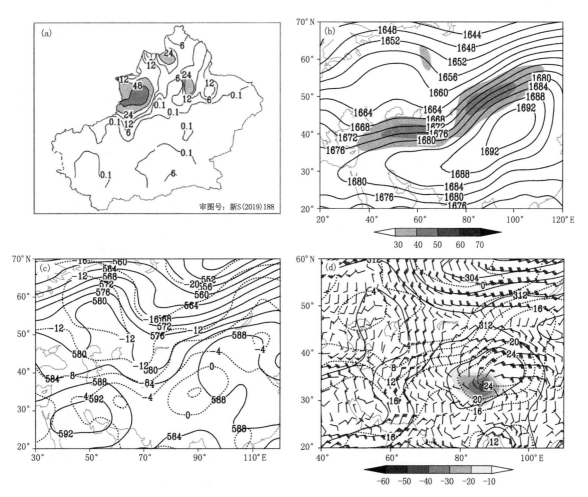

图 3-70　(a)2016 年 7 月 31 日 20 时至 8 月 2 日 20 时过程累计降水量(单位:毫米);以及 7 月 31 日 20 时(b)100 百帕高度场(实线,单位:位势什米),阴影(单位:米/秒)表示风速≥30 米/秒的 200 百帕急流;(c)500 百帕高度场(实线,单位:位势什米),温度场(虚线,单位:℃);(d)700 百帕高度场(实线,单位:位势什米),温度场(虚线,单位:℃),风场(单位:米/秒),水汽通量散度场(阴影,单位:10⁻⁶克/(厘米²·百帕·秒))

此次暴雨中高层北疆受中亚低槽前西南气流影响,700百帕伊犁州至北疆西北风与偏东风切变明显,冷暖空气交汇有利于产生暴雨。

【灾情】伊犁州伊宁县、巩留县、特克斯县、尼勒克县等暴雨洪水造成道路、房屋、水利设施、农作物、牲畜等受灾严重。昌吉州阜康市暴雨洪水造成10353人受灾,紧急转移安置8061人,房屋倒塌27间,农作物受灾866公顷,死亡牛3头、鸡15只。

3.71 2016年8月8日乌鲁木齐市南部山区、昌吉州东部山区、巴州北部、哈密市北部暴雨

【降雨实况】2016年8月8日(图3-71a):乌鲁木齐市小渠子站、牧试站站日降水量分别为28.1毫米、25.0毫米,昌吉州天池站日降水量39.3毫米,巴州焉耆站、和硕站日降水量分别为35.2毫米、38.0毫米,哈密市巴里坤站日降水量47.6毫米。

【天气形势】2016年8月7日20时,100百帕南亚高压呈带状分布,巴尔喀什湖附近为低槽;200百帕新疆处于低槽前西南急流中(图3-71b)。500百帕欧亚范围为两脊一槽的经向环流,伊朗副热带高压向北发展与里海高压脊叠加经向度大,西西伯利亚至中亚为低槽,北疆受中亚低槽前西南气流影响,下游贝加尔湖至蒙古为高压脊(图3-71c)。700百帕北疆为6~10米/秒的西北气流,天山北坡的风速辐合明显

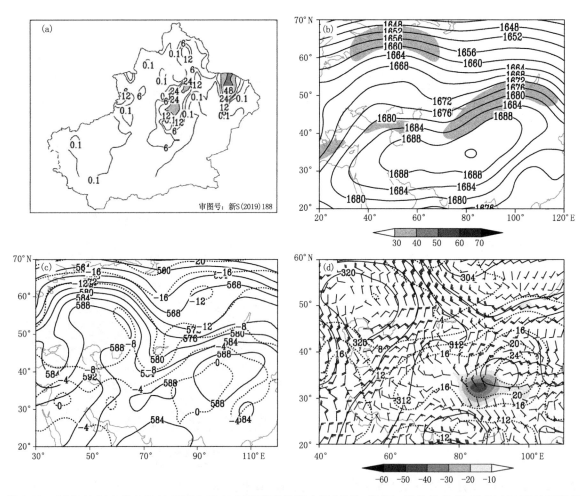

图3-71 (a)2016年8月7日20时至8日20时过程累计降水量(单位:毫米);以及7日20时(b)100百帕高度场(实线,单位:位势什米),阴影(单位:米/秒)表示风速≥30米/秒的200百帕急流;(c)500百帕高度场(实线,单位:位势什米),温度场(虚线,单位:℃);(d)700百帕高度场(实线,单位:位势什米),温度场(虚线,单位:℃),风场(单位:米/秒),水汽通量散度场(阴影,单位:10⁻⁶克/(厘米²·百帕·秒))

（图 3-71d）。

此次暴雨中高层北疆受中亚低槽前西南气流影响，低层北疆西北气流携带冷空气遇到天山地形时强迫抬升，冷暖空气交汇有利于产生暴雨。

3.72　2017 年 5 月 19 日伊犁州、博州东部、塔城地区南部、乌鲁木齐市南部山区暴雨

【降雨实况】2017 年 5 月 19 日（图 3-72a）：伊犁州尼勒克站、巩留站、新源站、昭苏站、特克斯站日降水量分别为 26.8 毫米、28.2 毫米、38.8 毫米、27.2 毫米、29.6 毫米，博州阿拉山口站、博乐站日降水量分别为 31.5 毫米、25.0 毫米，塔城地区乌苏站日降水量 35.8 毫米，乌鲁木齐市小渠子站日降水量 24.7 毫米。

【天气形势】2017 年 5 月 18 日 20 时，100 百帕南亚高压呈双体型，中亚 40°N 以南为低槽；200 百帕新疆处于低槽前西南气流中（图 3-72b）。500 百帕欧亚范围中纬度为两槽一脊的纬向环流，黑海为低涡，伊朗副热带高压向北发展至里海与咸海附近，巴尔喀什湖为短波槽，北疆受低槽前西南气流影响（图 3-72c）。700 百帕北疆为偏西气流，有风速辐合（图 3-72d）。

此次暴雨中高层北疆受中亚低槽前西南气流影响，700 百帕北疆偏西气流风速辐合，冷暖空气交汇有利于产生暴雨。

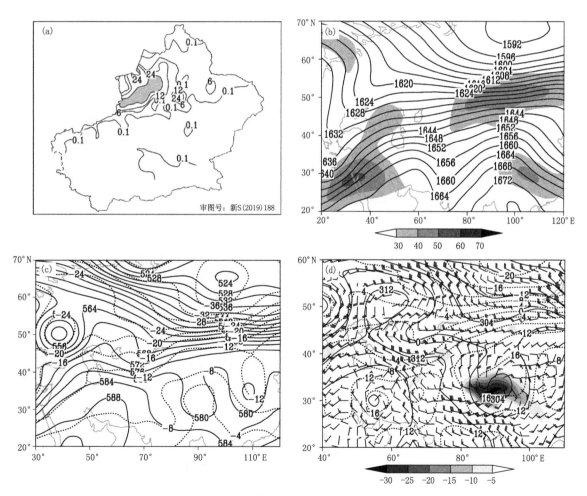

图 3-72　（a）2017 年 5 月 18 日 20 时至 19 日 20 时过程累计降水量（单位：毫米）；以及 18 日 20 时（b）100 百帕高度场（实线，单位：位势什米），阴影（单位：米/秒）表示风速≥30 米/秒的 200 百帕急流；（c）500 百帕高度场（实线，单位：位势什米），温度场（虚线，单位：℃）；（d）700 百帕高度场（实线，单位：位势什米），温度场（虚线，单位：℃），风场（单位：米/秒），水汽通量散度场（阴影，单位：10^{-6} 克/（厘米²·百帕·秒））

【灾情】伊犁州昭苏县、特克斯县、新源县暴雨洪水造成道路、房屋、水利设施、农作物、牲畜等受灾。

3.73　2018 年 5 月 21—22 日喀什地区、克州、和田地区西部暴雨

【降雨实况】2018 年 5 月 21—22 日(图 3-73a):21 日喀什地区喀什站日降水量 28.9 毫米,克州阿图什站、乌恰站、阿克陶站日降水量分别为 26.9 毫米、33.7 毫米、54.5 毫米,和田地区皮山站日降水量 74.6 毫米;22 日喀什地区莎车站、叶城站日降水量分别为 30.3 毫米、24.7 毫米。

【天气形势】2018 年 5 月 20 日 20 时,100 百帕南亚高压呈单体型,高压主体偏东(30°N、100°E),长波槽位于西伯利亚至中亚,中亚低槽槽底南伸至 25°N 附近;200 百帕南疆处于低槽前西南急流中(图 3-73b)。500 百帕欧亚范围为两脊一槽的经向环流,伊朗副热带高压向北发展与里海高压脊叠加向东北发展,经向度较大,西伯利亚至北疆为低涡,南疆西部受中亚偏南低槽前西南气流影响,下游蒙古为高压脊(图 3-73c)。700 百帕在南疆西部有气旋性风场的辐合及切变,配合有 -15×10^{-6} 克/(厘米^2·百帕·秒)的水汽通量散度辐合中心(图 3-73d)。

此次暴雨中高层受中亚偏南低槽前西南气流影响,同时北疆冷空气东灌至南疆盆地,700 百帕南疆西部气旋性风场的辐合及切变,并配合一定湿区,低层南疆盆地偏东气流遇昆仑山地形强迫抬升,冷暖空气交汇有利于对流触发,造成南疆暴雨。

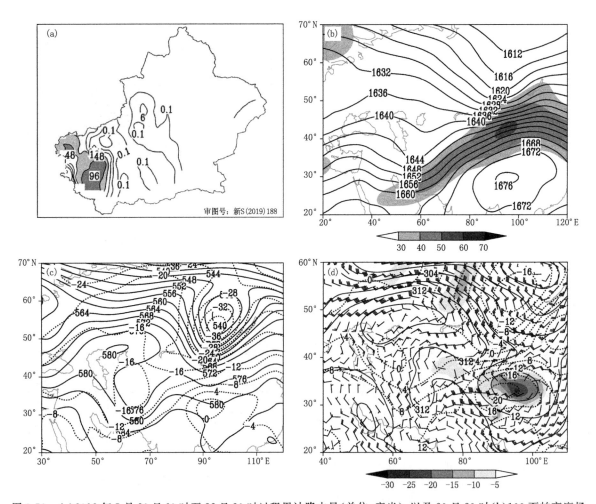

图 3-73　(a)2018 年 5 月 20 日 20 时至 22 日 20 时过程累计降水量(单位:毫米);以及 20 日 20 时(b)100 百帕高度场(实线,单位:位势什米),阴影(单位:米/秒)表示风速≥30 米/秒的 200 百帕急流;(c)500 百帕高度场(实线,单位:位势什米),温度场(虚线,单位:℃);(d)700 百帕高度场(实线,单位:位势什米),温度场(虚线,单位:℃),风场(单位:米/秒),水汽通量散度场(阴影,单位:10^{-6} 克/(厘米^2·百帕·秒))

【灾情】克州阿图什市、阿克陶县暴雨洪水造成道路、房屋、桥梁、水利设施、农作物、牲畜等受灾。喀什地区叶城县、莎车县暴雨洪水造成道路、房屋、桥梁、水利设施、农作物、牲畜等受灾。和田地区皮山县极端暴雨引发洪水,造成道路、房屋、桥梁、水利设施、农作物、牲畜等受灾。

3.74　2018 年 5 月 24 日石河子市、乌鲁木齐市、昌吉州东部暴雨

【降雨实况】2018 年 5 月 24 日(图 3-74a):石河子市乌兰乌苏站日降水量 30.0 毫米,乌鲁木齐市乌鲁木齐站、小渠子站、牧试站站日降水量分别为 26.2 毫米、27.6 毫米、24.9 毫米,昌吉州天池站、木垒站日降水量分别为 33.5 毫米、24.5 毫米。

【天气形势】2018 年 5 月 23 日 20 时,100 百帕南亚高压呈单体型,高压主体偏东(25°N、100°E),长波槽位于西伯利亚至中亚地区;200 百帕北疆处于低槽前西南急流中(图 3-74b)。500 百帕欧亚范围为两脊一槽的经向环流,东欧至乌拉尔山的高压脊经向发展,西西伯利亚至中亚为低槽,北疆受低槽前西南气流影响,新疆东部至贝加尔湖为高压脊(图 3-74c)。700 百帕北疆受低槽前偏西气流影响,有风速辐合(图 3-74d)。

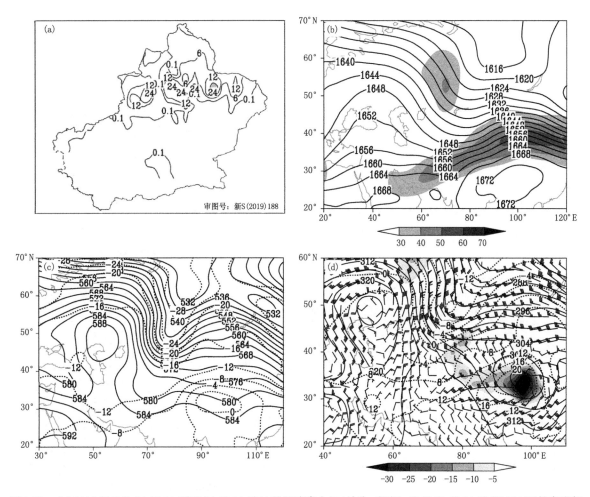

图 3-74　(a)2018 年 5 月 23 日 20 时至 24 日 20 时过程累计降水量(单位:毫米);以及 23 日 20 时(b)100 百帕高度场(实线,单位:位势什米),阴影(单位:米/秒)表示风速≥30 米/秒的 200 百帕急流;(c)500 百帕高度场(实线,单位:位势什米),温度场(虚线,单位:℃);(d)700 百帕高度场(实线,单位:位势什米),温度场(虚线,单位:℃),风场(单位:米/秒),水汽通量散度场(阴影,单位:10⁻⁶ 克/(厘米²·百帕·秒))

此次暴雨中高层北疆受中亚低槽前西南气流影响,700百帕北疆偏西气流有风速辐合,低层西北气流携带冷空气遇天山地形时强迫抬升,冷暖空气交汇有利于对流触发,造成暴雨。

3.75　2018年7月31日哈密市北部暴雨

【降雨实况】2018年7月31日(图3-75a):哈密市淖毛湖站、伊吾站日降水量分别为33.3毫米、40.5毫米。

【天气形势】2018年7月30日20时,100百帕南亚高压呈双体型,且东部高压脊偏强经向度大,长波槽位于西西伯利亚至中亚;200百帕新疆处于低槽前西南急流中(图3-75b)。500百帕欧亚范围为两脊一槽的经向环流,伊朗副热带高压向北发展至里海与东欧高压脊有叠加趋势,中西伯利亚至巴尔喀什湖为低槽活动区,下游西太平洋副热带高压西伸北抬至新疆东部,副高北缘西伸北抬至45°N以北、92°E附近,哈密市处在副热带高压外围西南气流中,向暴雨区输送暖湿水汽和能量(图3-75c)。700百帕北疆有气旋性风场切变,河西走廊至哈密市为偏东急流,哈密市附近有西北风与偏东风的切变(图3-75d)。

此次暴雨中高层哈密市受中亚低槽前西南气流影响,低层河西走廊至哈密市偏东急流携带暖湿空气,遇东天山地形强迫抬升明显,并与北疆冷空气在哈密市汇合,造成哈密市暴雨。

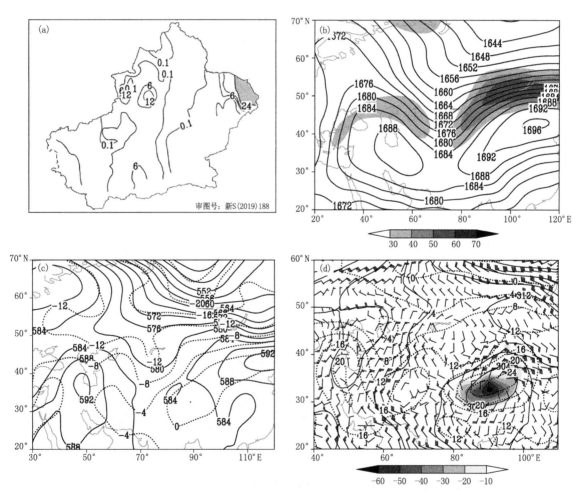

图3-75　(a)2018年7月30日20时至31日20时过程累计降水量(单位:毫米);以及30日20时(b)100百帕高度场(实线,单位:位势什米),阴影(单位:米/秒)表示风速≥30米/秒的200百帕急流;(c)500百帕高度场(实线,单位:位势什米),温度场(虚线,单位:℃);(d)700百帕高度场(实线,单位:位势什米),温度场(虚线,单位:℃),风场(单位:米/秒),水汽通量散度场(阴影,单位:10^{-6}克/(厘米^2·百帕·秒))

　　【灾情】哈密市伊州区暴雨洪水造成射月沟水库溃坝,失联 17 人,死亡 2 人,乌拉台水库水位超警戒线;冲毁房屋 160 间,通信及电力中断,淹没耕地 2597 公顷;冲塌兰新铁路红旗村－烟墩段护坡,铁路绕行兰新高铁,封闭 G30 线、G7 线高速公路。

第4章　局地暴雨

表 4-1　1961—2018 年新疆局地暴雨站点及降水量(单位:毫米)

序号	年	月	日	暴雨站点及降水量
1	1961	5	15	乌鲁木齐市小渠子站和昌吉州天池站日降水量分别为 25.6 毫米、33.5 毫米。
2	1961	5	17	阿勒泰地区吉木乃站、乌鲁木齐市小渠子站和昌吉州天池站日降水量分别为 29.6 毫米、34.9 毫米、59.9 毫米。
3	1961	7	12	昌吉州天池站和巴州和硕站日降水量分别为 42.6 毫米、24.5 毫米。
4	1961	7	24	塔城地区乌苏站日降水量 24.4 毫米。
5	1961	7	29	昌吉州天池站日降水量 24.9 毫米。
6	1961	8	14	哈密市巴里坤站日降水量 26.9 毫米。
7	1961	9	4	塔城地区乌苏站和伊犁州新源站日降水量均为 24.6 毫米。
8	1961	9	15	巴州巴仑台站日降水量 24.8 毫米。
9	1961	9	26	阿克苏地区阿瓦提站日降水量 38.2 毫米。
10	1962	5	27	伊犁州特克斯站日降水量 25.0 毫米。
11	1962	5	28	巴州巴音布鲁克站日降水量 26.3 毫米。
12	1962	5	30	乌鲁木齐市小渠子站日降水量 44.5 毫米。
13	1962	6	13	伊犁州霍城站日降水量 24.4 毫米。
14	1962	7	25	塔城地区和布克赛尔站、阿克苏地区阿克苏站日降水量分别为 26.8 毫米、34.9 毫米。
15	1962	7	31	巴州巴音布鲁克站日降水量 34.4 毫米。
16	1962	8	1	乌鲁木齐市大西沟站日降水量 37.8 毫米。
17	1962	8	10	巴州巴仑台站和乌鲁木齐市大西沟站日降水量分别为 79.7 毫米、29.8 毫米。
18	1962	8	19	喀什地区托云站日降水量 24.4 毫米。
19	1962	8	21	克州阿合奇站日降水量 28.6 毫米。
20	1962	8	22	巴州巴音布鲁克站日降水量 33.0 毫米。
21	1962	9	20	伊犁州昭苏站日降水量 24.6 毫米。
22	1963	7	10	乌鲁木齐市小渠子站和昌吉州天池站日降水量分别为 33.8 毫米、44.1 毫米。
23	1963	8	5	克州阿合奇站日降水量 28.6 毫米。
24	1963	8	23	克州阿合奇站日降水量 33.7 毫米。
25	1963	8	27	乌鲁木齐市大西沟站日降水量 26.1 毫米。
26	1964	5	4	伊犁州伊宁县站日降水量 32.6 毫米。
27	1964	5	12	昌吉州天池站日降水量 28.2 毫米。
28	1964	5	15	昌吉州天池站日降水量 37.4 毫米。
29	1964	5	30	乌鲁木齐市小渠子站日降水量 33.7 毫米。
30	1964	7	12	乌鲁木齐市小渠子站日降水量 41.7 毫米。
31	1964	7	13	伊犁州尼勒克站日降水量 29.6 毫米。
32	1964	7	15	伊犁州伊宁县站日降水量 30.0 毫米。
33	1964	7	21	巴州库尔勒站日降水量 27.2 毫米。

序号	年	月	日	暴雨站点及降水量
34	1964	8	27	巴州巴音布鲁克站日降水量 24.1 毫米。
35	1964	9	30	昌吉州吉木萨尔站日降水量 26.6 毫米。
36	1965	6	1	阿克苏地区柯坪站日降水量 27.0 毫米。
37	1965	6	9	喀什地区托云站日降水量 28.4 毫米。
38	1965	6	30	博州温泉站日降水量 26.4 毫米。
39	1965	7	2	喀什地区托云站和克州乌恰站日降水量分别为 38.6 毫米、27.1 毫米。
40	1965	7	16	昌吉州木垒站和哈密市巴里坤站日降水量分别为 25.9 毫米、30.7 毫米。
41	1965	7	19	巴州巴仑台站和乌鲁木齐市大西沟站日降水量分别为 24.4 毫米、29.3 毫米。
42	1965	7	27	昌吉州吉木萨尔站日降水量 26.3 毫米。
43	1965	8	7	乌鲁木齐市小渠子站日降水量 28.6 毫米。
44	1966	5	11	巴州和硕站日降水量 33.4 毫米。
45	1966	5	22	昌吉州阜康站和伊犁州特克斯站日降水量分别为 27.9 毫米、26.0 毫米。
46	1966	5	23	巴州和硕站日降水量 25.1 毫米。
47	1966	6	8	塔城地区塔城站日降水量 56.9 毫米。
48	1966	6	25	伊犁州巩留站日降水量 25.5 毫米。
49	1966	7	11	哈密市伊吾站日降水量 24.6 毫米。
50	1966	7	15	昌吉州天池站日降水量 47.4 毫米。
51	1966	7	25	塔城地区塔城站日降水量 28.0 毫米。
52	1966	7	26	乌鲁木齐市达坂城站日降水量 25.6 毫米。
53	1966	7	27	昌吉州天池站日降水量 36.7 毫米。
54	1966	7	28	伊犁州伊宁县站和昌吉州天池站日降水量分别为 29.0 毫米、38.1 毫米。
55	1966	8	11	昌吉州木垒站和喀什地区莎车站日降水量分别为 31.5 毫米、24.6 毫米。
56	1966	8	14	阿克苏地区库车站日降水量 29.0 毫米。
57	1966	8	19	喀什地区托云站日降水量 35.2 毫米。
58	1966	8	25	克州乌恰站日降水量 31.7 毫米。
59	1966	9	12	巴州巴仑台站日降水量 31.4 毫米。
60	1966	9	13	阿勒泰地区青河站日降水量 28.2 毫米。
61	1966	9	18	阿克苏地区拜城站日降水量 26.3 毫米。
62	1967	5	3	喀什地区喀什站日降水量 24.9 毫米。
63	1967	5	4	克州乌恰站日降水量 24.3 毫米。
64	1967	6	3	塔城地区裕民站和博州博乐站日降水量分别为 25.0 毫米、25.4 毫米。
65	1967	6	5	克州阿合奇站日降水量 35.8 毫米。
66	1967	6	6	克州阿合奇站日降水量 29.9 毫米。
67	1967	7	1	伊犁州昭苏站日降水量 25.6 毫米。
68	1967	7	24	巴州巴仑台站和昌吉州天池站日降水量分别为 32.4 毫米、30.4 毫米。
69	1967	8	4	伊犁州尼勒克站和昌吉州天池站日降水量分别为 24.9 毫米、26.5 毫米。
70	1967	8	5	哈密市巴里坤站日降水量 28.9 毫米。
71	1967	8	17	巴州巴音布鲁克站日降水量 25.1 毫米。
72	1967	9	11	昌吉州木垒站日降水量 24.6 毫米。
73	1968	6	3	巴州巴仑台站和乌鲁木齐市大西沟站日降水量分别为 28.4 毫米、30.0 毫米。

序号	年	月	日	暴雨站点及降水量
74	1968	6	13	巴州巴音布鲁克站日降水量 25.6 毫米。
75	1968	6	16	阿勒泰地区阿克达拉站日降水量 24.4 毫米。
76	1968	6	19	巴州巴音布鲁克站日降水量 24.7 毫米。
77	1968	6	20	乌鲁木齐市大西沟站日降水量 27.1 毫米。
78	1968	7	4	塔城地区和布克赛尔站日降水量 31.9 毫米。
79	1968	7	10	昌吉州天池站日降水量 32.1 毫米。
80	1968	7	22	巴州且末站日降水量 42.9 毫米。
81	1968	8	18	乌鲁木齐市小渠子站日降水量 27.1 毫米。
82	1968	8	27	乌鲁木齐市大西沟站日降水量 24.4 毫米。
83	1968	8	29	克州阿合奇站日降水量 48.2 毫米。
84	1968	9	1	昌吉州木垒站日降水量 27.1 毫米。
85	1969	5	6	塔城地区塔城站日降水量 34.5 毫米。
86	1969	5	18	伊犁州昭苏站日降水量 26.1 毫米。
87	1969	5	22	伊犁州伊宁县站日降水量 25.2 毫米。
88	1969	5	23	乌鲁木齐市小渠子站日降水量 29.0 毫米。
89	1969	6	3	喀什地区托云站日降水量 43.3 毫米。
90	1969	6	4	伊犁州昭苏站日降水量 27.7 毫米。
91	1969	6	12	乌鲁木齐市小渠子站和昌吉州天池站日降水量分别为 32.7 毫米、47.8 毫米。
92	1969	6	20	伊犁州昭苏站日降水量 24.7 毫米。
93	1969	6	25	巴州巴仑台站日降水量 27.6 毫米。
94	1969	7	2	塔城地区和布克赛尔站日降水量 37.4 毫米。
95	1969	7	6	乌鲁木齐市大西沟站日降水量 24.5 毫米。
96	1969	7	11	巴州巴仑台站日降水量 37.2 毫米。
97	1969	7	14	喀什地区托云站日降水量 28.7 毫米。
98	1969	7	18	昌吉州天池站日降水量 24.4 毫米。
99	1969	7	26	阿勒泰地区吉木乃站日降水量 27.8 毫米。
100	1969	7	29	伊犁州霍尔果斯站日降水量 26.3 毫米。
101	1969	9	1	阿勒泰地区吉木乃站日降水量 35.0 毫米。
102	1970	5	1	塔城地区裕民站日降水量 24.3 毫米。
103	1970	5	28	巴州巴仑台站日降水量 25.2 毫米。
104	1970	6	4	博州博乐站日降水量 33.0 毫米。
105	1970	6	27	昌吉州天池站日降水量 24.3 毫米。
106	1970	6	30	哈密市巴里坤站日降水量 25.5 毫米。
107	1970	7	3	伊犁州特克斯站日降水量 24.4 毫米。
108	1970	7	4	乌鲁木齐市小渠子站日降水量 25.3 毫米。
109	1970	7	9	喀什地区托云站日降水量 35.9 毫米。
110	1970	7	19	伊犁州昭苏站日降水量 24.2 毫米。
111	1970	7	20	伊犁州昭苏站日降水量 32.3 毫米。
112	1970	7	22	乌鲁木齐市大西沟站日降水量 24.6 毫米。
113	1970	7	23	阿勒泰地区青河站和博州博乐站日降水量分别为 26.1 毫米、25.1 毫米。

序号	年	月	日	暴雨站点及降水量
114	1970	7	24	巴州巴音布鲁克站日降水量46.3毫米。
115	1970	8	3	喀什地区托云站日降水量29.2毫米。
116	1970	8	8	塔城地区塔城站和昌吉州天池站日降水量分别为44.6毫米、35.5毫米。
117	1970	9	5	乌鲁木齐市小渠子站日降水量28.6毫米。
118	1971	5	19	伊犁州昭苏站日降水量25.5毫米。
119	1971	7	11	伊犁州尼勒克站日降水量30.3毫米。
120	1971	7	15	巴州巴仑台站日降水量43.1毫米。
121	1971	7	23	阿勒泰地区阿克达拉站日降水量29.5毫米。
122	1971	9	13	克州阿合奇站日降水量34.1毫米。
123	1971	9	20	阿克苏地区阿拉尔站日降水量24.5毫米。
124	1972	5	21	塔城地区裕民站日降水量33.2毫米。
125	1972	5	23	伊犁州新源站日降水量24.4毫米。
126	1972	5	27	和田地区策勒站日降水量37.9毫米。
127	1972	5	28	和田地区民丰站日降水量26.0毫米。
128	1972	6	5	昌吉州天池站日降水量27.9毫米。
129	1972	6	6	喀什地区东部巴楚站、克州山区阿合奇站日降水量分别为27.1毫米、37.9毫米。
130	1972	6	11	塔城地区托里站日降水量29.7毫米。
131	1972	7	11	昌吉州天池站、和田地区策勒站、乌鲁木齐市小渠子站日降水量分别为54.6毫米、29.7毫米、26.0毫米。
132	1972	7	16	塔城地区塔城站日降水量24.6毫米。
133	1972	7	19	克州阿合奇站日降水量26.4毫米。
134	1972	7	23	塔城地区和布克赛尔站日降水量31.2毫米。
135	1972	7	28	喀什地区岳普湖站日降水量41.0毫米。
136	1972	7	31	乌鲁木齐市大西沟站日降水量25.1毫米。
137	1972	8	9	昌吉州天池站日降水量32.8毫米。
138	1972	8	18	巴州巴音布鲁克站日降水量26.0毫米。
139	1972	9	1	克州阿合奇站日降水量41.9毫米。
140	1972	9	17	乌鲁木齐市小渠子站日降水量26.5毫米。
141	1972	9	19	克州乌恰站日降水量24.1毫米。
142	1973	5	12	伊犁州新源站日降水量25.4毫米。
143	1973	6	4	昌吉州天池站日降水量26.8毫米。
144	1973	6	5	哈密市巴里坤站日降水量37.2毫米。
145	1973	6	16	乌鲁木齐市米东站日降水量29.6毫米。
146	1973	6	22	哈密市红柳河站日降水量29.8毫米。
147	1973	7	8	喀什地区麦盖提站日降水量24.7毫米。
148	1973	7	10	克州阿合奇站日降水量26.5毫米。
149	1973	8	12	乌鲁木齐市大西沟站日降水量24.1毫米。
150	1973	9	8	伊犁州特克斯站日降水量37.3毫米。
151	1973	9	14	哈密市十三间房站日降水量28.2毫米。
152	1974	5	4	博州温泉站和伊犁州霍尔果斯站日降水量分别为28.0毫米、24.2毫米。

序号	年	月	日	暴雨站点及降水量
153	1974	5	19	克州乌恰站日降水量 36.2 毫米。
154	1974	6	2	乌鲁木齐市小渠子站日降水量 35.3 毫米。
155	1974	7	4	喀什地区托云站日降水量 28.1 毫米。
156	1974	7	13	伊犁州特克斯站和霍尔果斯站日降水量 30.2 毫米、27.1 毫米。
157	1974	8	2	博州温泉站日降水量 28.0 毫米。
158	1974	8	5	克州乌恰站日降水量 30.3 毫米。
159	1974	8	6	喀什地区岳普湖站日降水量 24.3 毫米。
160	1974	8	15	阿克苏地区新和站日降水量 32.2 毫米。
161	1974	8	16	巴州尉犁站日降水量 38.2 毫米。
162	1974	9	23	伊犁州特克斯站日降水量 26.8 毫米。
163	1975	6	7	昌吉州天池站日降水量 26.8 毫米。
164	1975	6	27	昌吉州天池站和乌鲁木齐市小渠子站日降水量分别为 34.7 毫米、26.7 毫米。
165	1975	7	3	乌鲁木齐市小渠子站日降水量 29.7 毫米。
166	1975	7	8	和田地区于田站日降水量 30.8 毫米。
167	1975	7	27	塔城地区和布克赛尔站日降水量 37.9 毫米。
168	1976	5	16	乌鲁木齐市小渠子站和昌吉州天池站日降水量分别为 31.9 毫米、29.4 毫米。
169	1976	5	18	昌吉州天池站日降水量 37.0 毫米。
170	1976	5	25	阿勒泰地区吉木乃站日降水量 26.5 毫米。
171	1976	6	16	阿克苏地区乌什站日降水量 65.6 毫米。
172	1976	6	17	阿克苏地区乌什站日降水量 25.1 毫米。
173	1976	6	18	阿克苏地区沙雅站和伊犁州昭苏站日降水量分别为 45.1 毫米、36.6 毫米。
174	1976	6	28	阿勒泰地区哈巴河站日降水量 54.0 毫米。
175	1976	7	8	昌吉州天池站日降水量 34.5 毫米。
176	1976	8	6	伊犁州新源站和阿克苏地区沙雅站日降水量分别为 27.0 毫米、24.2 毫米。
177	1976	8	7	巴州铁干里克站日降水量 34.7 毫米。
178	1976	8	26	昌吉州奇台站和阿勒泰地区青河站日降水量分别为 31.9 毫米、24.3 毫米。
179	1976	9	30	昌吉州天池站日降水量 31.9 毫米。
180	1977	5	26	阿勒泰地区布尔津站日降水量 30.5 毫米。
181	1977	6	10	和田地区策勒站日降水量 37.4 毫米。
182	1977	6	13	喀什地区岳普湖站日降水量 25.0 毫米。
183	1977	6	15	喀什地区巴楚站日降水量 30.6 毫米。
184	1977	6	29	乌鲁木齐市小渠子站日降水量 27.5 毫米。
185	1977	7	7	乌鲁木齐市达坂城站日降水量 24.4 毫米。
186	1977	7	14	巴州巴仑台站日降水量 42.5 毫米。
187	1977	7	17	博州温泉站日降水量 26.9 毫米。
188	1977	7	19	博州温泉站日降水量 30.6 毫米。
189	1977	7	26	塔城地区塔城站日降水量 32.8 毫米。
190	1978	6	5	伊犁州昭苏站 29.3 毫米。
191	1978	6	17	博州温泉站日降水量 25.5 毫米。
192	1978	7	27	巴州巴仑台站日降水量 25.1 毫米。

序号	年	月	日	暴雨站点及降水量
193	1978	7	28	巴州焉耆站日降水量 34.6 毫米。
194	1978	8	3	乌鲁木齐市小渠子站日降水量 24.9 毫米。
195	1979	5	20	昌吉州木垒站日降水量 31.1 毫米。
196	1979	6	9	伊犁州特克斯站日降水量 35.3 毫米。
197	1979	6	11	塔城地区裕民站日降水量 35.5 毫米。
198	1979	6	19	昌吉州天池站日降水量 27.5 毫米。
199	1979	6	21	昌吉州天池站日降水量 42.9 毫米。
200	1979	7	10	阿勒泰地区阿勒泰站日降水量 24.6 毫米。
201	1979	7	12	阿勒泰地区富蕴站日降水量 25.1 毫米。
202	1979	7	15	伊犁州巩留站和昌吉州天池站日降水量分别为 48.8 毫米、32.5 毫米。
203	1979	7	16	哈密市红柳河站日降水量 44.2 毫米。
204	1979	7	25	阿克苏地区库车站日降水量 38.0 毫米。
205	1979	7	26	昌吉州天池站日降水量 24.6 毫米。
206	1979	8	24	克州阿图什站日降水量 24.6 毫米。
207	1979	8	27	阿克苏地区温宿站日降水量 38.4 毫米。
208	1979	9	17	巴州巴仑台站日降水量 27.2 毫米。
209	1980	5	4	伊犁州昭苏站 26.2 毫米。
210	1980	5	17	克州阿合奇站日降水量 28.3 毫米。
211	1980	5	19	伊犁州霍城站日降水量 26.4 毫米。
212	1980	5	23	喀什地区英吉沙站日降水量 25.5 毫米。
213	1980	6	12	昌吉州天池站日降水量 27.6 毫米。
214	1980	6	27	昌吉州天池站日降水量 36.2 毫米。
215	1980	6	28	昌吉州木垒站和伊犁州昭苏站日降水量分别为 26.5 毫米、24.7 毫米。
216	1980	7	9	哈密市伊吾站日降水量 24.4 毫米。
217	1980	8	8	哈密市巴里坤站日降水量 28.1 毫米。
218	1980	8	9	喀什地区托云站日降水量 30.7 毫米。
219	1980	8	24	巴州巴仑台站日降水量 26.9 毫米。
220	1980	9	1	昌吉州木垒站日降水量 32.6 毫米。
221	1980	9	3	阿克苏地区乌什站日降水量 26.1 毫米。
222	1981	6	2	克州阿合奇站和喀什地区巴楚站日降水量分别为 30.0 毫米、24.1 毫米。
223	1981	6	8	伊犁州特克斯站日降水量 25.2 毫米。
224	1981	6	11	克州阿合奇站日降水量 33.9 毫米。
225	1981	6	17	伊犁州昭苏站日降水量 50.0 毫米。
226	1981	6	18	伊犁州特克斯站日降水量 25.6 毫米。
227	1981	7	1	阿克苏地区新和站日降水量 29.3 毫米。
228	1981	7	2	乌鲁木齐市小渠子站日降水量 50.3 毫米。
229	1981	7	4	巴州和静站日降水量 28.5 毫米。
230	1981	7	5	巴州若羌站日降水量 73.5 毫米。
231	1981	8	5	阿勒泰地区阿克达拉站日降水量 25.1 毫米。
232	1981	8	19	阿克苏地区柯坪站日降水量 25.4 毫米。

续表

序号	年	月	日	暴雨站点及降水量
233	1981	8	20	伊犁州昭苏站日降水量26.8毫米。
234	1981	8	23	阿克苏地区沙雅站日降水量42.8毫米。
235	1981	8	24	喀什地区伽师站日降水量27.4毫米。
236	1981	9	24	博州博乐站和伊犁州伊宁县站日降水量分别为41.7毫米、34.7毫米。
237	1982	7	3	克州阿合奇站日降水量35.0毫米。
238	1982	7	7	巴州巴仑台站日降水量37.0毫米。
239	1982	7	31	乌鲁木齐市小渠子站日降水量31.6毫米。
240	1982	8	14	哈密市巴里坤站日降水量25.7毫米。
241	1982	8	29	巴州尉犁站日降水量39.1毫米。
242	1983	5	9	阿勒泰地区阿克达拉站和昌吉州天池站日降水量分别为28.2毫米、26.1毫米。
243	1983	5	16	伊犁州新源站日降水量25.6毫米。
244	1983	6	9	塔城地区和布克赛尔站日降水量36.3毫米。
245	1983	6	14	昌吉州天池站日降水量25.4毫米。
246	1983	6	20	伊犁州新源站、巴州焉耆站、昌吉州天池站日降水量分别为36.3毫米、28.1毫米、27.3毫米。
247	1983	6	30	昌吉州天池站日降水量31.1毫米。
248	1983	7	6	和田地区洛浦站日降水量31.5毫米。
249	1983	7	22	阿勒泰地区哈巴河站日降水量28.7毫米。
250	1983	8	8	博州精河站日降水量40.1毫米。
251	1983	8	9	昌吉州木垒站和阿勒泰地区哈巴河站日降水量分别为47.0毫米、32.2毫米。
252	1983	8	16	哈密市十三间房站日降水量24.6毫米。
253	1983	9	15	塔城地区乌苏站日降水量27.2毫米。
254	1983	9	16	乌鲁木齐市小渠子站日降水量26.4毫米。
255	1984	5	9	伊犁州新源站日降水量31.2毫米。
256	1984	5	11	喀什地区托云站日降水量24.6毫米。
257	1984	5	14	喀什地区伽师站日降水量27.3毫米。
258	1984	5	18	乌鲁木齐市小渠子站日降水量24.1毫米。
259	1984	6	3	阿勒泰地区阿勒泰站日降水量30.9毫米。
260	1984	6	6	乌鲁木齐市小渠子站和昌吉州天池站日降水量分别为34.5毫米、27.5毫米。
261	1984	6	13	哈密市巴里坤站日降水量33.5毫米。
262	1984	6	15	巴州巴仑台站日降水量30.6毫米。
263	1984	6	18	伊犁州霍城站日降水量26.0毫米。
264	1984	7	2	阿勒泰地区阿克达拉站日降水量24.4毫米。
265	1984	7	3	昌吉州天池站日降水量45.6毫米。
266	1984	7	22	阿勒泰地区福海站日降水量25.6毫米。
267	1984	7	23	阿勒泰地区阿勒泰站日降水量24.5毫米。
268	1984	7	27	昌吉州天池站日降水量40.3毫米。
269	1984	7	31	阿勒泰地区阿克达拉站日降水量25.2毫米。
270	1984	9	3	乌鲁木齐市小渠子站日降水量28.1毫米。
271	1984	9	20	巴州巴仑台站和乌鲁木齐市小渠子站日降水量分别为28.3毫米、24.3毫米。
272	1984	9	25	昌吉州天池站日降水量24.2毫米。

序号	年	月	日	暴雨站点及降水量
273	1984	9	26	昌吉州木垒站日降水量 24.5 毫米。
274	1985	5	25	伊犁州伊宁县站和博州博乐站日降水量分别为 26.4 毫米、24.8 毫米。
275	1985	5	27	阿克苏地区沙雅站日降水量 33.7 毫米。
276	1985	6	7	阿勒泰地区哈巴河站日降水量 24.8 毫米。
277	1985	6	18	喀什地区塔什库尔干站日降水量 38.2 毫米。
278	1985	7	3	伊犁州昭苏站日降水量 46.9 毫米。
279	1985	7	13	阿勒泰地区布尔津站日降水量 27.1 毫米。
280	1985	7	18	伊犁州霍尔果斯站日降水量 35.6 毫米。
281	1985	7	19	阿勒泰地区阿克达拉站日降水量 25.4 毫米。
282	1985	8	4	昌吉州天池站日降水量 24.2 毫米。
283	1985	8	13	阿勒泰地区阿克达拉站日降水量 27.4 毫米。
284	1986	5	18	博州温泉站和伊犁州霍尔果斯站日降水量分别为 39.1 毫米、30.0 毫米。
285	1986	5	20	阿克苏地区阿拉尔站日降水量 25.6 毫米。
286	1986	6	3	伊犁州新源站日降水量 29.5 毫米。
287	1986	6	6	巴州巴仑台站日降水量 33.8 毫米。
288	1986	6	16	昌吉州天池站和乌鲁木齐市小渠子站日降水量分别为 51.8 毫米、28.6 毫米。
289	1986	6	22	昌吉州天池站和乌鲁木齐市小渠子站日降水量分别为 38.5 毫米、26.2 毫米。
290	1986	6	25	昌吉州北塔山站日降水量 33.1 毫米。
291	1986	6	26	哈密市巴里坤站和昌吉州北塔山站日降水量分别为 28.8 毫米、26.8 毫米。
292	1986	7	2	乌鲁木齐市牧试站站日降水量 32.5 毫米。
293	1986	7	10	阿克苏地区新和站和伊犁州昭苏站日降水量分别为 34.5 毫米、32.7 毫米。
294	1986	7	11	昌吉州天池站日降水量 58.9 毫米。
295	1986	7	12	阿勒泰地区富蕴站日降水量 28.2 毫米。
296	1986	8	23	喀什地区托云站日降水量 24.4 毫米。
297	1987	5	1	喀什地区莎车站日降水量 24.3 毫米。
298	1987	5	19	伊犁州新源站日降水量 31.7 毫米。
299	1987	5	26	昌吉州天池站日降水量 24.9 毫米。
300	1987	6	4	阿克苏地区新和站日降水量 27.6 毫米。
301	1987	6	25	哈密市巴里坤站日降水量 26.1 毫米。
302	1987	7	6	伊犁州昭苏站日降水量 28.8 毫米。
303	1987	7	12	喀什地区托云站日降水量 26.5 毫米。
304	1987	7	13	克州乌恰站日降水量 25.8 毫米。
305	1987	7	14	伊犁州霍尔果斯站日降水量 24.7 毫米。
306	1987	7	18	乌鲁木齐市大西沟站和巴州巴仑台站日降水量分别为 30.5 毫米、33.7 毫米。
307	1987	7	19	克州阿图什站日降水量 27.4 毫米。
308	1987	7	28	阿克苏地区阿拉尔站日降水量 31.8 毫米。
309	1987	7	29	喀什地区喀什站日降水量 31.4 毫米。
310	1987	8	2	阿克苏地区新和站日降水量 61.7 毫米。
311	1988	5	3	伊犁州新源站日降水量 39.7 毫米。
312	1988	5	5	巴州巴仑台站日降水量 30.1 毫米。

序号	年	月	日	暴雨站点及降水量
313	1988	5	10	巴州铁干里克站日降水量24.5毫米。
314	1988	5	11	巴州尉犁站日降水量30.8毫米。
315	1988	5	16	伊犁州新源站日降水量25.5毫米。
316	1988	5	18	喀什地区泽普站日降水量27.1毫米。
317	1988	5	26	伊犁州新源站日降水量25.5毫米。
318	1988	7	7	塔城地区额敏站日降水量34.6毫米。
319	1988	7	9	石河子市石河子站日降水量24.5毫米。
320	1988	7	12	昌吉州天池站日降水量49.6毫米。
321	1988	7	13	塔城地区塔城站日降水量28.1毫米。
322	1988	7	22	塔城地区裕民站日降水量31.8毫米。
323	1988	8	7	伊犁州特克斯站日降水量24.8毫米。
324	1988	8	11	巴州轮台站日降水量27.8毫米。
325	1988	8	16	乌鲁木齐市大西沟站日降水量25.2毫米。
326	1988	8	26	昌吉州天池站日降水量37.4毫米。
327	1988	8	28	伊犁州昭苏站和克州阿合奇站日降水量分别为27.1毫米、25.1毫米。
328	1989	5	19	巴州巴仑台站日降水量24.8毫米。
329	1989	6	10	阿克苏地区柯坪站日降水量39.8毫米。
330	1989	6	17	塔城地区和布克赛尔站日降水量25.1毫米。
331	1989	7	21	和田地区安德河站日降水量34.2毫米。
332	1989	7	29	塔城地区和布克赛尔站日降水量36.8毫米。
333	1989	8	1	昌吉州天池站日降水量26.7毫米。
334	1989	8	13	昌吉州天池站日降水量32.8毫米。
335	1989	9	1	巴州巴仑台站和乌鲁木齐市大西沟站日降水量分别为25.3毫米、25.0毫米。
336	1989	9	21	昌吉州木垒站和伊犁州新源站日降水量分别为35.7毫米、24.5毫米。
337	1990	5	8	克拉玛依市克拉玛依站日降水量40.1毫米。
338	1990	5	18	克州阿合奇站日降水量33.5毫米。
339	1990	5	26	巴州焉耆站日降水量24.3毫米。
340	1990	6	29	乌鲁木齐市小渠子站日降水量32.3毫米。
341	1990	7	2	塔城地区塔城站日降水量25.0毫米。
342	1990	7	5	哈密市伊吾站日降水量26.1毫米。
343	1990	7	11	吐鲁番市库米什站和昌吉州天池站日降水量分别为39.7毫米、28.2毫米。
344	1990	7	12	阿克苏地区新和站和巴州轮台站日降水量分别为52.3毫米、25.0毫米。
345	1990	7	19	哈密市十三间房站日降水量42.2毫米。
346	1990	7	27	昌吉州天池站日降水24.3毫米。
347	1990	7	28	阿勒泰地区阿克达拉站日降水量31.2毫米。
348	1990	8	24	哈密市巴里坤站日降水量35.6毫米。
349	1990	9	5	昌吉州天池站日降水量29.4毫米。
350	1991	6	18	喀什地区岳普湖站日降水量33.4毫米。
351	1991	6	21	昌吉州奇台站日降水量35.8毫米。
352	1991	6	23	伊犁州新源站日降水量29.8毫米。

序号	年	月	日	暴雨站点及降水量
353	1991	6	29	喀什地区岳普湖站日降水量26.4毫米。
354	1991	7	3	克拉玛依市克拉玛依站日降水量40.5毫米。
355	1991	7	11	塔城地区托里站日降水量24.6毫米。
356	1991	7	18	克州阿合奇站日降水量26.1毫米。
357	1991	7	23	阿克苏地区柯坪站日降水量28.6毫米。
358	1991	8	9	巴州巴仑台站日降水量51.3毫米。
359	1991	8	10	昌吉州北塔山站日降水量28.5毫米。
360	1991	8	24	巴州和静站、塔城地区塔城站日降水量分别为36.8毫米、25.0毫米。
361	1991	9	13	哈密市巴里坤站和昌吉州木垒站日降水量分别为30.4毫米、25.4毫米。
362	1992	5	3	阿克苏地区拜城站和昌吉州阜康站日降水量分别为28.9毫米、24.9毫米。
363	1992	5	4	昌吉州天池站日降水量32.4毫米。
364	1992	5	24	克拉玛依市克拉玛依站日降水量25.4毫米。
365	1992	5	27	博州温泉站和伊犁州特克斯站日降水量分别为32.8毫米、32.6毫米。
366	1992	6	4	阿勒泰地区阿克达拉站日降水量41.9毫米。
367	1992	6	12	巴州巴仑台站日降水量25.4毫米。
368	1992	6	19	乌鲁木齐市达坂城站和吐鲁番市库米什站日降水量分别为34.4毫米、24.9毫米。
369	1992	6	26	喀什地区莎车站日降水量32.4毫米。
370	1992	7	12	昌吉州北塔山站日降水量65.6毫米。
371	1992	7	31	昌吉州木垒站日降水量28.0毫米。
372	1992	8	9	和田地区皮山站日降水量25.0毫米。
373	1992	8	19	哈密市巴里坤站日降水量33.2毫米。
374	1992	8	31	伊犁州伊宁县站日降水量24.6毫米。
375	1992	9	3	塔城地区额敏站日降水量26.3毫米。
376	1993	6	1	伊犁州新源站日降水量26.3毫米。
377	1993	6	2	塔城地区托里站日降水量32.0毫米。
378	1993	6	7	伊犁州特克斯站日降水量34.1毫米。
379	1993	6	13	伊犁州霍尔果斯站日降水量26.0毫米。
380	1993	6	24	昌吉州天池站日降水量50.7毫米。
381	1993	7	1	伊犁州昭苏站日降水量38.5毫米。
382	1993	7	11	塔城地区和布克赛尔站日降水量27.2毫米。
383	1993	7	12	阿勒泰地区阿克达拉站和乌鲁木齐市达坂城站日降水量分别为39.9毫米、28.6毫米。
384	1993	7	18	昌吉州天池站日降水量38.1毫米。
385	1993	7	19	昌吉州天池站和哈密市巴里坤站日降水量分别为39.6毫米、27.2毫米。
386	1993	7	25	克州阿合奇站日降水量36.8毫米。
387	1993	7	26	伊犁州巩留站日降水量25.1毫米。
388	1993	8	10	喀什地区麦盖提站日降水量24.4毫米。
389	1993	8	11	喀什地区伽师站日降水量26.2毫米。
390	1993	8	26	阿勒泰地区阿克达拉站和博州温泉站日降水量分别为29.6毫米、29.0毫米。
391	1993	8	27	昌吉州天池站日降水量42.3毫米。
392	1994	5	1	克州阿合奇站日降水量31.3毫米。

序号	年	月	日	暴雨站点及降水量
393	1994	5	27	伊犁州昭苏站日降水量27.3毫米。
394	1994	6	11	乌鲁木齐市小渠子站日降水量28.9毫米。
395	1994	6	13	乌鲁木齐市大西沟站日降水量24.5毫米。
396	1994	6	14	巴州巴音布鲁克站日降水量25.4毫米。
397	1994	6	15	巴州巴音布鲁克站日降水量24.9毫米。
398	1994	6	16	巴州巴仑台站日降水量28.0毫米。
399	1994	6	25	昌吉州天池站日降水量50.8毫米。
400	1994	6	30	阿勒泰地区阿克达拉站日降水量27.7毫米。
401	1994	7	7	阿勒泰地区布尔津站日降水量34.0毫米。
402	1994	7	8	昌吉州天池站日降水量32.7毫米。
403	1994	7	11	喀什地区托云站日降水量50.3毫米。
404	1994	8	10	乌鲁木齐市小渠子站日降水量26.1毫米。
405	1994	8	11	巴州尉犁站日降水量24.1毫米。
406	1994	8	14	吐鲁番市库米什站日降水量25.2毫米。
407	1994	9	7	乌鲁木齐市小渠子站和昌吉州木垒站日降水量分别为30.7毫米、26.7毫米。
408	1995	5	11	乌鲁木齐市小渠子站和昌吉州天池站日降水量分别为32.5毫米、29.2毫米。
409	1995	5	15	昌吉州天池站日降水量35.1毫米。
410	1995	7	1	喀什地区巴楚站日降水量35.1毫米。
411	1995	7	12	乌鲁木齐市牧试站站日降水量34.7毫米。
412	1995	7	19	石河子市炮台站日降水量24.2毫米。
413	1995	7	27	石河子市石河子站日降水量25.1毫米。
414	1995	7	28	昌吉州天池站日降水量39.5毫米。
415	1995	8	8	昌吉州吉木萨尔站日降水量27.6毫米。
416	1995	8	15	哈密市伊吾站日降水量37.3毫米。
417	1995	8	22	克州阿合奇站日降水量31.7毫米。
418	1996	5	6	克州阿图什站日降水量27.1毫米。
419	1996	5	11	喀什地区叶城站、和田地区和田站日降水量分别为29.4毫米、26.1毫米。
420	1996	6	18	克州乌恰站日降水量35.4毫米。
421	1996	6	19	克州乌恰站日降水量31.0毫米。
422	1996	6	21	伊犁州巩留站日降水量28.0毫米。
423	1996	6	30	乌鲁木齐市大西沟站日降水量24.3毫米。
424	1996	7	1	和田地区于田站日降水量37.4毫米。
425	1996	7	2	阿克苏地区阿克苏站日降水量27.9毫米。
426	1996	7	14	伊犁州新源站日降水量28.0毫米。
427	1996	7	16	喀什地区莎车站日降水量29.1毫米。
428	1996	8	7	阿勒泰地区阿克达拉站日降水量28.7毫米。
429	1996	8	19	喀什地区英吉沙站日降水量29.5毫米。
430	1997	5	9	克州阿合奇站日降水量35.3毫米。
431	1997	5	18	克州阿合奇站日降水量34.9毫米。
432	1997	6	1	伊犁州尼勒克站日降水量34.8毫米。

序号	年	月	日	暴雨站点及降水量
433	1997	6	25	巴州巴仑台站日降水量 37.4 毫米。
434	1997	6	26	哈密市伊吾站日降水量 39.3 毫米。
435	1997	6	27	昌吉州天池站日降水量 28.0 毫米。
436	1997	7	10	乌鲁木齐市小渠子站日降水量 26.2 毫米。
437	1997	7	11	巴州巴音布鲁克站日降水量 33.6 毫米。
438	1997	8	25	伊犁州新源站日降水量 30.5 毫米。
439	1997	8	29	伊犁州特克斯站日降水量 25.3 毫米。
440	1998	5	4	阿克苏地区拜城站日降水量 24.6 毫米。
441	1998	5	29	克州阿克陶站日降水量 27.4 毫米。
442	1998	6	1	喀什地区托云站日降水量 25.1 毫米。
443	1998	6	6	伊犁州尼勒克站日降水量 28.4 毫米。
444	1998	6	8	阿克苏地区新和站日降水量 27.0 毫米。
445	1998	6	9	巴州巴仑台站日降水量 32.0 毫米。
446	1998	6	11	阿勒泰地区福海站日降水量 29.2 毫米。
447	1998	6	13	克州阿合奇站日降水量 26.4 毫米。
448	1998	7	8	哈密市伊吾站日降水量 29.6 毫米。
449	1998	7	11	伊犁州新源站日降水量 33.1 毫米。
450	1998	7	13	伊犁州尼勒克站、哈密市巴里坤站和塔城地区塔城站日降水量分别为 40.7 毫米、28.6 毫米、26.6 毫米。
451	1998	7	16	伊犁州昭苏站日降水量 25.0 毫米。
452	1998	7	23	克拉玛依市克拉玛依站日降水量 24.5 毫米。
453	1998	7	29	乌鲁木齐市小渠子站日降水量 37.5 毫米。
454	1998	8	4	阿克苏地区乌什站日降水量 24.6 毫米。
455	1998	8	7	伊犁州昭苏站日降水量 27.5 毫米。
456	1998	8	15	喀什地区托云站日降水量 25.0 毫米。
457	1999	5	10	巴州巴音布鲁克站日降水量 26.4 毫米。
458	1999	5	16	哈密地区伊吾站日降水量 31.2 毫米。
459	1999	5	25	喀什地区托云站日降水量 32.7 毫米。
460	1999	6	2	伊犁州特克斯站日降水量 24.8 毫米。
461	1999	6	11	乌鲁木齐市小渠子站日降水量 30.6 毫米。
462	1999	6	12	巴州巴仑台站和昌吉州天池站日降水量分别为 48.4 毫米、26.6 毫米。
463	1999	6	13	博州温泉站日降水量 28.5 毫米。
464	1999	6	29	巴州巴仑台站日降水量 25.2 毫米。
465	1999	6	30	哈密市巴里坤站日降水量 35.4 毫米。
466	1999	7	2	伊犁州特克斯站日降水量 27.0 毫米。
467	1999	7	8	伊犁州新源站日降水量 31.6 毫米。
468	1999	7	12	克州乌恰站日降水量 32.1 毫米。
469	1999	7	26	巴州巴音布鲁克站日降水量 25.6 毫米。
470	1999	7	28	喀什地区托云站日降水量 31.5 毫米。
471	1999	7	29	喀什地区托云站日降水量 26.7 毫米。

序号	年	月	日	暴雨站点及降水量
472	1999	8	2	巴州巴音布鲁克站日降水量30.6毫米。
473	2000	5	12	乌鲁木齐市小渠子站日降水量36.4毫米。
474	2000	5	22	昌吉州天池站日降水量24.1毫米。
475	2000	5	27	塔城地区托里站日降水量25.2毫米。
476	2000	6	23	昌吉州天池站日降水量28.5毫米。
477	2000	6	30	乌鲁木齐市小渠子站和伊犁州新源站日降水量分别为24.4毫米、24.3毫米。
478	2000	7	2	乌鲁木齐市小渠子站日降水量29.4毫米。
479	2000	7	28	克州乌恰站日降水量32.0毫米。
480	2000	8	3	伊犁州尼勒克站日降水量26.6毫米。
481	2000	8	4	乌鲁木齐市牧试站日降水量25.9毫米。
482	2000	8	19	乌鲁木齐市大西沟站和巴州巴仑台站日降水量分别为27.9毫米、32.0毫米。
483	2000	8	24	乌鲁木齐市小渠子站日降水量24.1毫米。
484	2000	9	1	哈密市巴里坤站日降水量24.4毫米。
485	2000	9	25	阿克苏地区温宿站日降水量26.0毫米。
486	2000	9	26	伊犁州新源站日降水量24.7毫米。
487	2000	9	27	昌吉州木垒站日降水量24.6毫米。
488	2001	6	3	伊犁州特克斯站日降水量26.4毫米。
489	2001	6	8	伊犁州特克斯站日降水量31.6毫米。
490	2001	6	16	克州乌恰站日降水量33.5毫米。
491	2001	6	25	阿克苏地区沙雅站日降水量30.2毫米。
492	2001	7	3	阿勒泰地区阿勒泰站日降水量35.8毫米。
493	2001	7	5	乌鲁木齐市小渠子站和伊犁州特克斯站日降水量分别为32.5毫米、31.1毫米。
494	2001	7	6	哈密市巴里坤站日降水量30.9毫米。
495	2001	7	25	克州阿克陶站日降水量24.3毫米。
496	2001	8	10	乌鲁木齐市大西沟站日降水量24.1毫米。
497	2001	8	15	喀什地区托云站日降水量29.8毫米。
498	2001	9	14	昌吉州木垒站日降水量30.4毫米。
499	2002	6	5	昌吉州天池站日降水量34.0毫米。
500	2002	6	6	伊犁州尼勒克站日降水量28.3毫米。
501	2002	6	15	博州温泉站日降水量27.0毫米。
502	2002	6	25	塔城地区托里站和昌吉州天池站日降水量分别为31.2毫米、24.6毫米。
503	2002	7	9	喀什地区麦盖提站日降水量43.4毫米。
504	2002	7	10	喀什地区莎车站日降水量49.8毫米。
505	2002	7	11	伊犁州新源站和巴州巴音布鲁克站日降水量分别为35.0毫米、30.2毫米。
506	2002	7	19	克州乌恰站日降水量26.9毫米。
507	2002	7	30	乌鲁木齐市大西沟站和巴州巴仑台站日降水量分别为33.3毫米、29.6毫米。
508	2002	8	5	巴州巴音布鲁克站和伊犁州尼勒克站日降水量分别为31.6毫米、24.9毫米。
509	2002	8	15	伊犁州昭苏站日降水量27.9毫米。
510	2002	8	16	博州温泉站日降水量26.0毫米。
511	2002	9	3	喀什地区莎车站日降水量33.1毫米。

序号	年	月	日	暴雨站点及降水量
512	2002	9	5	和田地区策勒站日降水量29.0毫米。
513	2002	9	7	昌吉州天池站日降水量25.7毫米。
514	2002	9	18	克州阿合奇站日降水量27.7毫米。
515	2003	5	3	昌吉州天池站和阿克苏地区温宿站日降水量分别为38.5毫米、24.1毫米。
516	2003	5	4	昌吉州天池站日降水量50.5毫米。
517	2003	5	20	塔城地区托里站日降水量25.9毫米。
518	2003	5	27	克州阿图什站日降水量41.1毫米。
519	2003	6	6	乌鲁木齐市牧试站站和昌吉州天池站日降水量分别为40.5毫米、32.3毫米。
520	2003	6	8	伊犁州昭苏站和博州博乐站日降水量分别为36.3毫米、29.0毫米。
521	2003	6	9	昌吉州天池站日降水量41.3毫米。
522	2003	6	13	伊犁州霍尔果斯站日降水量29.7毫米。
523	2003	6	16	昌吉州天池站日降水量51.5毫米。
524	2003	6	30	昌吉州天池站日降水量34.8毫米。
525	2003	7	10	乌鲁木齐市小渠子站日降水量32.1毫米。
526	2003	7	24	塔城地区额敏站和昌吉州天池站日降水量分别为33.3毫米、30.0毫米。
527	2003	8	8	昌吉州天池站日降水量26.2毫米。
528	2003	8	27	阿克苏地区柯坪站日降水量33.0毫米。
529	2003	8	28	乌鲁木齐市大西沟站日降水量24.4毫米。
530	2003	9	23	昌吉州玛纳斯站日降水量31.5毫米。
531	2004	5	21	伊犁州昭苏站日降水量28.5毫米。
532	2004	5	22	昌吉州天池站日降水量34.6毫米。
533	2004	6	7	伊犁州特克斯站日降水量24.4毫米。
534	2004	6	24	乌鲁木齐市大西沟站、巴州巴仑台站日降水量分别为25.1毫米、40.0毫米。
535	2004	7	5	博州博乐站日降水量24.4毫米。
536	2004	7	9	克拉玛依市克拉玛依站日降水量29.8毫米。
537	2004	7	17	昌吉州北塔山站日降水量25.6毫米。
538	2004	7	18	克州阿合奇站日降水量31.6毫米。
539	2004	7	31	乌鲁木齐市大西沟站日降水量28.1毫米。
540	2004	8	2	克州阿合奇站日降水量32.7毫米。
541	2004	8	10	阿克苏地区柯坪站日降水量24.8毫米。
542	2004	8	21	昌吉州天池站和乌鲁木齐市大西沟站日降水量分别为34.9毫米、29.8毫米。
543	2004	9	11	昌吉州木垒站日降水量37.0毫米。
544	2005	5	3	昌吉州天池站日降水量27.0毫米。
545	2005	5	11	昌吉州天池站日降水量37.9毫米。
546	2005	5	13	乌鲁木齐市小渠子站和昌吉州天池站日降水量分别为27.5毫米、27.0毫米。
547	2005	5	14	巴州和硕站和昌吉州天池站日降水量分别为33.0毫米、30.5毫米。
548	2005	5	20	喀什地区伽师站日降水量56.9毫米。
549	2005	5	22	克州阿合奇站日降水量28.7毫米。
550	2005	5	28	阿克苏地区库车站日降水量31.0毫米。
551	2005	6	1	阿勒泰地区哈巴河站日降水量29.0毫米。

续表

序号	年	月	日	暴雨站点及降水量
552	2005	6	3	哈密市巴里坤站日降水量 29.5 毫米。
553	2005	6	25	昌吉州天池站日降水量 34.1 毫米。
554	2005	6	26	阿勒泰地区布尔津站和塔城地区塔城站日降水量分别为 29.6 毫米、29.2 毫米。
555	2005	6	30	哈密市巴里坤站日降水量 31.7 毫米。
556	2005	8	8	阿勒泰地区青河站日降水量 27.4 毫米。
557	2005	8	9	伊犁州霍尔果斯站和塔城地区额敏站日降水量分别为 26.4 毫米、25.3 毫米。
558	2005	8	12	伊犁州昭苏站日降水量 24.3 毫米。
559	2005	8	14	克州乌恰站日降水量 35.8 毫米。
560	2005	9	12	克州乌恰站日降水量 24.1 毫米。
561	2006	5	7	昌吉州玛纳斯站日降水量 27.8 毫米。
562	2006	5	22	乌鲁木齐市小渠子站日降水量 24.6 毫米。
563	2006	6	11	伊犁州新源站日降水量 25.4 毫米。
564	2006	6	20	昌吉州北塔山站日降水量 26.0 毫米。
565	2006	7	2	伊犁州尼勒克站日降水量 35.3 毫米。
566	2006	7	6	阿克苏地区拜城站日降水量 42.5 毫米。
567	2006	7	14	伊犁州昭苏站日降水量 24.2 毫米。
568	2006	7	19	克州阿合奇站日降水量 34.7 毫米。
569	2006	7	20	巴州巴音布鲁克站日降水量 26.9 毫米。
570	2006	7	21	哈密市巴里坤站日降水量 38.1 毫米。
571	2006	9	3	克州阿合奇站日降水量 34.9 毫米。
572	2006	9	19	博州温泉站和伊犁州霍尔果斯站日降水量分别为 57.0 毫米、27.7 毫米。
573	2007	5	7	伊犁州昭苏站日降水量 30.8 毫米。
574	2007	5	28	昌吉州天池站日降水量 41.2 毫米。
575	2007	6	6	伊犁州新源站日降水量 31.9 毫米。
576	2007	6	14	伊犁州霍城站日降水量 27.5 毫米。
577	2007	6	15	昌吉州天池站日降水量 28.1 毫米。
578	2007	6	29	伊犁州特克斯站日降水量 27.2 毫米。
579	2007	6	30	伊犁州察布查尔站日降水量 26.5 毫米。
580	2007	7	1	阿勒泰地区吉木乃站日降水量 32.6 毫米。
581	2007	7	2	昌吉州天池站日降水量 28.2 毫米。
582	2007	7	8	克州阿合奇站日降水量 41.6 毫米。
583	2007	7	23	喀什地区托云站日降水量 29.4 毫米。
584	2007	7	25	乌鲁木齐市小渠子站日降水量 45.6 毫米。
585	2007	8	1	博州温泉站日降水量 26.3 毫米。
586	2007	8	15	阿克苏地区温宿站日降水量 37.5 毫米。
587	2007	8	22	昌吉州木垒站日降水量 25.0 毫米。
588	2007	9	5	乌鲁木齐市小渠子站日降水量 25.5 毫米。
589	2007	9	6	昌吉州天池站日降水量 30.5 毫米。
590	2007	9	8	阿克苏地区乌什站日降水量 27.3 毫米。
591	2008	5	25	昌吉州天池站日降水量 59.7 毫米。

续表

序号	年	月	日	暴雨站点及降水量
592	2008	6	7	伊犁州昭苏站日降水量31.5毫米。
593	2008	6	8	塔城地区托里站日降水量32.1毫米。
594	2008	7	10	阿克苏地区柯坪站日降水量29.6毫米。
595	2008	7	24	巴州和硕站日降水量26.8毫米。
596	2008	8	5	昌吉州天池站和巴州巴仑台站日降水量分别为31.4毫米、24.4毫米。
597	2009	5	5	博州温泉站日降水量24.6毫米。
598	2009	5	19	伊犁州尼勒克站日降水量28.6毫米。
599	2009	6	14	昌吉州木垒站日降水量30.3毫米。
600	2009	6	25	伊犁州尼勒克站日降水量31.4毫米。
601	2009	8	19	阿克苏地区柯坪站日降水量73.8毫米。
602	2009	9	2	乌鲁木齐市小渠子站日降水量25.7毫米。
603	2009	9	4	和田地区策勒站日降水量27.9毫米。
604	2009	9	6	喀什地区莎车站日降水量25.2毫米。
605	2009	9	23	伊犁州特克斯站日降水量24.1毫米。
606	2010	5	3	乌鲁木齐市小渠子站和昌吉州木垒站日降水量分别为25.2毫米、24.9毫米。
607	2010	5	8	喀什地区英吉沙站和托云站日降水量分别为30.5毫米、26.0毫米。
608	2010	5	14	伊犁州新源站日降水量26.1毫米。
609	2010	5	15	巴州尉犁站日降水量27.3毫米。
610	2010	5	27	塔城地区托里站日降水量31.5毫米。
611	2010	6	9	喀什地区泽普站和和田地区于田站日降水量分别为41.1毫米、35.3毫米。
612	2010	6	19	伊犁州尼勒克站日降水量33.0毫米。
613	2010	6	21	伊犁州昭苏站日降水量33.3毫米。
614	2010	6	25	巴州巴音布鲁克站和昌吉州蔡家湖站日降水量分别为34.1毫米、24.7毫米。
615	2010	6	26	巴州巴仑台站日降水量33.6毫米。
616	2010	6	27	阿克苏地区新和站日降水量39.4毫米。
617	2010	7	7	昌吉州木垒站和阿勒泰地区青河站日降水量分别为32.4毫米、26.1毫米。
618	2010	7	13	昌吉州天池站日降水量24.6毫米。
619	2010	7	14	克州阿合奇站日降水量24.6毫米。
620	2010	7	19	伊犁州伊宁站日降水量26.7毫米。
621	2010	7	25	克州阿合奇站日降水量30.1毫米。
622	2010	8	11	昌吉州天池站日降水量31.6毫米。
623	2010	8	25	克州阿合奇站日降水量26.1毫米。
624	2010	9	19	克州阿合奇站日降水量39.9毫米。
625	2010	9	25	和田地区于田站日降水量41.3毫米。
626	2010	9	27	喀什地区叶城站日降水量28.5毫米。
627	2011	5	30	和田地区和田站日降水量25.3毫米。
628	2011	6	10	乌鲁木齐市小渠子站日降水量25.0毫米。
629	2011	6	13	博州温泉站日降水量26.2毫米。
630	2011	6	14	昌吉州天池站日降水量33.6毫米。
631	2011	6	18	伊犁州霍尔果斯站日降水量25.9毫米。

序号	年	月	日	暴雨站点及降水量
632	2011	6	19	石河子市莫索湾站日降水量49.2毫米。
633	2011	6	20	哈密市伊吾站日降水量25.1毫米。
634	2011	6	29	塔城地区托里站日降水量54.8毫米。
635	2011	8	1	巴州巴音布鲁克站日降水量26.2毫米。
636	2011	8	10	塔城地区托里站日降水量33.3毫米。
637	2011	8	29	克州阿合奇站日降水量26.7毫米。
638	2011	8	31	克州阿合奇站日降水量32.4毫米。
639	2011	9	30	喀什地区托云站日降水量26.4毫米。
640	2012	5	22	喀什地区叶城站日降水量29.0毫米。
641	2012	6	18	昌吉州天池站日降水量24.5毫米。
642	2012	6	21	石河子市炮台站日降水量29.3毫米。
643	2012	6	22	昌吉州天池站日降水量32.2毫米。
644	2012	6	28	伊犁州昭苏站日降水量26.6毫米。
645	2012	6	30	巴州巴仑台站日降水量24.6毫米。
646	2012	7	6	乌鲁木齐市大西沟站日降水量27.2毫米。
647	2012	7	12	伊犁州特克斯站日降水量24.8毫米。
648	2012	7	13	巴州巴仑台站日降水量24.8毫米。
649	2012	7	20	阿克苏地区拜城站日降水量39.3毫米。
650	2012	7	25	克州乌恰站日降水量38.9毫米。
651	2012	8	12	哈密市巴里坤站日降水量34.2毫米。
652	2013	5	15	阿克苏地区阿瓦提站日降水量30.4毫米。
653	2013	5	20	塔城地区塔城站日降水量26.0毫米。
654	2013	5	22	昌吉州木垒站日降水量26.4毫米。
655	2013	7	5	博州博乐站日降水量28.2毫米。
656	2013	7	9	喀什地区莎车站日降水量25.3毫米。
657	2013	7	22	喀什地区岳普湖站日降水量31.1毫米。
658	2013	7	23	博州精河站日降水量31.2毫米。
659	2013	7	26	昌吉州玛纳斯站日降水量30.8毫米。
660	2013	8	4	伊犁州特克斯站日降水量25.1毫米。
661	2013	8	9	石河子市莫索湾站和塔城地区托里站日降水量分别为32.2毫米、26.4毫米。
662	2013	8	11	塔城地区裕民站日降水量30.9毫米。
663	2013	8	13	克州阿合奇站日降水量40.8毫米。
664	2013	8	16	克州阿合奇站日降水量24.2毫米。
665	2013	8	26	昌吉州天池站日降水量26.8毫米。
666	2013	8	31	昌吉州天池站日降水量29.4毫米。
667	2013	9	15	克拉玛依市克拉玛依站日降水量26.7毫米。
668	2013	9	16	博州温泉站日降水量35.3毫米。
669	2014	6	3	巴州巴仑台站和乌鲁木齐市大西沟站日降水量分别为31.2毫米、30.2毫米。
670	2014	6	4	阿克苏地区阿克苏站日降水量26.9毫米。
671	2014	7	9	巴州巴仑台站日降水量24.3毫米。

序号	年	月	日	暴雨站点及降水量
672	2014	7	10	克州阿合奇站日降水量 27.2 毫米。
673	2014	7	16	乌鲁木齐市大西沟站和巴州巴仑台站日降水量分别为 33.3 毫米、28.2 毫米。
674	2014	8	2	克州阿图什站日降水量 28.2 毫米。
675	2014	8	20	昌吉州天池站日降水量 24.5 毫米。
676	2014	9	12	哈密市巴里坤站日降水量 33.6 毫米。
677	2015	5	12	伊犁州新源站日降水量 29.3 毫米。
678	2015	5	26	和田地区策勒站日降水量 24.3 毫米。
679	2015	5	27	巴州铁干里克站日降水量 29.2 毫米。
680	2015	6	1	伊犁州新源站日降水量 31.2 毫米。
681	2015	6	13	塔城地区托里站日降水量 24.6 毫米。
682	2015	6	16	昌吉州天池站和乌鲁木齐市大西沟站日降水量分别为 56.4 毫米、25.6 毫米。
683	2015	6	18	哈密市伊吾站日降水量 31.5 毫米。
684	2015	6	22	塔城地区托里站日降水量 35.6 毫米。
685	2015	6	25	克州阿图什站日降水量 27.2 毫米。
686	2015	7	5	塔城地区裕民站日降水量 26.2 毫米。
687	2015	7	11	昌吉州天池站日降水量 29.9 毫米。
688	2015	7	25	伊犁州特克斯站日降水量 25.3 毫米。
689	2015	7	29	伊犁州特克斯站日降水量 26.7 毫米。
690	2015	8	9	乌鲁木齐市大西沟站日降水量 37.5 毫米。
691	2015	8	23	伊犁州昭苏站日降水量 36.4 毫米。
692	2015	8	25	克州乌恰站日降水量 29.7 毫米。
693	2015	9	2	克州阿合奇站日降水量 29.8 毫米。
694	2015	9	5	塔城地区额敏站日降水量 33.7 毫米。
695	2015	9	29	昌吉州奇台站日降水量 28.2 毫米。
696	2016	5	7	乌鲁木齐市小渠子站日降水量 26.7 毫米。
697	2016	5	9	塔城地区额敏站日降水量 25.5 毫米。
698	2016	5	12	克州阿合奇站日降水量 27.0 毫米。
699	2016	5	20	阿克苏地区乌什站日降水量 26.4 毫米。
700	2016	5	25	喀什地区叶城站日降水量 25.5 毫米。
701	2016	6	15	喀什地区托云站日降水量 26.8 毫米。
702	2016	6	28	伊犁州特克斯站和博州博乐站日降水量分别为 34.2 毫米、27.9 毫米。
703	2016	6	29	昌吉州天池站日降水量 52.4 毫米。
704	2016	7	6	伊犁州特克斯站日降水量 24.8 毫米。
705	2016	7	7	巴州巴音布鲁克站和乌鲁木齐市大西沟站日降水量分别为 29.9 毫米、27.3 毫米。
706	2016	7	10	塔城地区托里站日降水量 34.6 毫米。
707	2016	7	15	伊犁州昭苏站日降水量 25.7 毫米。
708	2016	7	16	阿勒泰地区阿克达拉站日降水量 27.5 毫米。
709	2016	7	23	巴州巴音布鲁克站日降水量 44.3 毫米。
710	2016	7	24	阿勒泰地区富蕴站和昌吉州木垒站日降水量分别为 29.2 毫米、28.0 毫米。
711	2016	7	30	博州温泉站日降水量 34.3 毫米。

序号	年	月	日	暴雨站点及降水量
712	2016	7	31	克州阿合奇站日降水量30.2毫米。
713	2016	8	10	阿克苏地区乌什站日降水量27.4毫米。
714	2016	8	16	乌鲁木齐市大西沟站和巴州巴音布鲁克站日降水量分别为32.7毫米、26.7毫米。
715	2016	8	17	克州阿合奇站日降水量29.1毫米。
716	2017	5	1	昌吉州木垒站日降水量26.3毫米。
717	2017	5	2	哈密市巴里坤站日降水量25.5毫米。
718	2017	5	8	昌吉州天池站日降水量34.7毫米。
719	2017	5	31	昌吉州天池站日降水量25.5毫米。
720	2017	6	24	乌鲁木齐市牧试站站和阿勒泰地区阿勒泰站日降水量分别为44.7毫米、27.3毫米。
721	2017	6	27	昌吉州奇台站日降水量26.1毫米。
722	2017	6	30	阿勒泰地区布尔津站日降水量28.3毫米。
723	2017	7	1	阿勒泰地区哈巴河站日降水量31.8毫米。
724	2017	7	11	巴州巴音布鲁克站日降水量26.3毫米。
725	2017	7	18	喀什地区麦盖提站日降水量30.5毫米。
726	2017	8	12	伊犁州特克斯站日降水量25.0毫米。
727	2017	8	21	和田地区洛浦站日降水量31.4毫米。
728	2017	8	22	喀什地区伽师站和克州阿图什站日降水量分别为35.1毫米、27.3毫米。
729	2017	9	12	塔城地区托里站日降水量34.7毫米。
730	2017	9	22	克州阿合奇站日降水量26.3毫米。
731	2018	5	13	博州阿拉山口站日降水量33.6毫米。
732	2018	6	5	伊犁州昭苏站日降水量26.0毫米。
733	2018	6	19	哈密市巴里坤站日降水量30.6毫米。
734	2018	7	3	乌鲁木齐市小渠子站日降水量32.1毫米。
735	2018	7	4	昌吉州天池站和阿勒泰地区哈巴河站日降水量分别为52.4毫米、28.1毫米。
736	2018	7	5	乌鲁木齐市小渠子站日降水量30.5毫米。
737	2018	7	24	塔城地区和布克赛尔站日降水量35.3毫米。
738	2018	7	29	喀什地区巴楚站日降水量25.7毫米。
739	2018	8	14	哈密市巴里坤站日降水量33.1毫米。
740	2018	8	23	昌吉州天池站日降水量40.0毫米。
741	2018	8	25	巴州巴音布鲁克站日降水量26.9毫米。
742	2018	8	26	克州阿合奇站日降水量30.6毫米。
743	2018	8	30	昌吉州天池站日降水量34.7毫米。

参考文献

陈春艳,孔期,李如琦,2010.天山北坡一次特大暴雨过程诊断分析[J].气象,38(1):82-80.

陈春艳,王建捷,唐冶,等,2017.新疆夏季降水日变化特征[J].应用气象学报,28(1):72-85.

黄艳,刘涛,张云惠,2012.2010年盛夏南疆西部一次区域性暴雨天气特征[J].干旱气象,30(4):615-622.

黄艳,俞小鼎,陈天宇,等,2018.南疆短时强降水概念模型及环境参数分析[J].气象,44(8):1033-1041.

江远安,包斌,王旭,2001.南疆西部大降水天气过程的统计分析[J].沙漠与绿洲气象(新疆气象),24(5):19-20.

李建刚,姜彩莲,张云惠,等,2019.天山山区夏季$M_\alpha CS$时空分布特征[J].高原气象,38(3):604-616.

李曼,杨莲梅,张云惠,2015.一次中亚低涡的动力热力结构及演变特征[J].高原气象,34(6):1711-1720.

李如琦,2019.中亚五国局地暴雨及其环流特征[J].沙漠与绿洲气象,13(1):1-6.

李如琦,孙鸣婧,李桉孛,等,2017.南疆西部暴雨的动力热力特征分析[J].沙漠与绿洲气象,11(2):1-7.

刘国强,2019.2012年6月巴州一次暴雨水汽输送特征[J].沙漠与绿洲气象,13(2):22-31.

刘海涛,刘海红,张云惠,等,2013.南疆西部沙漠边缘汛期两次罕见暴雨过程诊断分析[J].干旱区资源与环境,27(8):90-96.

刘晶,曾勇,刘雯,等,2017.伊犁河谷和天山北坡暴雨过程水汽特征分析[J].沙漠与绿洲气象,11(3):65-71.

刘芸芸,何金海,王谦谦,2006.新疆地区夏季降水异常的时空特征及环流分析[J].南京气象学院学报,29(1):25-32.

苗运玲,张云惠,卓世新,等,2017.东疆地区汛期降水集中度和集中期的时空变化特征[J].干旱气象,35(6):949-956.

努尔比亚·吐尼牙孜,杨利鸿,等,2017.南疆西部一次突发极端暴雨成因分析[J].沙漠与绿洲气象,11(6):75-82.

秦贺,杨莲梅,张云惠,2013.近40年来塔什干低涡活动特征的统计分析[J].高原气象,32(4):1042-1049.

曲良璐,张莉,谭甜甜,等,2017.阿克苏初秋一次暴雨过程诊断分析[J].沙漠与绿洲气象,11(2):60-65.

施晓晖,温敏,2015.中国持续性暴雨特征及青藏高原热源的影响[J].高原气象,34(3):611-620.

孙继松,雷蕾,于波,等,2015.近10年北京地区极端暴雨事件的基本特征[J].气象学报,73(4):609-623.

王清平,彭军,茹仙古丽·克里木,2016.新疆巴州"6.4"罕见短时暴雨的MCS特征分析[J].干旱气象,34(4):685-692.

许东蓓,许爱华,肖玮,等,2015.中国西北四省区强对流天气形势配置及特殊性综合分析[J].高原气象,34(4):973-981.

杨莲梅,关学锋,张迎新,2018.亚洲中部干旱区降水异常的大气环流特征[J].干旱区研究,35(2):249-259.

杨莲梅,张云惠,2015.中亚低涡研究若干进展及问题[J].沙漠与绿洲气象,9(5):1-8.

杨莲梅,张云惠,汤浩,2012.2007年7月新疆三次暴雨过程的水汽特征分析[J].高原气象,31(4):963-973.

杨霞,赵逸舟,王莹,等,2011.近30年新疆降水量及雨日的变化特征分析[J].干旱区资源与环境,25(8):82-87.

曾勇,杨莲梅,2017a.南疆西部一次暴雨强对流过程的中尺度特征分析[J].干旱气象,35(3):475-484.

曾勇,杨莲梅,2017b.南疆西部两次短时强降水天气中尺度特征对比分析[J].暴雨灾害,36(5):410-421.

曾勇,杨莲梅,2018.新疆西部一次极端暴雨事件的成因分析[J].高原气象,37(5):1220-1232.

曾勇,杨莲梅,张迎新,2017.新疆西部一次大暴雨过程水汽输送轨迹模拟[J].沙漠与绿洲气象,11(3):47-54.

曾勇,周玉淑,杨莲梅,2019.新疆西部一次大暴雨形成机理的数值模拟初步分析[J].大气科学,43(2):372-388.

张继东,2016.南疆盆地温宿"6.17"大暴雨多普勒雷达特征分析[J].沙漠与绿洲气象,10(5):10-16.

张家宝,邓子风,1987.新疆降水概论[M].北京:气象出版社:315-322.

张家宝,苏起元,孙沈清,等,1986.新疆短期天气预报指导手册[M].乌鲁木齐:新疆人民出版社:245-249.

张云惠,陈春艳,杨莲梅,2013.南疆西部一次罕见暴雨的成因分析[J].高原气象,32(1):191-200.

张云惠,李海燕,蔺喜禄,2015.南疆西部持续性暴雨环流背景及天气尺度动力过程分析[J].气象,41(7):816-824.

张云惠,李建刚,杨莲梅,等,2017.基于SWAP平台的新疆中尺度对流系统判识及应用[J].沙漠与绿洲气象,11(3):38-46.

张云惠,谭艳梅,于碧馨,等,2016.中亚低涡背景下南疆西部两次强冰雹环境场对比分析[J].沙漠与绿洲气象,10(4):10-16.

张云惠,王勇,2004.哈密南部暴雨成因分析[J].气象,30(7):41-43.

张云惠,王勇,支俊,等,2009.南疆西部一次强降雨的多普勒天气雷达分析[J].沙漠与绿洲气象,3(6):17-20.

张云惠,杨莲梅,肖开提,等,2012.1971—2010年中亚低涡活动特征[J].应用气象学报,23(3):312-321.

张云惠,于碧馨,王智楷,等,2018.伊犁河谷夏季两次极端暴雨过程的动力机制与水汽输送特征[J].暴雨灾害,37(5):435-444.

赵勇,黄丹青,古丽格娜,等.2010.新疆北部夏季强降水分析[J].干旱区研究,27(5):773-779.

赵勇,黄丹青,朱坚,等,2011.北疆极端降水事件的区域性和持续性特征分析[J].冰川冻土,33(3):524-531.

郑淋淋,孙建华,2013.干、湿环境下中尺度对流系统发生的环流背景和地面特征分析[J].大气科学,37(4):891-904.

郑永光,陶祖钰,俞小鼎,2017.强对流天气预报的一些基本问题[J].气象,43(6):641-652.

郑媛媛,姚晨,郝莹,等,2011.不同类型大尺度环流背景下强对流天气的短时临近预报预警研究[J].气象,37(7):795-801.

庄晓翠,李健丽,李博渊,等,2014.北疆北部2次区域性暴雨的中尺度环境场分析[J].沙漠与绿洲气象,8(6):23-30.

庄晓翠,李如琦,李博渊,等,2017.中亚低涡造成新疆北部区域暴雨成因分析[J].气象,43(8):924-935.

庄晓翠,赵江伟,李健丽,等,2018.新疆阿勒泰地区短时强降水流型及环境参数特征[J].高原气象,37(3):675-685.

附录 A 1961—2018 年 5—9 月新疆各站暴雨次数及最大日降雨量统计表

地区	站名	站号	暴雨次数	最大日降雨量（毫米）	出现日期		
					年	月	日
阿勒泰地区	哈巴河	51053	8	54.0	1976	6	28
	黑山头/阿克达拉	51058	18	49.9	1984	7	9
	吉木乃	51059	5	35.0	1969	9	1
	布尔津	51060	5	34.0	1994	7	7
	福海	51068	5	33.2	1973	8	14
	阿勒泰	51076	11	41.2	1993	7	27
	富蕴	51087	15	41.9	1992	6	4
	青河	51186	12	49.5	1977	9	14
塔城地区	塔城	51133	15	64.6	2015	9	21
	裕民	51137	8	35.5	1979	6	11
	额敏	51145	13	44.4	1996	5	28
	和布克赛尔	51156	13	61.5	2007	7	17
	托里	51241	21	54.8	2011	6	29
	乌苏	51346	11	44.1	1998	5	19
	沙湾	51357	8	42.1	2016	4	30
博尔塔拉蒙古自治州	阿拉山口	51232	2	33.6	2018	5	13
	博乐	51238	20	41.7	1981	9	24
	温泉	51330	27	57.0	2006	9	19
	精河	51334	5	40.1	1983	8	8
伊犁哈萨克自治州	霍尔果斯	51328	20	82.9	2010	6	22
	霍城	51329	15	46.0	2004	7	19
	察布查尔	51430	8	54.7	1999	8	14
	伊宁	51431	15	62.9	2004	7	19
	尼勒克	51433	37	74.6	2016	8	1
	伊宁县	51434	24	50.6	2004	7	19
	巩留	51435	18	94.8	2015	6	27
	新源	51436	64	66.1	2016	8	1
	昭苏	51437	61	52.8	2016	8	1
	特克斯	51438	65	51.7	2016	8	1
克拉玛依市	克拉玛依	51243	7	40.5	1991	7	3

地区	站名	站号	暴雨次数	最大日降雨量（毫米）	出现日期		
					年	月	日
石河子市	炮台	51352	5	33.7	2004	7	19
	莫索湾	51353	6	49.2	2011	6	19
	石河子	51356	9	39.2	1999	8	14
	乌兰乌苏	51358	9	39.8	1999	8	14
乌鲁木齐市	乌鲁木齐	51463	45	57.7	1978	6	11
	小渠子	51465	143	84.1	2011	8	27
	大西沟	51468	82	40.3	1996	7	19
	白杨沟	51469	38	53.4	2011	8	27
	达坂城	51477	18	78.9	1996	7	20
	米东区	51369	41	45.4	1978	6	11
昌吉回族自治州	北塔山	51288	27	66.9	1961	7	21
	玛纳斯	51359	11	41.8	1999	8	13
	蔡家湖	51365	7	31.2	2016	6	24
	呼图壁	51367	9	38.5	1987	7	15
	昌吉	51368	12	31.6	2016	6	24
	阜康	51377	43	64.0	1996	5	29
	吉木萨尔	51378	24	58.2	2007	7	17
	奇台	51379	24	58.4	2007	7	17
	天池	51470	247	131.7	2010	6	23
	木垒	51482	80	75.9	1996	7	26
阿克苏地区	乌什	51627	17	65.6	1976	6	16
	阿克苏	51628	12	48.6	1974	6	24
	温宿	51629	9	67.8	2013	6	17
	拜城	51633	9	57.7	1997	5	11
	新和	51636	14	61.7	1987	8	2
	沙雅	51639	8	58.4	1987	6	11
	库车	51644	6	38.0	1979	7	25
	柯坪	51720	17	73.8	2009	8	19
	阿瓦提	51722	8	39.0	1996	5	29
	阿拉尔	51730	5	31.8	1987	7	28
喀什地区	托云	51701	27	50.3	1994	7	11
	伽师	51707	14	56.9	2005	5	20
	喀什	51709	10	39.9	2004	5	1
	巴楚	51716	9	39.8	1982	8	27
	岳普湖	51717	16	62.8	2010	7	31
	英吉沙	51802	6	42.1	2004	5	1
	塔什库尔干	51804	2	38.2	1985	6	18

续表

地区	站名	站号	暴雨次数	最大日降雨量（毫米）	出现日期		
					年	月	日
喀什地区	麦盖提	51810	7	43.4	2002	7	9
	莎车	51811	12	49.8	2002	7	10
	叶城	51814	12	58.5	2013	5	28
	泽普	51815	7	41.1	2010	6	9
克孜勒苏柯尔克孜自治州	阿图什	51704	11	47.3	1990	3	22
	乌恰	51705	29	42.8	1993	5	12
	阿克陶	51708	8	54.5	2018	5	21
	阿合奇	51711	62	57.2	1982	5	30
和田地区	皮山	51818	8	74.6	2018	5	21
	策勒	51826	9	37.9	1972	5	27
	墨玉	51827	0	23.8	2010	5	28
	和田	51828	1	26.6	1968	6	29
	洛浦	51829	6	37.8	1968	6	29
	民丰	51839	7	43.4	1988	5	6
	于田	51931	10	46.6	1961	4	23
巴音郭楞蒙古自治州	巴仑台	51467	92	79.7	1962	8	10
	巴音布鲁克	51542	46	46.3	1970	7	24
	和静	51559	6	75.9	2012	6	4
	焉耆	51567	14	39.7	1992	7	4
	和硕	51568	19	57.3	1992	7	4
	轮台	51642	8	45.7	1978	6	10
	尉犁	51655	10	45.7	1987	6	11
	库尔勒	51656	6	74.6	2012	6	4
	塔中	51747	0	16.6	1999	8	4
	铁干里克	51765	5	34.7	1976	8	7
	若羌	51777	7	73.5	1981	7	5
	且末	51855	3	42.9	1968	7	22
吐鲁番市	库米什	51526	3	39.7	1990	7	11
	托克逊	51571	0	16.9	2002	6	8
	东坎	51572	0	13.0	1984	6	21
	吐鲁番	51573	0	20.7	1964	3	20
	鄯善	51581	1	28.8	1984	6	21
哈密市	七角井/十三间房	51495	3	42.2	1990	7	19
	巴里坤	52101	38	64.1	1995	7	20
	淖毛湖	52112	1	33.3	2018	7	31
	伊吾	52118	11	56.0	2007	7	17
	哈密	52203	2	25.5	1984	7	10
	红柳河	52313	3	44.2	1979	7	16

附录 B 1961—2018 年 5—9 月新疆大暴雨（日降水量＞48 毫米）统计表

序号	年	月	日	站名	站号	降雨量（毫米）
1	1961	5	17	天池	51470	59.9
2	1961	7	21	北塔山	51288	66.9
3	1962	8	10	巴仑台	51467	79.7
4	1963	6	14	小渠子	51465	54.6
5	1963	6	14	天池	51470	49.6
6	1963	8	7	小渠子	51465	52.7
7	1963	8	7	巴仑台	51467	72.4
8	1963	8	7	天池	51470	78.8
9	1966	6	8	塔城	51133	56.9
10	1966	6	30	小渠子	51465	52.9
11	1966	6	30	天池	51470	76.4
12	1968	8	29	阿合奇	51711	48.2
13	1969	7	15	阿合奇	51711	56.9
14	1970	7	14	天池	51470	66.4
15	1971	7	8	天池	51470	73.0
16	1972	7	11	天池	51470	54.6
17	1974	5	16	天池	51470	54.7
18	1974	6	24	乌什	51627	54.9
19	1974	6	24	阿克苏	51628	48.6
20	1975	6	20	天池	51470	93.0
21	1975	6	24	天池	51470	56.1
22	1976	6	16	乌什	51627	65.6
23	1976	6	28	哈巴河	51053	54.0
24	1977	9	14	青河	51186	49.5
25	1978	6	9	天池	51470	55.1
26	1978	6	11	乌鲁木齐	51463	57.7
27	1978	6	12	天池	51470	95.3
28	1979	7	15	巩留	51435	48.8
29	1981	6	17	昭苏	51437	50.0

续表

序号	年	月	日	站名	站号	降雨量(毫米)
30	1981	7	2	小渠子	51465	50.3
31	1981	7	5	若羌	51777	73.5
32	1982	5	30	阿合奇	51711	57.2
33	1982	6	8	天池	51470	52.7
34	1984	6	22	天池	51470	120.4
35	1984	7	9	阿克达拉	51058	49.9
36	1986	6	16	天池	51470	51.8
37	1986	7	11	天池	51470	58.9
38	1987	6	11	沙雅	51639	58.4
39	1987	7	27	新源	51436	48.3
40	1987	8	2	新和	51636	61.7
41	1988	7	12	天池	51470	49.6
42	1988	9	28	天池	51470	57.4
43	1989	6	30	天池	51470	48.2
44	1990	7	12	新和	51636	52.3
45	1991	6	12	特克斯	51438	48.3
46	1991	6	12	拜城	51633	54.5
47	1991	7	13	巴仑台	51467	64.0
48	1991	8	2	天池	51470	63.0
49	1991	8	9	巴仑台	51467	51.3
50	1992	7	3	天池	51470	61.3
51	1992	7	4	巴仑台	51467	52.4
52	1992	7	4	和静	51559	49.5
53	1992	7	4	和硕	51568	57.3
54	1992	7	12	北塔山	51288	65.6
55	1993	6	24	天池	51470	50.7
56	1994	6	25	天池	51470	50.8
57	1994	7	11	托云	51701	50.3
58	1995	7	20	巴里坤	52101	64.1
59	1996	5	29	阜康	51377	64.0
60	1996	7	20	阜康	51377	50.3
61	1996	7	20	天池	51470	55.9
62	1996	7	20	达坂城	51477	78.9
63	1996	7	26	木垒	51482	75.9
64	1997	5	11	拜城	51633	57.7

续表

序号	年	月	日	站名	站号	降雨量（毫米）
65	1998	7	1	小渠子	51465	53.0
66	1998	7	20	天池	51470	48.7
67	1999	6	12	巴仑台	51467	48.4
68	1999	8	14	阜康	51377	57.9
69	1999	8	14	察布查尔	51430	54.7
70	1999	8	14	乌鲁木齐	51463	48.4
71	2001	9	23	阿合奇	51711	56.8
72	2002	6	18	巴仑台	51467	60.2
73	2002	7	10	莎车	51811	49.8
74	2002	7	23	特克斯	51438	50.3
75	2003	5	4	天池	51470	50.5
76	2003	6	16	天池	51470	51.5
77	2003	7	14	天池	51470	59.2
78	2004	5	1	阿克陶	51708	51.9
79	2004	7	19	伊宁	51431	62.9
80	2004	7	19	伊宁县	51434	50.6
81	2005	5	20	伽师	51707	56.9
82	2005	8	6	若羌	51777	52.0
83	2005	8	10	天池	51470	53.9
84	2006	7	7	天池	51470	76.4
85	2006	9	19	温泉	51330	57.0
86	2007	7	17	和布克赛尔	51156	61.5
87	2007	7	17	吉木萨尔	51378	58.2
88	2007	7	17	奇台	51379	58.4
89	2007	7	17	乌鲁木齐	51463	57.0
90	2007	7	17	小渠子	51465	58.2
91	2007	7	17	天池	51470	101.0
92	2007	7	17	巴里坤	52101	49.7
93	2007	7	17	伊吾	52118	56.0
94	2007	7	27	特克斯	51438	51.3
95	2008	5	25	天池	51470	59.7
96	2009	5	26	天池	51470	49.9
97	2009	8	4	小渠子	51465	54.2
98	2009	8	19	柯坪	51720	73.8
99	2010	6	22	霍尔果斯	51328	82.9

序号	年	月	日	站名	站号	降雨量(毫米)
100	2010	6	23	天池	51470	131.7
101	2010	7	31	岳普湖	51717	62.8
102	2011	6	19	莫索湾	51353	49.2
103	2011	6	29	托里	51241	54.8
104	2011	8	27	小渠子	51465	84.1
105	2011	8	27	白杨沟	51469	53.4
106	2011	8	27	天池	51470	51.8
107	2012	6	4	和静	51559	75.9
108	2012	6	4	库尔勒	51656	74.6
109	2013	5	28	叶城	51814	58.5
110	2013	6	17	温宿	51629	67.8
111	2013	7	16	天池	51470	67.0
112	2015	5	18	天池	51470	54.7
113	2015	6	10	木垒	51482	62.7
114	2015	6	16	天池	51470	56.4
115	2015	6	27	巩留	51435	94.8
116	2015	8	11	天池	51470	52.7
117	2015	8	15	天池	51470	65.2
118	2015	9	21	塔城	51133	64.6
119	2016	6	17	尼勒克	51433	68.4
120	2016	6	17	巩留	51435	69.5
121	2016	6	18	天池	51470	57.7
122	2016	6	29	天池	51470	52.4
123	2016	8	1	尼勒克	51433	74.6
124	2016	8	1	巩留	51435	68.1
125	2016	8	1	新源	51436	66.1
126	2016	8	1	昭苏	51437	52.8
127	2016	8	1	特克斯	51438	51.7
128	2017	6	8	天池	51470	52.1
129	2018	5	21	阿克陶	51708	54.5
130	2018	5	21	皮山	51818	74.6
131	2018	7	4	天池	51470	52.4